脉冲系统的有限时间稳定与控制

李晓迪　宋士吉　曹进德　著

科学出版社

北　京

内 容 简 介

近年来，围绕有限时间框架下的系统分析与综合研究，国内外涌现出大量的研究成果，但是大都专注于连续时间系统的有限时间稳定与控制。本书力图聚焦前沿，独辟蹊径，全面系统地总结作者团队在脉冲系统的有限时间稳定与控制的研究成果。本书以脉冲系统的两类有限时间稳定分析为主线，构建镇定性脉冲和破坏性脉冲与系统有限时间动态性能的本质联系，详细讨论脉冲系统的有限时间控制器设计、脉冲系统的滑模控制、脉冲复杂动态网络的有限时间同步控制等。

本书可供控制科学与工程、复杂网络及应用数学专业的研究生学习，也可作为相关领域工程技术人员的参考书。

图书在版编目（CIP）数据

脉冲系统的有限时间稳定与控制 / 李晓迪，宋士吉，曹进德著.
北京：科学出版社，2025. 1. -- ISBN 978-7-03-080670-3

Ⅰ. O231

中国国家版本馆 CIP 数据核字第 2024E36H73 号

责任编辑：郭　媛　孙伯元 / 责任校对：崔向琳
责任印制：师艳茹 / 封面设计：无极书装

科学出版社 出版

北京东黄城根北街 16 号
邮政编码：100717
http://www.sciencep.com

北京建宏印刷有限公司印刷
科学出版社发行　各地新华书店经销

*

2025 年 1 月第 一 版　开本：720×1000　1/16
2025 年 1 月第一次印刷　印张：11 3/4
字数：237 000

定价：130.00 元
（如有印装质量问题，我社负责调换）

前　言

　　现实系统的运行环境常出现瞬时变化，使系统状态骤变，这种现象称为脉冲。脉冲是一把双刃剑，既可能导致控制系统性能恶化，甚至破坏系统的稳定性，又可能表现为镇定因素使系统稳定。其独特的魅力吸引了大量学者的研究兴趣。脉冲系统作为一类典型的不连续系统，兼具连续系统和离散系统的特性，但又超出了两者的范围，其系统分析和综合研究既可为连续系统和离散系统的研究建立桥梁，又可为脉冲控制和不连续控制提供理论支持，进而激发出一系列的应用成果，成为控制理论和控制工程领域的研究热点。

　　经过数十年的发展，脉冲系统的稳定性分析与控制研究已取得丰硕的成果，主要包括两个方面，一是各类稳定性质的分析，如指数稳定、实用稳定、输入-状态稳定等；二是各种控制器的设计，如反馈控制器、脉冲控制器、滑模控制器等。然而，现有的结果大多属于 Lyapunov 稳定的框架，缺少对稳定停息时间的探讨，这限制了系统获得更好的收敛性能。但是，有限时间框架下稳定性分析与控制能够有效地刻画系统稳定的停息时间，在工业界更具有实用价值，因此引起国内外学者的关注。有限时间稳定大致可以分为两类，一类是有限时间稳定完全独立于 Lyapunov 稳定的框架，要求系统状态在特定时间收敛至预设边界，另一类是有限时间稳定作为渐近稳定的特例，要求系统在有限时间内达到平衡状态，具有收敛速率快、精度高、鲁棒性强等特点。两者在机器人控制和航天器姿态调整等工程实践中都有重要的应用价值。因此，脉冲系统的有限时间稳定与控制研究具有重要的学术价值和应用潜力。

　　本书共 6 章，从内容上看主要分为三个部分。第 1 和 2 章为基础知识部分，介绍脉冲系统的基本概念、脉冲系统的有限时间稳定与控制的研究现状，以及本书用到的一些基础知识和引理。第 3 和 4 章为脉冲系统的有限时间稳定分析部分，围绕脉冲系统的有限时间暂态性能与稳态性能，从镇定性脉冲和破坏性脉冲入手，介绍两类有限时间稳定的理论判据，以及常用的稳定性分析方法，揭示脉冲信号与系统有限时间性能的内在联系。第 5 和 6 章为脉冲系统的有限时间综合研究部分，其中第 5 章介绍脉冲系统的滑模控制方法，第 6 章介绍通过脉冲控制实现复杂动态网络同步的方法。为了便于阅读，本书提供部分彩图的电子文件，读者可自行扫描前言二维码查阅。

本书的相关研究成果得到国家自然科学基金项目(62173215、61673247、61833005)、山东省自然科学基金重大基础研究项目(ZR2021ZD04、ZR2020ZD24)、山东省自然科学基金杰出青年基金项目(JQ201719)、山东省自然科学基金优秀青年基金项目(ZR2016JL024)、山东省高等学校青创科技支持计划(2019KJI008)的资助，在此表示由衷的感谢！

感谢加拿大约克大学吴建宏教授、朱怀平教授，加拿大滑铁卢大学刘新芝教授，香港城市大学何永昌教授，香港大学林参教授，得克萨斯大学达拉斯分校胡庆文教授等给予的大力帮助和指导，在此表示感谢！团队成员韩秀萍、魏腾达、谢翔、赵永顺、杨雪雁、杨丹、张太祥、朱晨虹、武杰、王玉涵、贺馨仪、吴淑晨等做了大量的工作，第 5 章引用了广西大学陈武华教授等的部分研究成果，参考了诸多国内外专家和学者的论文，在此一并表示感谢！

限于作者水平，书中难免存在不妥之处，敬请读者批评指正。

作　者

2023 年 10 月 28 日于济南

部分彩图二维码

目　　录

第1章 绪 论

1.1 脉冲系统概述

混杂系统是一种可以同时表征连续时间系统和离散时间系统典型特性的动态系统。早在 20 世纪 60 年代和 80 年代，文献[1]，[2]便开展了混杂系统的相关研究工作。近三十年来，众多学者致力于混杂系统的研究，获得一些具有代表性的理论结果[3~9]。在许多实际系统和自然过程中，我们经常会观察到一些特殊的混杂现象，例如生物学中的突触信息传递、预防医学中的流行病防控、经济学中的最优控制模型，以及宇航学中的航天器相对运动等。上述模型与行为的特点是系统状态在离散时刻发生瞬时变化，其动态演化过程可用脉冲系统来描述。一般来说，脉冲系统由三个主要部分组成[6]，即一个常微分方程(决定系统在脉冲时刻间的连续演化过程)、一个差分方程(决定系统状态在脉冲时刻瞬时变化的方式)、一个脉冲策略(决定脉冲发生的时间)。20 世纪 80 年代，Lakshmikantham 等系统总结了脉冲系统(脉冲微分方程)的相关数学理论，包括存在性和连续性定理、解的渐近特性和 Lyapunov 稳定理论等，并完成极具影响力的代表性专著[3]。随着脉冲系统相关理论的不断完备与进步，脉冲系统为一些具有混杂行为的实际系统的建模与分析提供了很好的理论框架，因此受到科学和工程领域的持续关注[4,6,9~11]。此外，脉冲系统不仅是脉冲控制理论的基础，还在其他现代控制理论的重要分支领域有重要的应用，如网络化控制系统[12~14]、采样控制[15,16]、状态估计[17,18]、安全通信[19~22]等。

一般来说，关于脉冲系统动力学的研究可以分为两类，即脉冲干扰问题和脉冲控制问题。在没有脉冲的情况下，一个给定的系统具有某些性能，如周期解、吸引子、稳定和有界等，而当系统受到瞬时干扰时能够维持其原有相关性能，这种现象一般被认为是脉冲干扰问题。粗略地说，脉冲干扰问题可以被认为是一类受不连续干扰影响的系统鲁棒性问题。许多文献[23~31]报道了关于脉冲干扰问题的相关工作。假如一个给定的系统在没有脉冲的情况下不具备某种性能，但它可以通过一个可容许的脉冲控制实现这种性能，此情况可视为脉冲控制问题。事实上，作为一种典型的不连续控制方法，脉冲控制只需要离散时刻的控制信号就可以使受控系统实现预期的性能。脉冲控制已被广泛应用于众多领域，如电气工程[4]、核自旋发电机[32,33]、航空航天工程[34,35]、种群管理[14,36]等。自 1999 年 Yang 系统总结了多种脉冲控制方法[4]之后，一大批数学领域和自动化领域的学者就致力于推动脉冲系统与脉冲控制理论的进步和发展，并结合工业工程的实际需求陆续提出和设计了各种各样有着独特优越性的脉冲控制策略[4,36~58]。例如，文献[38]研究两阶段脉冲控制，文献[39]，[46]研究分布式脉冲控制，文献[40]~[43]研究牵制脉冲控制，文献[52]，[54]，[55]研究事件触发脉冲控制，文献[56]研究基于观测器的脉冲控制，文献[45]，[50]研究脉冲时间窗口，文献[47]，[48]，[51]，[57]，[58]研究延迟脉冲控制等。总而言之，从脉冲效应的角度来看，脉冲干扰问题研究的脉冲实际上是一类破坏性脉冲，它会潜在地破坏系统的稳定性；脉冲控制问题研究的脉冲是一类镇定性脉冲，常常有益于系统的稳定性。除此之外，既受到脉冲控制又受到脉冲干扰的系统，如商品存售模型[59,60]、网络化控制系统[59]等，其稳定性分析与控制器设计等问题会变得更为棘手，也更值得探讨。此类问题常称为混杂脉冲问题或多脉冲问题，逐渐成为新的研究热点和前沿问题。

1.2　有限时间稳定研究现状

系统的稳定性分析与控制器设计问题一直是控制理论中的重要研究课题。基于传统的稳定性概念，目前针对连续或不连续系统的研究结果大多属于 Lyapunov 意义下的无限渐近范畴。近年来，随着工业技术的不断发展，无限时域系统的稳定性与控制问题面临越来越多的挑战。一方面，由于传统的 Lyapunov 稳定描述的是系统在无限时域上的稳态性能，并不能体现系统在有限时域的暂态性能。另一方面，目前大部分 Lyapunov 意义下的稳定性与镇定性只能保证系统渐近或指数收敛，这极大限制了系统获得更好的动态响应与稳态性能。因此，有限时间稳定与有限时间控制器设计的提出和发展日益成为国内外自动控制领域的研究热点。在有限时间框架下，传统的 Lyapunov 稳定带来的两个悬而未决的问题，相应地延伸出两类理论研究工作。一类是侧重于系统的有限时间有界，使对于给定的有界初始状态，在固定的有限时间区间内，系统的状态变量轨迹不会超过指定的界限，可简单地概括为有限时域暂态性能。本书将此类有限时间有界称为有限时间稳定 I。另一类是在保证系统 Lyapunov 稳定的前提下，实现系统状态变量轨迹在有限时间内收敛到平衡状态。此类研究侧重于系统的有限时间稳定，以及相应的停息时间估计，以保证系统产生快速的收敛性能。此类有限时间稳定可简单地概括为无限时域稳态性能。本书将此类有限时间稳定称为有限时间稳定 II。

1. 有限时间稳定 I

针对系统的有限时间稳定 I(或有限时间有界)的研究起始于 20 世纪 60 年代。1961 年，Dorato 提出短时间稳定(short-time stability)概念，也就是后来所谓的有限时间稳定概念，并对线性时变系统的有限时间控制问题进行了分析研究[61~63]。随后，许多专家学者对于这类有限时间稳定进行了推广和分析[64~68]。其中，Weiss 等[65]提出有限时间压缩稳定概念。这一概念的提出，为有限时间稳定的发展奠定了基础，但是这些结果大都难以计算。随着线性矩阵不等式(linear matrix inequality，LMI)理论的出现和发展，这一问题才得到解决。1997~2007 年，Drato 和 Amato 等将 LMI 技术应用于有限时间控制问题[69~72]，成功解决了有限时间稳定分析、有限时间镇定性及相关控制器设计等问题，使这一控制理念更加适应工程实际需求。与此同时，国内许多专家学者对于有限时间稳定 I 也做了大量研究，文献[73]研究 Markovian 系统的随机有限时间稳定；文献[74]，[75]给出一种迭代的有限时间控制设计方法，得到连续但非光滑的时不变有限时间反馈控制器；文献[76]通过研究切换神经网络的有限时间镇定问题，设计状态反馈控制器；文献[77]研究采样脉冲系统的有限时间稳定，提出基于平均脉冲间隔的脉冲控制策略，增加脉冲信号的鲁棒性；文献[78]分别从镇定性脉冲和破坏性脉冲两种角度给出延迟脉冲系统的有限时间稳定，并且讨论延迟对于稳定性的影响。

与传统的 Lyapunov 渐近稳定概念相比，本书研究的有限时间稳定 I 与其具有根本区别。

(1) 有限时间稳定 I 只在有限时间区间内分析系统的性能。因此，要研究一个系统是否为有限时间稳定的,需要预先给出要考察的时间区间和终端时域，而 Lyapunov 渐近稳定考虑的是系统状态在无穷时域的性能。

(2) 有限时间稳定 I 对系统初始条件有具体预设要求，而 Lyapunov 渐近稳定并没有对初始条件做具体约束。

(3) 有限时间稳定 I 主要关注系统状态在预设有限时间内的定量性分析，即要求系统状态轨线保持在预先给定的阈值内，而 Lyapunov 渐近稳定则要求系统状态渐近收敛于平衡状态(对状态轨迹不设上界约束)。

综上所述，上述两种稳定性概念是相互独立的。具体来说，对于一个有限时间稳定的系统，当系统轨迹超过预设有限时间区间时，系统状态可能会发生震荡，甚至发散；对于一个 Lyapunov 渐近稳定的系统，系统状态可能在一段特定的时间区间内超过某一阈值，使系统不满足有限时间稳定 I 的要求。因此，相比于 Lyapunov 渐近稳定的研究，对有限时间框架下系统的暂态性能分析和控制器设计，更具有理论意义和实际价值，如导弹和卫星系统控制[61]、飞行控制[68]等。

2. 有限时间稳定与停息时间估计

针对系统有限时间稳定的研究，最早可以追溯到 20 世纪 60 年代的最短时间控制问题[79]。对于闭环系统，当系统具有 Lipschitz 连续性时，最快将渐近收敛到平衡状态，但是系统究竟何时到达平衡状态仍然未知。因此，只有当系统动态非 Lipschitz 连续时，才可能实现有限时间稳定。同时，由于有限时间收敛意味着系统不再具有(后向)唯一解，这也说明有限时间稳定的系统必然是非 Lipschitz 连续的。20 世纪 90 年代末，连续系统的有限时间理论取得突破性成果，主要源于两个关键性理论成果的提出，即有限时间齐次理论[80]和有限时间 Lyapunov 理论[81]。

1) 有限时间齐次理论

Bhat 等[80]首次建立有限时间稳定与系统齐次度之间的关联，证明了渐近稳定且具有负齐次度的系统必是有限时间稳定的。在此基础上，文献[82]研究基于有限时间观测器的二阶系统的有限时间控制器设计。由于早期的有限时间齐次性理论只适合简单的齐次系统，针对非齐次系统，文献[83]提出有限时间齐次扩展定理，其主要思想是将一类非齐次系统分为齐次项与非齐次项，在保证齐次项有限时间稳定的基础上，若非齐次项渐近稳定且满足一定的约束条件，则可以实现整个非齐次系统的有限时间稳定。有限时间齐次性理论可以判别系统状态是否在有限时间内到达平衡状态，但是无法对系统有限停息时间的上界进行估计。对此，文献[84]～[86]建立了有限时间齐次理论与有限时间 Lyapunov 理论之间的联系，得到齐次反推定理，用于齐次系统停息时间的估计。

2) 有限时间 Lyapunov 理论

Bhat、Moulay、Haddad、Feng、Li、Huang、Efimov 等[81,87~94]相继发表连续系统有限时间 Lyapunov 理论的研究结果。文献[88]通过构造有限时间 Lyapunov 函数，系统研究自治系统的有限时间稳定，并估计了系统停息时间的上界，阐明系统停息时间函数的若干性质。有限时间 Lyapunov 理论研究方法的核心思想是，通过约束系统的 Lyapunov 函数 V 满足形如 $\dot{V} \leqslant -cV^{\alpha}$ 的不等式来保证系统的有限时间稳定。针对具有外部输入的连续系统，文献[91]提出有限时间输入-状态稳定的概念，研究外部输入影响下系统的有限时间稳定。针对不连续系统，现有的有限时间稳定方面的理论研究相对较少。文献[88]将有限时间 Lyapunov 理论推广到脉冲系统，并给出脉冲系统的有限时间稳定的判定定理，设计脉冲系统的有限时间控制器。其研究思路主要是通过连续流的有限时间稳定保证系统在有限时间内到达平衡状态，但是脉冲对系统停息时间的影响并没有被体现出来。对此，文献[92]从脉冲控制和脉冲干扰两个角度分别建立脉冲系统的有限时间稳定的 Lyapunov 结果，充分探讨了脉冲对系统有限时间稳定的影响，并证明由于脉冲效应的影响，系统停息时间的估计不仅依赖初始状态，同时依赖脉冲信号的分布。基于有限时间 Lyapunov 理论，文献[93]研究不同情况下的有限时间控制问题，在飞行器的位置与姿态控制、机械臂的有限时间控制、欠驱动机器人运动控制、多智能体协同控制等方面有广泛的应用。

1.3 本 书 内 容

本书主要讨论脉冲系统的有限时间稳定与控制。全书分为 6 章，其主要内容如下。

第 1 章首先简略介绍脉冲系统的发展历程与关键问题，然后重点介绍两类有限时间稳定及相关问题的研究现状。

第 2 章重温一些定义和基本理论。其中包括脉冲系统解的概念、能控性和能观性。除此之外，还为后继章节介绍主要数学工具，如 Lyapunov 函数、Dini 导数、微分和积分不等式、LMI 等。

第 3 章主要研究脉冲系统的有限时间稳定 I。首先，针对脉冲中存在延迟信息的非线性脉冲系统，从镇定性脉冲和破坏性脉冲两个角度得到有限时间稳定的相关准则。然后，将理论结果应用到神经网络的状态估计问题。最后，考虑一类脉冲切换系统，通过设计模块依赖的动态输出反馈控制器，分别基于事件触发脉冲控制和时间触发脉冲控制给出脉冲切换系统的有限时间稳定及控制器设计的相关结果。

第 4 章主要给出脉冲系统的有限时间稳定 II 的理论结果。首先，针对非线性脉冲系统，从镇定性脉冲和破坏性脉冲的角度给出有限时间稳定的一系列充分条件，以及停息时间的估计。随后，考虑外部输入影响下的非线性脉冲系统, 给出有限时间输入-状态稳定的相关理论结果。最后, 针对一类非线性时变系统, 给出其有限时间稳定与控制的相关准则。

第 5 章讨论脉冲系统的两类滑模控制方法。首先, 讨论线性滑模控制方法。通过构造线性滑模函数与系统结构的矩阵不等式关系, 在控制器的作用下, 保证系统状态在有限时间内到达滑模面并保持在滑模面内滑动。同时, 利用平均驻留时间(average dwell time, ADT)方法和 LMI 技巧, 获得线性脉冲系统的指数稳定条件。随后讨论积分滑模控制方法。通过构造分段的连续积分滑模函数, 设计合适的控制器, 保证积分滑模面的有限时间可达性。然后, 通过采用分段的 Lyapunov 函数, 利用 LMI 技术, 给出线性脉冲系统指数稳定的若干充分条件。最后, 通过几个仿真的例子验证所得结论的有效性和实用性。

第 6 章基于第 4 章关于脉冲系统的有限时间稳定 II 的结果, 应用于脉冲环境下复杂动态网络的有限时间同步问题。首先, 介绍复杂动态网络及同步性能的研究现状, 特别地当网络受到脉冲效应及延迟影响时, 对如何实现同步进行现状分析。其次, 根据脉冲效应在网络同步中的作用, 即镇定性脉冲和破坏性脉冲, 分别考虑延迟复杂动态网络的有限时间同步及控制器设计。另外, 当节点间的同步时间出现偏移时, 从驱动-响应系统的同步出发, 设计两类基于不同 Lyapunov 函数的同步控制器, 实现破坏性脉冲影响下复杂动态网络的有限时间滞后同步。

参 考 文 献

[1] Witsenhausen H S. A class of hybrid-state continuous-time dynamic systems. IEEE Transactions on Automatic Control, 1966, 11(2): 161-167.

[2] Tavernini L. Differential automata and their discrete simulators. Nonlinear Analysis: Theory, Methods & Applications, 1987, 11(6): 665-683.

[3] Lakshmikantham V, Bainov D D, Simeonov P S. Theory of Impulsive Differential Equations. Singapore: World Scientific, 1989.

[4] Yang T. Impulsive Control Theory. New York: Springer, 2001.

[5] Liberzon D. Switching in Systems and Control. Boston: Birkhäuser, 2003.

[6] Haddad W M, Chellaboina V S, Nersesov S G. Impulsive and Hybrid Dynamical Systems: Stability, Dissipativity, and Control. Princeton: Princeton University Press, 2006.

[7] Sun Z D, Ge S S. Stability Theory of Switched Dynamical Systems. London: Springer, 2011.

[8] Goedel R, Sanfelice R G, Teel A R. Hybrid Dynamical Systems: Modeling Stability, and Robustness. Princeton: Princeton University Press, 2012.

[9] Bainov D D, Simeonov P S. Systems with Impulse Effect: Stability, Theory, and Applications. Chichester: Ellis Horwood, 1989.

[10] Stamova I. Stability Analysis of Impulsive Functional Differential Equations. Berlin: Walter de Gruyter, 2009.

[11] Liu X Z, Zhang K X. Impulsive Systems on Hybrid Time Domains. Cham: Springer, 2019.

[12] Naghshtabrizi P, Hespanha J P, Teel A R. Stability of delay impulsive systems with application to networked control systems. Transactions of the Institute of Measurement and Control, 2010, 32(5): 511-528.

[13] Chen W H, Zheng W X. Input-to-state stability for networked control systems via an improved impulsive system approach. Automatica, 2011, 47(4): 789-796.

[14] Antunes D, Hespanha J P, Silvestre C. Stability of networked control systems with asynchronous renewal links: An impulsive systems approach. Automatica, 2013, 49(2): 402-413.

[15] Naghshtabrizi P, Hespanha J P, Teel A R. Exponential stability of impulsive systems with application to uncertain sampled-data systems. Systems & Control Letters, 2008, 57(5): 378-385.

[16] Heemels W P M H, Donkers M C F, Teel A R. Periodic event-triggered control for linear systems. IEEE Transactions on Automatic Control, 2013, 58(4): 847-861.

[17] Raff T, Allgower F. Observers with impulsive dynamical behavior for linear and nonlinear continuous-time systems// The 46th IEEE Conference on Decision and Control, 2007: 4287-4292.

[18] Chen W H, Yang W, Zheng W X. Adaptive impulsive observers for nonlinear systems: Revisited. Automatica, 2015, 61: 232-240.

[19] Yang T, Chua L O. Impulsive stabilization for control and synchronization of chaotic systems: Theory and application to secure communication. IEEE Transactions on Circuits and Systems I: Fundamental Theory and Applications, 1997, 44(10): 976-988.

[20] Khadra A, Liu X Z, Shen X. Impulsively synchronizing chaotic systems with delay and applications to secure communication. Automatica, 2005, 41(9): 1491-1502.

[21] Chen W H, Luo S X, Zheng W X. Impulsive synchronization of reaction-diffusion neural networks with mixed delays and its application to image encryption. IEEE Transactions on Neural Networks and Learning Systems, 2016, 27(12): 2696-2710.

[22] Li H F, Li C D, Ouyang D Q, et al. Impulsive synchronization of unbounded delayed inertial neural networks with actuator saturation and sampled-data control and its application to image encryption. IEEE Transactions on Neural Networks and Learning Systems, 2021, 32(4): 1460-1473.

[23] Guan Z H, Chen G R. On delayed impulsive Hopfield neural networks. Neural Networks, 1999, 12(2): 273-280.

[24] Liu X N, Chen L S. Complex dynamics of Holling type II Lotka-Volterra predator-prey system

with impulsive perturbations on the predator. Chaos, Solitons & Fractals, 2003, 16(2): 311-320.

[25] Yang Z C, Xu D Y. Stability analysis of delay neural networks with impulsive effects. IEEE Transactions on Circuits and Systems II: Express Briefs, 2005, 52(8): 517-521.

[26] Liu B. Stability of solutions for stochastic impulsive systems via comparison approach. IEEE Transactions on Automatic Control, 2008, 53(9): 2128-2133.

[27] Hespanha J P, Liberzon D, Teel A R. Lyapunov conditions for input-to-state stability of impulsive systems. Automatica, 2008, 44(11): 2735-2744.

[28] Hur P, Duiser B A, Salapaka S M, et al. Measuring robustness of the postural control system to a mild impulsive perturbation. IEEE Transactions on Neural Systems and Rehabilitation Engineering, 2010, 18(4): 461-467.

[29] Liu J, Liu X Z, Xie W C. Input-to-state stability of impulsive and switching hybrid systems with time-delay. Automatica, 2011, 47(5): 899-908.

[30] Li X D, Wu J H. Stability of nonlinear differential systems with state-dependent delayed impulses. Automatica, 2016, 64: 63-69.

[31] Tang Y, Wu X T, Shi P, et al. Input-to-state stability for nonlinear systems with stochastic impulses. Automatica, 2020, 113: 108766.

[32] Sun J T, Zhang Y P. Impulsive control of a nuclear spin generator. Journal of Computational and Applied Mathematics, 2003, 157(1): 235-242.

[33] Li Y, Wong K W, Liao X F, et al. On impulsive control for synchronization and its application to the nuclear spin generator system. Nonlinear Analysis: Real World Applications, 2009, 10(3): 1712-1716.

[34] Brentari M, Urbina S, Arzelier D, et al. A hybrid control framework for impulsive control of satellite rendezvous. IEEE Transactions on Control Systems Technology, 2019, 27(4): 1537-1551.

[35] Heydari A. Optimal impulsive control using adaptive dynamic programming and its application in spacecraft rendezvous. IEEE Transactions on Neural Networks and Learning Systems, 2020, 32(10): 4544-4552.

[36] Song X Y, Guo H J, Shi X Y, et al. The Theory of Impulsive Differential Equation and Its Application. Beijing: Science Press, 2011.

[37] Miller B M, Rubinovich E Y. Impulsive Control in Continuous and Discrete-Continuous Systems. New York: Springer, 2003.

[38] Zhang H G, Ma T D, Huang G B, et al. Robust global exponential synchronization of uncertain chaotic delayed neural networks via dual-stage impulsive control. IEEE Transactions on Systems, Man, and Cybernetics, Part B (Cybernetics), 2010, 40(3): 831-844.

[39] Guan Z H, Liu Z W, Feng G, et al. Synchronization of complex dynamical networks with time-varying delays via impulsive distributed control. IEEE Transactions on Circuits and Systems I: Regular Papers, 2010, 57(8): 2182-2195.

[40] Lu J Q, Kurths J, Cao J D, et al. Synchronization control for nonlinear stochastic dynamical networks: Pinning impulsive strategy. IEEE Transactions on Neural Networks and Learning Systems, 2012, 23(2): 285-292.

[41] Lu J Q, Wang Z D, Cao J D, et al. Pinning impulsive stabilization of nonlinear dynamical networks with time-varying delay. International Journal of Bifurcation and Chaos, 2012, 22(7): 1250176.

[42] Li X D, Song S J. Impulsive control for existence, uniqueness, and global stability of periodic solutions of recurrent neural networks with discrete and continuously distributed delays. IEEE Transactions on Neural Networks and Learning Systems, 2013, 24(6): 868-877.

[43] Yang X S, Cao J D, Yang Z C. Synchronization of coupled reaction-diffusion neural networks with time-varying delays via pinning-impulsive controller. SIAM Journal on Control and Optimization, 2013, 51(5): 3486-3510.

[44] Guan Z H, Hu B, Chi M, et al. Guaranteed performance consensus in second-order multi-agent systems with hybrid impulsive control. Automatica, 2014, 50(9): 2415-2418.

[45] Wang X, Li C D, Huang T W, et al. Impulsive control and synchronization of nonlinear system with impulse time window. Nonlinear Dynamics, 2014, 78(4): 2837-2845.

[46] He W L, Qian F, Lam J, et al. Quasi-synchronization of heterogeneous dynamic networks via distributed impulsive control: Error estimation, optimization and design. Automatica, 2015, 62: 249-262.

[47] Li X D, Song S J. Stabilization of delay systems: Delay-dependent impulsive control. IEEE Transactions on Automatic Control, 2017, 62(1): 406-411.

[48] Li X, Wu J H. Sufficient stability conditions of nonlinear differential systems under impulsive control with state-dependent delay. IEEE Transactions on Automatic Control, 2018, 63(1): 306-311.

[49] Chen W H, Luo S X, Zheng W X. Generating globally stable periodic solutions of delayed neural networks with periodic coefficients via impulsive control. IEEE Transactions on Cybernetics, 2017, 47(7): 1590-1603.

[50] Feng Y M, Li C D, Huang T W. Periodically multiple state-jumps impulsive control systems with impulse time windows. Neurocomputing, 2016, 193: 7-13.

[51] Liu X Z, Zhang K X. Stabilization of nonlinear time-delay systems: Distributed-delay dependent impulsive control. Systems & Control Letters, 2018, 120: 17-22.

[52] Liu B, Hill D J, Sun Z J. Stabilisation to input-to-state stability for continuous-time dynamical systems via event-triggered impulsive control with three levels of events. IET Control Theory & Applications, 2018, 12(9): 1167-1179.

[53] Li X D, Yang X Y, Huang T W. Persistence of delayed cooperative models: Impulsive control method. Applied Mathematics and Computation, 2019, 342: 130-146.

[54] Li X D, Peng D X, Cao J D. Lyapunov stability for impulsive systems via event-triggered impulsive control. IEEE Transactions on Automatic Control, 2020, 65(11): 4908-4913.

[55] Li X D, Yang X Y, Cao J D. Event-triggered impulsive control for nonlinear delay systems. Automatica, 2020, 117: 108981.

[56] Li X, Zhu H T, Song S J. Input-to-state stability of nonlinear systems using observer-based event-triggered impulsive control. IEEE Transactions on Systems, Man, and Cybernetics: Systems, 2021, 51(11): 6892-6900.

[57] Xu Z L, Li X D, Duan P Y. Synchronization of complex networks with time-varying delay of

unknown bound via delayed impulsive control. Neural Networks, 2020, 125: 224-232.

[58] Li X D, Li P. Stability of time-delay systems with impulsive control involving stabilizing delays. Automatica, 2021, 124: 109336.

[59] Dashkovskiy S, Feketa P. Input-to-state stability of impulsive systems and their networks. Nonlinear Analysis: Hybrid Systems, 2017, 26: 190-200.

[60] Li P, Li X D, Lu J Q. Input-to-state stability of impulsive delay systems with multiple impulses. IEEE Transactions on Automatic Control, 2020, 66(1): 362-368.

[61] Dorato P. Short-time stability in linear time-varying systems//Proceedings of the IRE International Convention Record Part 4, 1961: 83-87.

[62] Dorato P. Short-time Stability in Linear Time-varying Systems. New York: Polytechnic Institute of Brooklyn, 1961.

[63] Dorato P. Short-time stability. IRE Transactions on Automatic Control, 1961, 6(1): 86.

[64] Weiss L, Infante E F. On the stability of systems defined over a finite-time interval// Proceedings of the National Academy of Sciences of the United States of American, 1965, 54(1): 44-48.

[65] Weiss L, Infante E F. Finite time stability under perturbing forces and on product spaces. IEEE Transactions on Automatic Control, 1967, 12(1): 54-59.

[66] Kushner H. Finite-time stochastic stability and the analysis of tracking systems. IEEE Transactions on Automatic Control, 1966, 11(2): 219-227.

[67] Garrand W L. Finite-time stability in control system synthesis//Proceedings of the 4th IFAC Congress, 1969: 21-31.

[68] Filippo F S, Dorato P. Short-time parameter optimization with flight control application. Automatica, 1974, 10(4): 425-430.

[69] Dorato P, Abdallah C T, Famularo D. Robust finite-time stability design via linear matrix inequalities//Proceedings of the 36th IEEE Conference on Decision and Control, 1997: 1305-1306.

[70] Abdallah C T, Amato F, Ariola M, et al. Statistical learning methods in linear algebra and control problems: The example of finite-time control of uncertain linear systems. Linear Algebra and Its Applications, 2002, 351(1): 11-26.

[71] Onori S, Dorato P, Galeani S, et al. Finite time stability design via feedback linearization// Proceedings of the 44th IEEE Conference on Decision and Control, 2005: 4915-4920.

[72] Amato F, Ambrosino R, Ariola M, et al. Finite-time stability of linear systems: An approach based on polyhedral Lyapunov functions//Proceedings of the 46th IEEE Conference on Decision and Control, 2007: 1100-1105.

[73] Jia X, Sun J T, Yue D. Stochastic finite-time stability of nonlinear Markovian switching systems with impulsive effects. Journal of Dynamic Systems Measurement & Control, 2012, 134(1): 11011.

[74] Hong Y G, Wang J K, Cheng D Z. Adaptive finite time stabilization for a class of nonlinear systems// Proceedings of the 43th IEEE Conference on Decision and Control, 2004: 207-212.

[75] Hong Y G, Wang J K, Cheng D Z. Adaptive finite-time control of nonlinear systems with parametric uncertainty. IEEE Transactions on Automatic Control, 2006, 51(5): 858-862.

[76] Wu Y Y, Cao J D, Alofi A, et al. Finite-time boundedness and stabilization of uncertain switched neural networks with time-varying delay. Neural Networks, 2015, 69:135-143.

[77] Lee L M, Liu Y, Liang J L, et al. Finite time stability of nonlinear impulsive systems and its applications in sampled-data systems. ISA Transactions, 2015, 57:172-178.

[78] Yang X Y, Li X D. Finite-time stability of nonlinear impulsive systems with applications to neural networks. IEEE Transaction on Neural Networks and Learning Systems, 2023, 34(1): 243-251.

[79] Athans M, Falb P L. Optimal Control: An Introduction to the Theory and Its Applications. NewYork: McGraw-Hill, 1966.

[80] Bhat S P, Bernstein D S. Finite-time stability of homogeneous systems//Proceedings of the 1997 American Control Conference, 1997, 4: 2513-2514.

[81] Bhat S P, Bernstein D S. Lyapunov analysis of finite-time differential equations// Proceedings of 1995 American Control Conference, 1995, 3: 1831-1832.

[82] Hong Y G, Huang J, Xu Y S. On an output feedback finite-time stabilization problem. IEEE Transactions on Automatic Control, 2001, 46(2): 305-309.

[83] Hong Y G. Finite-time stabilization and stabilizability of a class of controllable systems. Systems & Control Letters, 2002, 46(4): 231-236.

[84] Rosier L. Homogeneous Lyapunov function for homogeneous continuous vector field. Systems & Control Letters, 1992, 19(6): 467-473.

[85] Bhat S P, Bernstein D S. Geometric homogeneity with applications to finite-time stability. Mathematics of Control, Signals and Systems, 2005, 17(2): 101-127.

[86] Bhat S P, Bernstein D S. Continuous finite-time stabilization of the translational and rotational double integrators. IEEE Transactions on Automatic Control, 1998, 43(5): 678-682.

[87] Bhat S P, Bernstein D S. Finite-time stability of continuous autonomous systems. SIAM Journal on Control and Optimization, 2000, 38(3): 751-766.

[88] Nersesov S G, Haddad W M. Finite-time stabilization of nonlinear impulsive dynamical systems. Nonlinear Analysis: Hybrid Systems, 2008, 2(3): 832-845.

[89] Moulay E, Perruquetti W. Finite time stability and stabilization of a class of continuous systems. Journal of Mathematical Analysis and Applications, 2006, 323(2): 1430-1443.

[90] Haddad W M, Nersesov S G, Du L. Finite-time stability for time-varying nonlinear dynamical systems// Proceedings of 2008 American Control Conference, 2008: 4135-4139.

[91] Hong Y G, Jiang Z P, Feng G. Finite-time input-to-state stability and applications to finite-time control design. SIAM Journal on Control and Optimization, 2010, 48(7): 4395-4418.

[92] Li X D, Ho D W C, Cao J D. Finite-time stability and settling-time estimation of nonlinear impulsive systems. Automatica, 2019, 99: 361-368.

[93] Huang X Q, Lin W, Yang B. Global finite-time stabilization of a class of uncertain nonlinear systems. Automatica, 2005, 41(5): 881-888.

[94] Polyakov A, Efimov D, Perruquetti W. Finite-time and fixed-time stabilization: Implicit Lyapunov function approach. Automatica, 2015, 51: 332-340.

第2章 基本理论

本章简要介绍一些在脉冲系统控制分析中需要用到的数学基础知识，特别是一些基本概念和基本代数工具描述的应用方法，如 Lyapunov 稳定概念、有限时间稳定概念、LMI 等。

2.1 基 本 概 念

本节介绍一些基本概念，包括 Dini 导数、ADT 和一些分析工具。它们在本书中发挥着重要作用。

定义 2.1 令 $\mathcal{J} \subseteq \mathbb{R}_+$，函数 $\varphi \in \mathcal{C}(\mathcal{J}, \mathbb{R}_+)$ 称为

(1) $\mathcal{K}$ 类函数，如果函数 φ 在 $[0, +\infty)$ 上严格单调递增，且 $\varphi(0) = 0$，记 $\varphi \in \mathcal{K}$。

(2) $\mathcal{K}_\infty$ 类函数，如果函数 φ 是 $\mathcal{K}$ 类函数，且当 $r \to +\infty$ 时，$\varphi(r) \to +\infty$，记 $\varphi \in \mathcal{K}_\infty$。

定义 2.2 令 $\Omega \subseteq \mathbb{R}^n$ 包含原点，函数 $W(x) \in \mathcal{C}(\Omega, \mathbb{R})$ 称为

(1) 正定函数，如果对于任意的 $x \in \Omega \setminus \{0\}$，$W(x) > 0$；当且仅当 $x = 0$ 时，$W(x) = 0$。

(2) 半正定函数，如果对于任意的 $x \in \Omega$，$W(x) \geqslant 0$。

(3) 负定函数，如果 $-W(x)$ 是正定函数。

(4) 半负定函数，如果对于任意的 $x \in \Omega$，$W(x) \leqslant 0$。

(5) 径向无界函数，如果存在一个函数 $\alpha(\cdot) \in \mathcal{K}_\infty$，使 $\alpha(\|x\|) \leqslant W(x)$，$\forall x \in \mathbb{R}^n$。

定理 2.1 对于任意的正定径向无界函数 $W(x)$，一定存在函数 W_1，$W_2 \in \mathcal{K}_\infty$，使

$$W_1(|x|) \leqslant W(x) \leqslant W_2(|x|)$$

定义 2.3 令 $\mathcal{I} \subseteq \mathbb{R}$，函数 $V(t,x) \in \mathcal{C}(\mathcal{I} \times \mathbb{R}^n, \mathbb{R})$ 称为

(1) 正定函数，如果存在一个正定函数 $W(x)$，使 $V(t,x) \geqslant W(x)$ 且 $V(t,0) \equiv 0$。

(2) 半正定函数，如果对于任意的 $t \in \mathcal{I}$，$x \in \mathbb{R}^n$，$V(t,x) \geqslant 0$。

(3) 负定函数，如果 $-V(t,x)$ 是正定函数。

(4) 半负定函数，如果对于任意的 $t \in \mathcal{I}$，$x \in \mathbb{R}^n$，$V(t,x) \leqslant 0$。

(5) 径向无界函数，如果存在一个径向无界函数 $W_1(x)$，使 $V(t,x) \geqslant W_1(x)$。

(6) 具有无穷小上界，如果存在一个正定函数 $W_2(x)$，使 $|V(t,x)| \leqslant W_2(x)$。

定义 2.4 设 $\mathcal{I} \subseteq \mathbb{R}$，如果函数 $V(t,x): \mathcal{I} \times \mathbb{R}^n \to \mathbb{R}_+$ 满足

(1) V 在每一个集合 $[t_{k-1}, t_k) \times \mathbb{R}^n$ 上连续，且满足

$$\lim_{(t,u) \to (t_k^-, v)} V(t,u) = V(t_k^-, v), \quad k \in \mathbb{Z}_+$$

(2) V 关于 x 满足局部 Lipschitz 条件，且 $V(t,0) \equiv 0$，$\forall t \in \mathbb{R}_+$。

则函数 V 属于 ν_0 类，记为 $V \in \nu_0$。

定义 2.5 设 $\mathcal{I} \subseteq \mathbb{R}$，如果函数 $V(t,\phi): \mathcal{I} \times \mathcal{PC}(\mathcal{I}, \mathbb{R}^n) \to \mathbb{R}_+$ 满足

(1) V 在每一个集合 $[t_{k-1}, t_k) \times \mathcal{PC}(\mathcal{I}, \mathbb{R}^n)$ 上连续，且对于任意的 $\varphi \in \mathcal{PC}(\mathcal{I}, \mathbb{R}^n)$，有

$$\lim_{(t,\phi) \to (t_k^-, \varphi)} V(t,\phi) = V(t_k^-, \varphi), \quad k \in \mathbb{Z}_+$$

(2) V 关于 x 对 t 一致地满足局部 Lipschitz 条件，且 $V(t,0) \equiv 0$，$\forall t \in \mathbb{R}_+$。

则函数 V 属于 $\nu_0(\cdot)$ 类，记为 $V \in \nu_0(\cdot)$。

定义 2.6 设 $\mathcal{I} \subseteq \mathbb{R}$，如果函数 $V(t,\phi): \mathcal{I} \times \mathcal{PC}(\mathcal{I}, \mathbb{R}^n) \to \mathbb{R}_+$ 满足 $V \in \nu_0(\cdot)$，且对于任意的 $x \in \mathcal{PC}(\mathcal{I}, \mathbb{R}^n)$，$V(t, x(\cdot))$ 对任意的 $t \in \mathbb{R}_+$ 连续，那么函数 V 属于 $\nu_0^*(\cdot)$ 类，记为 $V \in \nu_0^*(\cdot)$。

定义 2.7 (Dini 导数)　函数 $f(t) \in \mathcal{C}(\mathcal{I}, \mathbb{R})$，$\mathcal{I} := [t_0, \infty)$。对于任意的 $t \in \mathcal{I}$，下面四个导数分别被称为

(1) 函数 $f(t)$ 的右上 Dini 导数，即

$$D^+ f(t) := \varlimsup_{h \to 0^+} \frac{1}{h}(f(t+h) - f(t)) = \lim_{h \to 0^+} \sup \frac{1}{h}(f(t+h) - f(t))$$

(2) 函数 $f(t)$ 的右下 Dini 导数，即

$$D_+ f(t) := \varliminf_{h \to 0^+} \frac{1}{h}(f(t+h) - f(t)) = \lim_{h \to 0^+} \inf \frac{1}{h}(f(t+h) - f(t))$$

(3) 函数 $f(t)$ 的左上 Dini 导数，即

$$D^- f(t) := \varlimsup_{h \to 0^-} \frac{1}{h}(f(t+h) - f(t)) = \lim_{h \to 0^-} \sup \frac{1}{h}(f(t+h) - f(t))$$

(4) 函数 $f(t)$ 的左下 Dini 导数，即

$$D_- f(t) := \varliminf_{h \to 0^-} \frac{1}{h}(f(t+h) - f(t)) = \lim_{h \to 0^-} \inf \frac{1}{h}(f(t+h) - f(t))$$

上述四种导数都称为 Dini 导数。在某些情况下，Dini 导数可能是 $\pm\infty$，否则总是存在有限的 Dini 导数。特别地，当 $f(t)$ 满足局部 Lipschitz 条件时，四个 Dini 导数均是有限的。此外，当且仅当四个 Dini 导数相等时，$f(t)$ 的普通导数才存在。对于一个连续函数，其单调性与 Dini 导数符号具体关系如下。

定理 2.2　函数 $f(t) \in \mathcal{C}(\mathcal{I}, \mathbb{R})$ 在 $\mathcal{I}$ 上单调不减，当且仅当 $D^+ f(t) \geqslant 0$，$\forall t \in \mathcal{I}$。

接下来，考虑函数沿系统解的 Dini 导数。首先，考虑一般非线性系统

$$\dot{x}(t) = f(t, x), \quad t \geqslant t_0 \geqslant 0 \tag{2.1}$$

其中，$x \in \mathbb{R}^n$ 为系统的状态；$f(t, x) \in \mathcal{C}(\mathcal{I} \times \mathbb{R}^n, \mathbb{R}^n)$。

定理 2.3　设 $V(t, x) \in \mathcal{C}(\mathcal{I} \times \Omega, \mathbb{R})$，$\Omega \subseteq \mathbb{R}^n$ 包含原点，$V(t, x)$ 关于 x 对 t 一致地满足局部 Lipschitz 条件，则 $V(t, x)$ 沿系统(2.1)的解 $x(t)$ 的右上和右下 Dini 导数具有如下形式，即

$$D^+V(t,x(t)) := \overline{\lim_{h \to 0^+}} \frac{1}{h}(V(t+h,x(t)+hf(t,x)) - V(t,x(t)))$$

$$D_+V(t,x(t)) := \varliminf_{h \to 0^+} \frac{1}{h}(V(t+h,x(t)+hf(t,x)) - V(t,x(t)))$$

注意，上述结果只能应用于连续系统。接下来，将这一思想推广到脉冲延迟系统，即

$$\begin{cases} \dot{x}(t) = f(t,x_t), & t \neq t_k, \ t \geqslant t_0 \geqslant 0 \\ \Delta x(t) = I_k(t,x_{t^-}), & t = t_k, \ k \in \mathbb{Z}_+ \\ x_{t_0} = \phi \in \mathbb{PC}_\tau \end{cases} \tag{2.2}$$

其中，$x(t) \in \mathbb{R}^n$ 为系统状态；$\dot{x}(t)$ 为 $x(t)$ 的右上 Dini 导数；$\Delta x(t) = x(t^+) - x(t^-)$，$x(t^+)$ 和 $x(t^-)$ 分别表示系统状态在时刻 t 的右极限和左极限；函数 $f \in \mathcal{C}(\mathbb{R}_+ \times \mathbb{PC}_\tau, \mathbb{R}^n)$；$I_k \in \mathcal{C}(\mathbb{R}_+ \times \mathbb{PC}_\tau, \mathbb{R}^n)$, $k \in \mathbb{Z}_+$；脉冲时间序列 $\{t_k\} := \{t_k, k \in \mathbb{Z}_+\}$ 在 $\mathbb{R}_+$ 上严格单调递增，用集合 $\mathcal{F}_0$ 表示此类脉冲时间序列。

假设 $x(t^+) = x(t)$，即系统(2.2)的解是右连续的。对于任意的 $t \geqslant t_0$，$x_t \in \mathbb{PC}_\tau$ 定义为 $x_t(s) = x(t+s)$，$s \in [-\tau, 0]$。

定理 2.4　设 $V(t,x) \in \mathcal{C}(\mathcal{I} \times \mathbb{R}^n, \mathbb{R}_+)$ 且 $V(t,x)$ 关于 x 对 t 一致地满足局部 Lipschitz 条件，则 $V(t,x)$ 沿着系统(2.2)的解 $x(t)$ 的右上 Dini 导数为

$$D^+V(t,x(t)) = \overline{\lim_{h \to 0_+}} \frac{1}{h}(V(t+h,x(t)+hf(t,x_t)) - V(t,x(t)))$$

证明　因为 $V(t,x(t))$ 关于 x 对 t 一致地满足局部 Lipschitz 条件。给定 $t > 0$，存在一个 $x(t)$ 的邻域 U 和一个常数 $L > 0$，使对于任意的 $\bar{x}$，$\bar{y} \in U$，有

$$|V(t,\bar{x}) - V(t,\bar{y})| \leqslant L|\bar{x} - \bar{y}|$$

选择充分小的 $h > 0$，使 $x(t+h) \in U$ 和 $x(t) + hf(t,x_t) \in U$，可得

$V(t+h,x(t+h)) - V(t,x(t))$

$= V(t+h,x(t+h)) - V(t+h,x(t)+hf(t,x_t)) + V(t+h,x(t)+hf(t,x_t)) - V(t,x(t))$

$\leqslant L|x(t+h) - x(t) - hf(t,x_t)| + V(t+h,x(t)+hf(t,x_t)) - V(t,x(t))$

$\leqslant hL\left|\dfrac{x(t+h) - x(t)}{h} - f(t,x_t)\right| + V(t+h,x(t)+hf(t,x_t)) - V(t,x(t))$

因此

$$\frac{V(t+h,x(t+h))-V(t,x(t))}{h}$$

$$\leqslant L\left|\frac{x(t+h)-x(t)}{h}-f(t,x_t)\right|+\frac{V(t+h,x(t)+hf(t,x_t))-V(t,x(t))}{h}$$

即

$$\varliminf_{h\to0^+}\frac{V(t+h,x(t+h))-V(t,x(t))}{h}\leqslant\varliminf_{h\to0^+}\frac{V(t+h,x(t)+hf(t,x_t))-V(t,x(t))}{h}$$

此外，可得

$$V(t+h,x(t+h))-V(t,x(t))$$

$$=V(t+h,x(t+h))-V(t+h,x(t)+hf(t,x_t))+V(t+h,x(t)+hf(t,x_t))-V(t,x(t))$$

$$\geqslant-hL\left|\frac{x(t+h)-x(t)}{h}-f(t,x_t)\right|+V(t+h,x(t)+hf(t,x_t))-V(t,x(t))$$

即

$$\varliminf_{h\to0^+}\frac{V(t+h,x(t+h))-V(t,x(t))}{h}\geqslant\varliminf_{h\to0^+}\frac{V(t+h,x(t)+hf(t,x_t))-V(t,x(t))}{h}$$

由上述分析，可知

$$\varliminf_{h\to0^+}\frac{V(t+h,x(t+h))-V(t,x(t))}{h}=\varliminf_{h\to0^+}\frac{V(t+h,x(t)+hf(t,x_t))-V(t,x(t))}{h}$$

■

定义 2.8 令 $\mathcal{F}^+[\tau_0,N_0]$ 表示一类脉冲序列，满足 ADT 条件，即

$$N(T,t)\leqslant\frac{T-t}{\tau_0}+N_0,\quad T\geqslant t\geqslant0$$

其中，$N_0\in\mathbb{R}_+$ 为振荡界；$\tau_0>0$ 为 ADT 常数；$N(T,t)$ 为区间 (t,T) 上的脉冲点的个数；$\mathcal{F}^+[\tau_0,N_0]$ 为两个相邻脉冲点之间的间隔可能小于 τ_0 或大于 τ_0，但是脉冲序列的平均间隔不小于 τ_0。

特别地，当 $N_0=1$ 时，连续脉冲之间必须至少间隔 τ_0 个时间单位。

类似地，令 $\mathcal{F}^-[\tau_1,N_1]$ 表示一类脉冲序列，满足逆 ADT 条件，即

$$N(T,t) \geqslant \frac{T-t}{\tau_1} - N_1, \quad T \geqslant t \geqslant 0$$

其中，$N_1 \in \mathbb{R}_+$ 为振荡界；$\tau_1 > 0$ 为逆 ADT 常数；$\mathcal{F}^-[\tau_1, N_1]$ 为两个相邻脉冲点之间的间隔可能大于 τ_1 或小于 τ_1，但是脉冲序列的平均间隔不大于 τ_1。

从脉冲控制和脉冲干扰的角度来看，$\mathcal{F}^+[\tau_0, N_0]$ 往往与脉冲干扰问题有关，$\mathcal{F}^-[\tau_1, N_1]$ 往往与脉冲控制问题有关。

本节 Dini 导数的相关知识可查阅文献[1]；ADT 条件相关定义可查阅文献[2]。

2.2　脉冲系统稳定性

本节分别从 Lyapunov 意义和有限时间意义出发，介绍脉冲系统稳定性的相关概念。

2.2.1　Lyapunov 稳定

下面主要介绍 Lyapunov 意义下脉冲系统稳定性的相关概念，主要内容包括脉冲系统稳定、吸引、渐近稳定等。

考虑如下脉冲系统，即

$$\begin{cases} \dot{x}(t) = f(t, x(t)), & t \neq t_k, \ t \geqslant t_0 \geqslant 0 \\ \Delta x(t) = I_k(t, x(t^-)), & t = t_k, \ k \in \mathbb{Z}_+ \\ x(t_0) = x_0 \end{cases} \tag{2.3}$$

其中，$x(t) \in \mathbb{R}^n$ 为系统状态；$\dot{x}(t)$ 为 $x(t)$ 的右上 Dini 导数；$\Delta x(t) = x(t^+) - x(t^-)$，$x(t^+)$ 和 $x(t^-)$ 分别表示系统状态在时刻 t 的右极限和左极限。

函数 $f \in \mathcal{C}(\mathbb{R}_+ \times \mathbb{R}^n, \mathbb{R}^n)$ 和 $I_k \in \mathcal{C}(\mathbb{R}_+ \times \mathbb{R}^n, \mathbb{R}^n)$ 满足 $f(t, 0) = I_k(t, 0) = 0$，$\forall t \in \mathbb{R}_+$，$k \in \mathbb{Z}_+$。脉冲时间序列 $\{t_k\} \in \mathcal{F}_0$。假设 $x(t^+) = x(t)$，即系统(2.3)的解是右连续的。记系统(2.3)通过 (t_0, x_0) 关于脉冲序列 $\{t_k\} \in \mathcal{F}_0$ 的解为 $x(t, t_0, x_0, \{t_k\})$，简写为 $x(t)$。

定义 2.9 (稳定) 给定脉冲时间序列 $\{t_k\} \in \mathcal{F}_0$，如果对于任意实数 $\varepsilon > 0$，$t_0 \in \mathbb{R}_+$，存在 $\delta = \delta(t_0, \varepsilon) > 0$，使对任意的 $|x_0| \leqslant \delta$，$|x(t)| < \varepsilon$，$\forall t \geqslant t_0$，则系统(2.3)是稳定的。

定义 2.10 (一致稳定) 给定脉冲时间序列 $\{t_k\} \in \mathcal{F}_0$，如果对于任意实数 $\varepsilon > 0$，$t_0 \in \mathbb{R}_+$，存在 $\delta = \delta(\varepsilon) > 0$，使对任意的 $|x_0| \leqslant \delta$，$|x(t)| < \varepsilon$，$\forall t \geqslant t_0$，则系统(2.3)是一致稳定的。

定义 2.11 (吸引) 给定脉冲时间序列 $\{t_k\} \in \mathcal{F}_0$，如果对于任意实数 $\varepsilon > 0$，$t_0 \in \mathbb{R}_+$，存在 $\delta = \delta(t_0) > 0$ 和 $T = T(t_0, \varepsilon, x_0) > 0$，使对任意的 $|x_0| \leqslant \delta$，$|x(t)| < \varepsilon$，$\forall t \geqslant t_0 + T$，则系统(2.3)是吸引的。

定义 2.12 (一致吸引) 给定脉冲时间序列 $\{t_k\} \in \mathcal{F}_0$，如果对于任意实数 $\varepsilon > 0$，$t_0 \in \mathbb{R}_+$，存在 $\delta > 0$ 和 $T = T(\varepsilon) > 0$，使对任意的 $|x_0| \leqslant \delta$，$|x(t)| < \varepsilon$，$\forall t \geqslant t_0 + T$，则系统(2.3)是一致吸引的。

定义 2.13 (渐近稳定) 给定脉冲时间序列 $\{t_k\} \in \mathcal{F}_0$，如果系统(2.3)既是稳定的又是吸引的，则系统(2.3)是渐近稳定的。

定义 2.14 (一致渐近稳定) 给定脉冲时间序列 $\{t_k\} \in \mathcal{F}_0$，如果系统(2.3)既是一致稳定的又是一致吸引的，则系统(2.3)是一致渐近稳定的。

定义 2.15 (指数稳定) 给定脉冲时间序列 $\{t_k\} \in \mathcal{F}_0$，如果存在常数 $M \geqslant 1$ 和 $\gamma > 0$，对任意的 $x_0 \in \Omega \subseteq \mathbb{R}^n$ 满足

$$|x(t)| \leqslant M \cdot e^{-\gamma(t-t_0)} \cdot |x_0|, \quad t \geqslant t_0$$

则系统(2.3)关于 Ω 是指数稳定的。特别地，当 $\Omega = \mathbb{R}^n$ 时，系统(2.3)是全局指数稳定的。

注 2.1 上述 Lyapunov 稳定的相关定义是针对给定的脉冲时间序列 $\{t_k\} \in \mathcal{F}_0$，若对任意的脉冲时间序列 $\{t_k\} \in \mathcal{F}^* \subseteq \mathcal{F}_0$，Lyapunov 稳定的相关定义仍成立，则称系统(2.3)关于脉冲集合 $\mathcal{F}^*$ 具有一致性。此时，一致性指的是脉冲集合，而非初始时刻 t_0。例如，如果对于任意给定实数 $\varepsilon > 0$，$t_0 \in \mathbb{R}_+$，存在 $\delta = \delta(\varepsilon) > 0$，使对任意的 $|x_0| \leqslant \delta$，$|x(t)| < \varepsilon$，$\forall t \geqslant t_0$，$\{t_k\} \in \mathcal{F}^*$，则系统(2.3)关于脉冲集合 $\mathcal{F}^*$ 是一致稳定的。

2.2.2 有限时间稳定

不同于 Lyapunov 稳定，本节在有限时间的框架下给出两类有限时间稳定的相关概念，分别是有限时间有界(记为有限时间稳定 I)和有限时间归零(记为有限时间稳定 II)。

1. 有限时间稳定 I

考虑如下脉冲系统，即

$$\begin{cases} \dot{x}(t) = f(x(t)), & t \neq t_k,\ t \geqslant t_0 \geqslant 0 \\ x(t) = g_k(x(t^-)), & t = t_k,\ k \in \mathbb{Z}_+ \\ x(0) = x_0 \end{cases} \tag{2.4}$$

其中，$x(t) \in \mathbb{R}^n$ 为系统状态；$\dot{x}(t)$ 为 $x(t)$ 的右上 Dini 导数；$x(t^-)$ 为系统状态在时刻 t 的左极限；初始状态 $x_0 \in \mathbb{R}^n$；函数 $f \in \mathcal{C}(\mathbb{R}^n, \mathbb{R}^n)$ 和 $g_k \in \mathcal{C}(\mathbb{R}^n, \mathbb{R}^n)$ 满足 $f(0) = 0$ 和 $g_k(0) = 0$，$\forall k \in \mathbb{Z}_+$。

对于给定的常数 $T > 0$，脉冲时间序列 $\{t_k\} := \{t_k, k \in \mathbb{Z}_+\}$ 满足 $0 < t_1 < t_2 < \cdots < t_N < T$，其中 N 表示在区间 $[0, T]$ 内的脉冲个数。为了之后使用方便，将这类脉冲时间序列组成的集合表示为 $\mathcal{S}_0$。假设系统(2.1)的解是右连续，即 $x(t^+) = x(t)$。为方便，在有限时间框架下，记 $t_0 = 0$。

定义 2.16 (有限时间稳定 I)　给定脉冲时间序列 $\{t_k\} \in \mathcal{S}_0$，正数 T, c_2, c_1，并且 $c_2 > c_1$，如果

$$|x_0| \leqslant c_1 \Rightarrow |x(t)| \leqslant c_2, \quad t \in [0, T] \tag{2.5}$$

则称系统(2.5)关于 (c_1, c_2, T) 是有限时间稳定 I 的。

定义 2.17 (一致有限时间稳定 I)　如果由式(2.5)刻画的有限时间有界对于 $\mathcal{S}_0$ 中的每个脉冲时间序列 $\{t_k\}$ 都成立，则称系统(2.4)在脉冲集合 $\mathcal{S}_0$ 上关于 (c_1, c_2, T) 是一致有限时间稳定 I 的。

定义 2.18 (一致有限时间压缩稳定 I)　对于给定的正数 $T, c_1, c_2, \gamma, \sigma$，并且 $c_2 > c_1 > \eta$，$\sigma \in (0, T)$，如果系统(2.4)在脉冲集合 $\mathcal{S}_0$ 上是一致有限时间稳定 I 的且满足

$$| x(t) | \leqslant \eta , \quad t \in [T - \sigma, T], \quad \{t_k\} \in \mathcal{S}_0$$

则称系统(2.4)在脉冲集合 $\mathcal{S}_0$ 上关于 $(c_1, c_2, \eta, \sigma, T)$ 是一致有限时间压缩稳定 I 的。

2. 有限时间稳定 II

本部分给出系统(2.4)有限时间稳定 II 的相关概念。不同于有限时间稳定 I，对于脉冲序列的记法如下，在 $\mathbb{R}_+$ 上严格单调递增的脉冲时间序列 $\{t_k\} := \{t_k, k \in \mathbb{Z}_+\}$ 记为 $\mathcal{S}$ ，其中 $\mathcal{S}$ 中脉冲点的个数可能是有限的也可能是无限的。特别地，记 $\mathcal{S}$ 中含有 N 个脉冲点的时间序列为 $\mathcal{S}_N$ 且脉冲时间序列 $\{t_k\}^N$ 满足 $0 < t_1 < \cdots < t_N < \infty$。

定义 2.19 (有限时间收敛)　如果存在一个包含原点的开集 $U \subseteq \mathbb{R}^n$ 和一个函数 $T(x_0, \{t_k\}) : U \times \mathcal{S} \to \mathbb{R}_+$ ，使系统(2.4)的每一个从初始状态 $x_0 \in U$ 出发受到脉冲 $\{t_k\} \in \mathcal{S}$ 的解 $x(t, 0, x_0, \{t_k\})$ 在区间 $[0, T(x_0, \{t_k\}))$ 前向存在且唯一，并满足

$$x(t, 0, x_0, \{t_k\}) \equiv 0, \quad t \geqslant T(x_0, \{t_k\})$$

则称系统(2.4)在脉冲集合 $\mathcal{S}$ 上有限时间收敛。如果 $U = \mathbb{R}^n$ ，则称系统(2.4)在脉冲集合 $\mathcal{S}$ 上全局有限时间收敛。系统(2.4)的停息时间定义为

$$T_{\mathrm{inf}}(x_0, \{t_k\}) := \inf_{t \geqslant T(x_0, \{t_k\})} \{T(x_0, \{t_k\}) \geqslant 0 : x(t, x_0) = 0\}$$

显然，系统的停息时间依赖初始状态 x_0 和脉冲序列 $\{t_k\}$ 。

定义 2.20 (有限时间稳定 II)　如果系统(2.4)在脉冲集合 $\mathcal{S}$ 上既满足 Lyapunov 稳定，又满足有限时间收敛，则称系统(2.4)在脉冲集合 $\mathcal{S}$ 上是有限时间稳定 II 的。此外，如果系统(2.4)在脉冲集合 $\mathcal{S}$ 上全局有限时间收敛，则称系统(2.4)在脉冲集合 $\mathcal{S}$ 上是全局有限时间稳定 II 的。

注意，系统(2.4)中的函数 f 在原点不满足 Lipschitz 条件，否则对于任意的初始状态 $x_0 \in U$ ，系统(2.4)存在唯一解 $x(t, 0, x_0, \{t_k\})$ 。显然，这与有限时间收敛和有限时间稳定 II 的概念相违背。因此，对于一个有限时间稳定 II 的系统，系统的解不再满足唯一性。

图 2.1～图 2.3 分别形象刻画了脉冲系统的有限时间稳定 I、有限时间压缩稳定 I，以及有限时间稳定 II 的特性。

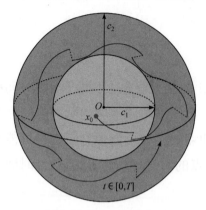

图 2.1　有限时间稳定 I

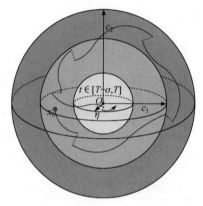

图 2.2　有限时间压缩稳定 I

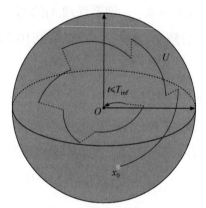

图 2.3　有限时间稳定 II

2.3　脉冲系统能控能观性

本节介绍脉冲系统的能控性和能观性的概念及基本定理。能控性和能观性是系统在设计控制器之前必须考虑的两个重要基本性质。一般来说，系统的能控性指系统的状态是否可以被容许的控制输入所控制，而系统的能观测性是指系统的初始状态是否可以从输出中观测到。为了更好地介绍能控性和能观性，先引入状态转移矩阵的概念。

考虑如下连续时变线性系统，即

$$\begin{cases} \dot{x}(t) = A(t)x(t), \quad t \geqslant t_0 \geqslant 0 \\ x(t_0) = x_0 \in \mathbb{R}^n \end{cases} \tag{2.6}$$

其中，$x(t) \in \mathbb{R}^n$ 为系统状态；$\dot{x}(t)$ 为 $x(t)$ 的导数；$A \in \mathcal{C}(\mathbb{R}_+, \mathbb{R}^{n \times n})$。

注意，线性系统的一个关键性质是从初始状态 $x(t_0) = x_0 \in \mathbb{R}^n$ 到解 $x(t) \in \mathbb{R}^n$ 的映射在给定时间 $t \geqslant 0$ 总是线性的。因此，解 $x(t)$ 可以用包含 Peano-Baker 级数的矩阵乘积表示。

定理 2.5 (Peano-Baker 级数)[3]　系统(2.6)的解为

$$x(t) = \Phi(t, t_0) x_0, \quad t \geqslant t_0 \geqslant 0$$

其中，$x_0 \in \mathbb{R}^n$；$n \times n$ 矩阵 $\Phi(t, t_0)$ 称为状态转移矩阵，满足

$$\Phi(t, t_0) := I + \int_{t_0}^{t} A(s_1) ds_1 + \int_{t_0}^{t} A(s_1) \int_{t_0}^{s_1} A(s_2) ds_2 ds_1$$

$$+ \int_{t_0}^{t} A(s_1) \int_{t_0}^{s_1} A(s_2) \int_{t_0}^{s_2} A(s_3) ds_3 ds_2 ds_1 + \cdots$$

2.3.1 能控性

在控制领域有两个经典问题，即需要什么样的信息和多少信息才能实现理想的控制类型。就控制而言，给定不变的受控对象具有什么样的内在特性呢？Kalman[4]在 20 世纪 60 年代提出能控性的定义，并回答了这两个问题。鉴于能控性对系统结构特性的重要性，本节给出脉冲系统能控性的一些结果。考虑如下系统，即

$$\begin{cases} \dot{x}(t) = A(t)x(t) + B(t)u(t), & t \neq t_k, t \geqslant t_0 \geqslant 0 \\ \Delta x(t) = I_k(t^-, x(t^-), x((t - \tau_k)^-)), & t = t_k, k \in \mathbb{Z}_+ \\ y(t) = C(t)x(t) + D(t)u(t) \\ x_{t_0} = \phi \in \mathbb{PC}_\tau \end{cases} \tag{2.7}$$

其中，$x(t) \in \mathbb{R}^n$ 为系统状态；$\dot{x}(t)$ 为 $x(t)$ 的右上 Dini 导数；$x(t^-)$ 为系统状态在时刻 t 的左极限；$y(t) \in \mathbb{R}^p$ 为系统的输出；$u(t) \in \mathbb{R}^m$ 为容许控制输入；$I_k \in \mathcal{C}(\mathbb{R}_+ \times \mathbb{R}^n \times \mathbb{R}^n, \mathbb{R}^n)$；$A \in \mathcal{C}(\mathbb{R}_+, \mathbb{R}^{n \times n})$；$B \in \mathcal{C}(\mathbb{R}_+, \mathbb{R}^{n \times m})$；$C \in \mathcal{C}(\mathbb{R}_+, \mathbb{R}^{p \times n})$；$D \in \mathcal{C}(\mathbb{R}_+, \mathbb{R}^{p \times m})$；脉冲时间序列 $\{t_k\} \in \mathcal{F}_0$；$\tau_k$ 为脉冲中的延迟，$k \in \mathbb{Z}_+$，且 $\tau := \max_{k \in \mathbb{Z}_+} \{\tau_k\} > 0$。

假设 $x(t) = x(t^-)$，即系统(2.7)的解是左连续的，且 $\Delta x(t) = x(t^+) - x(t^-)$。对于任意的 $t \geqslant t_0$，$x_t \in \mathbb{PC}_\tau$ 定义为 $x_t(s) := x(t+s)$，$\forall s \in [-\tau, 0]$，$\tau \in [0, \infty)$。

注 2.2 如果系统(2.7)的状态不依赖初始时间之前的状态，那么初始状态 $x_{t_0} = \phi \in \mathbb{PC}_\tau$ 可以替换为 $x(t_0) = x_0 \in \mathbb{R}^n$。例如，对于满足特殊条件 $t_k - t_{k-1} \geqslant \rho > 0$，$\forall k \in \mathbb{Z}_+$ 的一类脉冲时间序列 $\{t_k\}$，此时 ϕ 可以视为 x_0。在这一部分，总是假设 $x(t_0) = x_0 \in \mathbb{R}^n$。

定义 2.21 (能控性) 如果对于任意的初始状态 $x(t_0) = x_0$ 和任意的最终状态 $x(t_f) = x_f$，存在一个容许控制 $u(t) : [t_0, t_f] \rightarrow \mathbb{R}^m$ 使 x_0 能够在有限时间内转移到 x_f，则称系统(2.7)在 $[t_0, t_f]$ $(t_f > t_0)$ 能控；否则，系统(2.7)在 $[t_0, t_f]$ 不能控。

定义 2.21 表明，能控性依赖系统状态 $x(t)$ 和容许控制 $u(t)$，能够在有限时间内将状态空间中的任何状态移动到任何其他状态，对于系统的状态轨迹具体如何并不关心，如图 2.4 所示。针对脉冲系统能控性的研究，文献[5]首先给出时变脉冲系统能控性的充分条件和必要条件，同时给出时不变脉冲系统能控性的充要条件。随后，文献[6]研究了一类分段连续时变脉冲系统，给出相应的能控性判据。对于脉冲系统能控性的进一步学习，读者可以参考文献[5]～[10]。

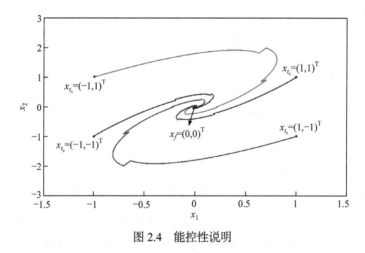

图 2.4 能控性说明

首先，考虑系统(2.7)中脉冲行为不含延迟的情况[5]。

定理 2.6 假设 $\Delta x(t_i) = c_i x(t_i^-)$，$c_i$ 为常数，$i \in \mathbb{Z}_+$，那么下列结论成立。

(1) 如果至少存在一个矩阵 W_l ($l \in \{0, 1, \cdots, k\}$)，使 $\mathrm{rank}(W_l) = n$，那么系统(2.7)在 $[t_0, t_f]$ ($t_f \in (t_k, t_{k+1}]$) 能控。

(2) 假设 $c_i \neq -1$，$i = 1, 2, \cdots, k$。如果系统(2.7)在 $[t_0, t_f]$ ($t_f \in (t_k, t_{k+1}]$) 能控，那么

$$\mathrm{rank}(W_0\, W_1 \cdots W_k) = n$$

其中

$$W_{i-1} := W(t_0, t_{i-1}, t_i) = \int_{t_{i-1}}^{t_i} \Phi(t_0, s) B(s) B^{\mathrm{T}}(s) \Phi^{\mathrm{T}}(t_0, s)\,\mathrm{d}s, \quad i = 1, 2, \cdots, k$$

$$W_k := W(t_0, t_k, t_f) = \int_{t_k}^{t_f} \Phi(t_0, s) B(s) B^{\mathrm{T}}(s) \Phi^{\mathrm{T}}(t_0, s)\,\mathrm{d}s$$

特别地，如果系统(2.7)是时不变系统，那么下面的推论成立。

推论 2.1 假设 $\Delta x(t_i) = c_i x(t_i^-)$，$c_i \neq -1$ 是常数，$i = 1, 2, \cdots, k$，$A(t) = A \in \mathbb{R}^{n \times n}$，$B(t) = B \in \mathbb{R}^{n \times m}$，则系统(2.7)在 $[t_0, t_f]$ ($t_f \in (t_k, t_{k+1}]$) 能控，当且仅当

$$\mathrm{rank}(B\ AB \cdots A^{n-1}B) = n$$

其次，考虑系统(2.7)具有延迟脉冲的情况。

定理 2.7 假设 $\Delta x(t_i) = c_i x(t_i - \tau)$，$t_i - t_{i-1} > \tau$，$i \in \mathbb{Z}_+$，那么下列能控性结论成立。

(1) 如果至少存在一个矩阵 $W_l^{(\tau)}$ ($l \in \{0, 1, \cdots, k\}$) 使 $\mathrm{rank}(W_l^{(\tau)}) = n$，那么系统(2.7)在 $[t_0, t_f]$ ($t_f \in (t_k, t_{k+1}]$) 能控。

(2) 假设矩阵 $(I + c_i \Phi_i^{(\tau)})$，$i = 1, 2, \cdots, k$，均是可逆的。如果系统(2.7)在 $[t_0, t_f]$ ($t_f \in (t_k, t_{k+1}]$) 能控，那么

$$\mathrm{rank}(W_0^{\phi(\tau)}\, W_1^{\phi(\tau)} \cdots W_k^{\phi(\tau)}) = n$$

其中

$$W_0^{(\tau)} := \int_{t_0}^{t_1 - \tau} \Phi(t_0, s) B(s) B^{\mathrm{T}}(s) \Phi^{\mathrm{T}}(t_0, s)\,\mathrm{d}s$$

$$W_i^{(\tau)} := \int_{t_i - \tau}^{t_{i+1} - \tau} \Phi(t_0, s) B(s) B^{\mathrm{T}}(s) \Phi^{\mathrm{T}}(t_0, s)\,\mathrm{d}s, \quad i = 1, 2, \cdots, k-1$$

$$W_k^{(\tau)} := \int_{t_k - \tau}^{t_f} \Phi(t_0, s) B(s) B^{\mathrm{T}}(s) \Phi^{\mathrm{T}}(t_0, s)\,\mathrm{d}s$$

$$W_0^{\phi(\tau)} := \int_{t_0}^{t_1-\tau} \phi_0^{(\tau)} \varPhi(t_0,s) B(s) B^{\mathrm{T}}(s) \varPhi^{\mathrm{T}}(t_0,s) (\phi_0^{(\tau)})^{\mathrm{T}} \,\mathrm{d}s$$

$$W_i^{\phi(\tau)} := \int_{t_i-\tau}^{t_{i+1}-\tau} \phi_i^{(\tau)} \varPhi(t_0,s) B(s) B^{\mathrm{T}}(s) \varPhi^{\mathrm{T}}(t_0,s) (\phi_i^{(\tau)})^{\mathrm{T}} \,\mathrm{d}s, \quad i=1,2,\cdots,k-1$$

$$W_k^{\phi(\tau)} := \int_{t_k-\tau}^{t_f} \phi_k^{(\tau)} \varPhi(t_0,s) B(s) B^{\mathrm{T}}(s) \varPhi^{\mathrm{T}}(t_0,s) (\phi_k^{(\tau)})^{\mathrm{T}} \,\mathrm{d}s, \quad \phi_0^{(\tau)} := I$$

$$\phi_i^{(\tau)} := \prod_{j=1}^{i} (I + c_j \varPhi_j^{(\tau)})^{-1}, \quad \varPhi_i^{(\tau)} := \varPhi(t_0,t_i)\varPhi(t_i-\tau,t_0), \quad i=1,2,\cdots,k$$

证明　首先证明结论(1)成立。假设存在一个 $l \in \{0,1,\cdots,k\}$，使 rank $(W_l^{(\tau)})=n$，即矩阵 $W_l^{(\tau)}$ 可逆。考虑以下三种情况。

情况 1，如果 $l \in \{1,2,\cdots,k-1\}$，给定一个 $n \times 1$ 维的初始状态 x_0，设计如下控制准则，即

$$u(t) = \begin{cases} -B^{\mathrm{T}}(t)\varPhi^{\mathrm{T}}(t_0,t)(W_l^{(\tau)})^{-1} \prod_{j=0}^{l-1}(I+c_{l-j}\varPhi_{l-j}^{(\tau)})x_0, & t \in (t_l-\tau, t_{l+1}-\tau] \\ 0, & t \in [t_0,t_f] \backslash (t_l-\tau, t_{l+1}-\tau] \end{cases} \tag{2.8}$$

当 $t_f \in (t_k, t_{k+1}]$，由系统(2.7)的解可知

$$\begin{aligned} x(t_f) = \varPhi(t_f,t_0) \Bigg[& \prod_{j=0}^{k-1}(I+c_{k-j}\varPhi_{k-j}^{(\tau)})x_0 \\ & + \prod_{j=0}^{k-1}(I+c_{k-j}\varPhi_{k-j}^{(\tau)}) \int_{t_0}^{t_1-\tau} \varPhi(t_0,s)B(s)u(s)\mathrm{d}s \\ & + \sum_{i=1}^{k-1}\prod_{j=0}^{k-i-1}(I+c_{k-j}\varPhi_{k-j}^{(\tau)}) \int_{t_i-\tau}^{t_{i+1}-\tau} \varPhi(t_0,s)B(s)u(s)\mathrm{d}s \\ & + \int_{t_k-\tau}^{t_f} \varPhi(t_0,s)B(s)u(s)\mathrm{d}s \Bigg] \end{aligned} \tag{2.9}$$

由式(2.8)可得

$$\begin{aligned} x(t_f) &= \varPhi(t_f,t_0)\Bigg[\prod_{j=0}^{k-1}(I+c_{k-j}\varPhi_{k-j}^{(\tau)})x_0 - \prod_{j=0}^{k-l-1}(I+c_{k-j}\varPhi_{k-j}^{(\tau)}) \\ &\quad \times \int_{t_l-\tau}^{t_{l+1}-\tau} \varPhi(t_0,s)B(s)B^{\mathrm{T}}(s)\varPhi^{\mathrm{T}}(t_0,s)(W_l^{(\tau)})^{-1}\mathrm{d}s \prod_{j=0}^{l-1}(I+c_{l-j}\varPhi_{l-j}^{(\tau)})x_0 \Bigg] \\ &= \varPhi(t_f,t_0)\Bigg[\prod_{j=0}^{k-1}(I+c_{k-j}\varPhi_{k-j}^{(\tau)}) - \prod_{j=0}^{k-1}(I+c_{k-j}\varPhi_{k-j}^{(\tau)}) \Bigg] x_0 \\ &= 0 \end{aligned}$$

进而，系统(2.7)在$[t_0,t_f]$ ($t_f \in (t_k,t_{k+1})$)能控。

情况 2，如果$l=k$，给定一个$n\times 1$维的初始状态x_0，控制准则$u(t)$可设计为

$$u(t)=\begin{cases}-B^{\mathrm T}(t)\Phi^{\mathrm T}(t_0,t)(W_k^{(\tau)})^{-1}\prod_{j=0}^{k-1}(I+c_{k-j}\Phi_{k-j}^{(\tau)})x_0, & t\in(t_k-\tau,t_f]\\ 0, & t\in[t_0,t_f]\setminus(t_k-\tau,t_f]\end{cases} \quad (2.10)$$

由式(2.9)和式(2.10)可得

$$x(t_f)=\Phi(t_f,t_0)\Bigg[\prod_{j=0}^{k-1}(I+c_{k-j}\Phi_{m-j}^{(\tau)})x_0$$
$$-\int_{t_k-\tau}^{t_f}\Phi(t_0,s)B(s)B^{\mathrm T}(s)\Phi^{\mathrm T}(t_0,s)(W_k^{(\tau)})^{-1}\mathrm ds\prod_{j=0}^{k-1}(I+c_{k-j}\Phi_{k-j}^{(\tau)})x_0\Bigg]$$

进而

$$x(t_f)=\Phi(t_f,t_0)\Bigg[\prod_{j=0}^{k-1}(I+c_{k-j}\Phi_{k-j}^{(\tau)})-\prod_{j=0}^{k-1}(I+c_{k-j}\Phi_{k-j}^{(\tau)})\Bigg]x_0=0$$

因此，系统(2.7)在$[t_0,t_f]$ ($t_f \in (t_k,t_{k+1})$)能控。

情况 3，如果$l=0$，控制准则可以设计为

$$u(t)=\begin{cases}-B^{\mathrm T}(t)\Phi^{\mathrm T}(t_0,t)(W_0^{(\tau)})^{-1}x_0, & t\in[t_0,t_1-\tau]\\ 0, & t\in[t_0,t_f]\setminus[t_0,t_1-\tau]\end{cases}$$

类似于情况 2，可以推出

$$x(t_f)=\Phi(t_f,t_0)\Bigg[x_0-\int_{t_0}^{t_1-\tau}\Phi(t_0,s)B(s)B^{\mathrm T}(s)\Phi^{\mathrm T}(t_0,s)(W_0^{(\tau)})^{-1}x_0\mathrm ds\Bigg]=0$$

因此，系统(2.7)在$[t_0,t_f]$ ($t_f \in (t_k,t_{k+1})$)能控。

综上，结论(1)成立。

接下来，证明结论(2)成立。反证，假设结论不成立，则

$$\mathrm{rank}(W_0^{\phi(\tau)}\ W_1^{\phi(\tau)}\cdots W_k^{\phi(\tau)})<n$$

即存在一个非零的$n\times 1$向量x_α，使

$$0 = x_\alpha^{\mathrm{T}} W_0^{\phi(\tau)} x_\alpha = \int_{t_0}^{t_1-\tau} x_\alpha^{\mathrm{T}} \phi_0^{(\tau)} \Phi(t_0,s) B(s) B^{\mathrm{T}}(s) \Phi^{\mathrm{T}}(t_0,s) (\phi_0^{(\tau)})^{\mathrm{T}} x_\alpha \mathrm{d}s$$

$$0 = x_\alpha^{\mathrm{T}} W_i^{\phi(\tau)} x_\alpha = \int_{t_i-\tau}^{t_{i+1}-\tau} x_\alpha^{\mathrm{T}} \phi_i^{(\tau)} \Phi(t_0,s) B(s) B^{\mathrm{T}}(s) \Phi^{\mathrm{T}}(t_0,s) (\phi_i^{(\tau)})^{\mathrm{T}} x_\alpha \mathrm{d}s$$

$$0 = x_\alpha^{\mathrm{T}} W_k^{\phi(\tau)} x_\alpha = \int_{t_k-\tau}^{t_f} x_\alpha^{\mathrm{T}} \phi_k^{(\tau)} \Phi(t_0,s) B(s) B^{\mathrm{T}}(s) \Phi^{\mathrm{T}}(t_0,s) (\phi_k^{(\tau)})^{\mathrm{T}} x_\alpha \mathrm{d}s$$

其中，$i = 1, 2, \cdots, k-1$；当 $t \in [t_0, t_f]$（$t_f \in (t_k, t_{k+1}]$）时，可得 $x_\alpha^{\mathrm{T}} \phi_j^{(\tau)} \Phi(t_0,t) B(t) = 0$，$j = 0, 1, \cdots, k$。

注意到，系统(2.7)在 $[t_0, t_f]$（$t_f \in (t_k, t_{k+1}]$）能控，选择 $x_0 = x_\alpha$，那么存在一个控制准则 $u(t)$，使

$$x(t_f) = \Phi(t_f, t_0) \prod_{j=0}^{k-1} (I + c_{k-j} \Phi_{k-j}^{(\tau)}) \left[x_\alpha + \int_{t_0}^{t_1-\tau} \Phi(t_0,s) B(s) u(s) \mathrm{d}s \right]$$

$$+ \Phi(t_f, t_0) \sum_{i=1}^{k-1} \prod_{j=0}^{k-i-1} (I + c_{k-j} \Phi_{k-j}^{(\tau)}) \int_{t_i-\tau}^{t_{i+1}-\tau} \Phi(t_0,s) B(s) u(s) \mathrm{d}s$$

$$+ \Phi(t_f, t_0) \int_{t_k-\tau}^{t_f} \Phi(t_0,s) B(s) u(s) \mathrm{d}s$$

$$= 0$$

进而，可以推出

$$\Phi(t_f, t_0) \prod_{j=0}^{k-1} (I + c_{k-j} \Phi_{k-j}^{(\tau)}) x_\alpha$$

$$= -\Phi(t_f, t_0) \prod_{j=0}^{k-1} (I + c_{k-j} \Phi_{k-j}^{(\tau)}) \int_{t_0}^{t_1-\tau} \Phi(t_0,s) B(s) u(s) \mathrm{d}s$$

$$- \Phi(t_f, t_0) \sum_{i=1}^{k-1} \prod_{j=0}^{k-i-1} (I + c_{k-j} \Phi_{k-j}^{(\tau)}) \int_{t_i-\tau}^{t_{i+1}-\tau} \Phi(t_0,s) B(s) u(s) \mathrm{d}s$$

$$- \Phi(t_f, t_0) \int_{t_k-\tau}^{t_f} \Phi(t_0,s) B(s) u(s) \mathrm{d}s$$

左右两边同乘 $\phi_k^{(\tau)} \Phi(t_0, t_f)$，可得

$$x_\alpha = -\int_{t_0}^{t_1-\tau} \phi_0^{(\tau)} \Phi(t_0,s) B(s) u(s) \mathrm{d}s$$

$$- \sum_{i=1}^{k-1} \int_{t_i-\tau}^{t_{i+1}-\tau} \phi_i^{(\tau)} \Phi(t_0,s) B(s) u(s) \mathrm{d}s \tag{2.11}$$

$$- \int_{t_k-\tau}^{t_f} \phi_k^{(\tau)} \Phi(t_0,s) B(s) u(s) \mathrm{d}s$$

式(2.11)左右两边同乘 x_α^{T} ，可得

$$
\begin{aligned}
x_\alpha^{\mathrm{T}} x_\alpha = & -\int_{t_0}^{t_1-\tau} (x_\alpha^{\mathrm{T}} \phi_0^{(\tau)} \varPhi(t_0,s) B(s)) u(s) \mathrm{d}s \\
& -\sum_{i=1}^{k-1} \int_{t_i-\tau}^{t_{i+1}-\tau} (x_\alpha^{\mathrm{T}} \phi_i^{(\tau)} \varPhi(t_0,s) B(s)) u(s) \mathrm{d}s \\
& -\int_{t_k-\tau}^{t_f} (x_\alpha^{\mathrm{T}} \phi_k^{(\tau)} \varPhi(t_0,s) B(s)) u(s) \mathrm{d}s \\
= & \, 0
\end{aligned}
$$

由此可得， $x_\alpha = 0$ ，这与 x_α 是非零向量矛盾。因此，结论(2)成立。 ■

注意，结论(2)中的能控矩阵是由延迟和状态转移矩阵组成的，它对推测系统的结构起着重要作用。由于时变结构和延迟脉冲共存，结果具有复杂性。特别地，如果系统(2.7)是时不变的，那么有以下结果。

推论 2.2 假设 $\Delta x(t_i) = c_i x(t_i - \tau)$ ， $t_i - t_{i-1} > \tau$ ， $i \in \mathbb{Z}_+$ ， $A(t) = A \in \mathbb{R}^{n \times n}$ ， $B(t) = B \in \mathbb{R}^{n \times m}$ ，那么下列能控性结论成立。

(1) 系统(2.7)在 $[t_0, t_f]$ （ $t_f \in (t_k, t_{k+1}]$ ）能控，如果下列条件成立，即

$$
\mathrm{rank}(B \; AB \cdots A^{n-1}B) = n
$$

(2) 假设矩阵 $(I + c_j \mathrm{e}^{-A\tau})$ ， $j = 1, 2, \cdots, k$ ，均是可逆的。如果系统(2.7)在 $[t_0, t_f]$ （ $t_f \in (t_k, t_{k+1}]$ ）能控，那么

$$
\mathrm{rank}(\psi_0^{(\tau)} \overline{AB} \quad \psi_1^{(\tau)} \overline{AB} \quad \cdots \quad \psi_m^{(\tau)} \overline{AB}) = n
$$

其中， $\overline{AB} = [B \; AB \cdots A^{n-1}B]$ ； $\psi_0^{(\tau)} = I$ ； $\psi_i^{(\tau)} = \prod_{j=1}^{i} (I + c_j \mathrm{e}^{-A\tau})^{-1}$ ， $i = 1, 2, \cdots, k$ 。

2.3.2 能观性

与能控性相似，Kalman[4]也引入能观性的概念，解决了由可测状态变量重构不可测状态变量的问题。本节基于两类不同的脉冲结构，给出一些线性系统的能观性判据。首先，给出系统能观性的定义。

定义 2.22 (能观性) 系统(2.7)在 $[t_0, t_f]$ （ $t_f > t_0$ ）能观，如果对于任意的初始状态 $x(t_0) = x_0$ 能够由系统的容许控制 $u(t)$ 和系统的输出 $y(t)$ ， $t \in [t_0, t_f]$ 唯一决定；否则，系统(2.7)在 $[t_0, t_f]$ （ $t_f > t_0$ ）不能观。

类似于能控性，先考虑系统(2.7)中脉冲行为不含延迟的情况。

定理 2.8   假设 $\Delta x(t_i) = c_i x(t_i^-)$ ， $1+c_i \geqslant 0$ ， $i \in \mathbb{Z}_+$ ，则系统(2.7)在 $[t_0, t_f]$ ($t_f \in (t_k, t_{k+1}]$) 上能观当且仅当

$$M(t_0, t_f) := M(t_0, t_0, t_1) + \sum_{i=1}^{k-1} \prod_{j=1}^{i} (1+c_j) M(t_0, t_i, t_{i+1}) + \prod_{j=1}^{k} (1+c_j) M(t_0, t_k, t_f)$$

是可逆的，其中

$$M(t_0, t_i, t_{i+1}) = \int_{t_i}^{t_{i+1}} \Phi^{\mathrm{T}}(s, t_0) C^{\mathrm{T}}(s) C(s) \Phi(x, t_0) \mathrm{d}s, \quad i = 0, 1, \cdots, k-1$$

$$M(t_0, t_k, t_f) = \int_{t_k}^{t_f} \Phi^{\mathrm{T}}(s, t_0) C^{\mathrm{T}}(s) C(s) \Phi(x, t_0) \mathrm{d}s$$

推论 2.3   假设 $\Delta x(t_i) = c_i x(t_i^-)$ ， $1+c_i \geqslant 0$ ， $i = 1, 2, \cdots, k$ ， $A(t) = A \in \mathbb{R}^{n \times n}$ ， $C(t) = C \in \mathbb{R}^{n \times p}$ ，则系统(2.7)在 $[t_0, t_f]$ ($t_f \in (t_k, t_{k+1}]$) 上能观当且仅当

$$\mathrm{rank} \begin{bmatrix} C \\ CA \\ \vdots \\ CA^{n-1} \end{bmatrix} = n$$

下面，考虑系统(2.7)中具有延迟脉冲的情况。

定理 2.9   假设 $\Delta x(t_i) = c_i x(t_i - \tau)$ ， $t_i - t_{i-1} > \tau$ ， $i \in \mathbb{Z}_+$ ，那么系统(2.7)在 $[t_0, t_f]$ ($t_f \in (t_k, t_{k+1}]$) 能观当且仅当

$$M(\tau, t_0, t_f) := M(t_0, t_1) + \sum_{l=1}^{k-1} M(\tau, t_l, t_{l+1}) + M(t_0, t_k, t_f)$$

是可逆的，其中

$$M(t_0, t_1) = \int_{t_0}^{t_1} \Phi^{\mathrm{T}}(s, t_0) C^{\mathrm{T}}(s) C(s) \Phi(x, t_0) \mathrm{d}s$$

$$M(\tau, t_l, t_{l+1}) = \int_{t_l}^{t_{l+1}} \prod_{j=1}^{l} (I + c_j \Phi_j^{(\tau)})^{\mathrm{T}} \Phi^{\mathrm{T}}(s, t_0) C^{\mathrm{T}}(s)$$

$$\times C(s) \Phi(s, t_0) \prod_{j=0}^{l-1} (I + c_{l-j} \Phi_{l-j}^{(\tau)}) \mathrm{d}s, \quad l = 1, 2, \cdots, k-1$$

$$M(\tau, t_k, t_f) = \int_{t_k}^{t_f} \prod_{j=1}^{k} (I + c_j \Phi_j^{(\tau)})^{\mathrm{T}} \Phi^{\mathrm{T}}(s, t_0) C^{\mathrm{T}}(s) C(s) \Phi(s, t_0) \prod_{j=0}^{k-1} (I + c_{k-j} \Phi_{k-j}^{(\tau)}) \mathrm{d}s$$

证明　根据系统(2.7)的解可知，相应的输出 $y(t)$ 为

$$y(t) = C(t)\Phi(t,t_0)x_0 + C(t)\int_{t_0}^t \Phi(t,s)B(s)u(s)\mathrm{d}s + D(t)u(t), \quad t \in [t_0,t_1]$$

并且对于任意的 $t \in (t_l,t_{l+1}]$，$l = 1,2,\cdots,k$，可得

$$\begin{aligned}
y(t) = &\, C(t)\Phi(t,t_0)\prod_{j=0}^{l-1}(I + c_{l-j}\Phi_{l-j}^{(\tau)})x_0 \\
&+ C(t)\Phi(t,t_0)\prod_{j=0}^{l-1}(I + c_{l-j}\Phi_{l-j}^{(\tau)})\int_{t_0}^{t_1-\tau} \Phi(t_0,s)B(s)u(s)\mathrm{d}s \\
&+ C(t)\Phi(t,t_0)\sum_{i=1}^{l-1}\prod_{j=0}^{l-i-1}(I + c_{l-j}\Phi_{l-j}^{(\tau)})\int_{t_i-\tau}^{t_{i+1}-\tau} \Phi(t_0,s)B(s)u(s)\mathrm{d}s \\
&+ C(t)\Phi(t,t_0)\int_{t_k-\tau}^t \Phi(t_0,s)B(s)u(s)\mathrm{d}s + D(t)u(t)
\end{aligned}$$

变换形式，可以改写为

$$C(t)\Phi(t,t_0)x_0 = y(t) - C(t)\int_{t_0}^t \Phi(t,s)B(s)u(s)\mathrm{d}s - D(t)u(t), \quad t \in (t_0,t_1]$$

当 $t \in (t_l,t_{l+1}]$，$l = 1,2,\cdots,k$ 时，有

$$\begin{aligned}
&C(t)\Phi(t,t_0)\prod_{j=0}^{l-1}(I + c_{l-j}\Phi_{l-j}^{(\tau)})x_0 \\
&= y(t) - C(t)\Phi(t,t_0)\prod_{j=0}^{l-1}(I + c_{l-j}\Phi_{l-j}^{(\tau)})\int_{t_0}^{t_1-\tau} \Phi(t_0,s)B(s)u(s)\mathrm{d}s \\
&- C(t)\Phi(t,t_0)\sum_{i=1}^{l-1}\prod_{j=0}^{l-i-1}(I + c_{l-j}\Phi_{l-j}^{(\tau)})\int_{t_i-\tau}^{t_{i+1}-\tau} \Phi(t_0,s)B(s)u(s)\mathrm{d}s \\
&- C(t)\Phi(t,t_0)\int_{t_l-\tau}^t \Phi(t_0,s)B(s)u(s)\mathrm{d}s - D(t)u(t)
\end{aligned}$$

因此，x_0 可以被输出 $y(t)$ 和控制输入 $u(t)$ 唯一决定。根据能观性定义 2.22 可知，系统(2.7)的能观性等价于(2.12)式的能观性，即 $u(t) = 0$

$$y(t) = \begin{cases} C(t)\Phi(t,t_0)x_0, & t \in [t_0,t_1] \\ C(t)\Phi(t,t_0)\prod_{j=0}^{l-1}(I + c_{l-j}\Phi_{l-j}^{(\tau)})x_0, & t \in (t_l,t_{l+1}] \\ C(t)\Phi(t,t_0)\prod_{j=0}^{k-1}(I + c_{k-j}\Phi_{k-j}^{(\tau)})x_0, & t \in (t_k,t_f] \end{cases} \tag{2.12}$$

其中，$l = 1, 2, \cdots, k-1$。

对式(2.12)左右两边同乘 $\varPhi^{\mathrm{T}}(t, t_0) C^{\mathrm{T}}(t)$，并对 t 从 t_0 到 t_1 积分，可得

$$\int_{t_0}^{t_1} \varPhi^{\mathrm{T}}(s, t_0) C^{\mathrm{T}}(s) y(s) \mathrm{d}s = \int_{t_0}^{t_1} \varPhi^{\mathrm{T}}(s, t_0) C^{\mathrm{T}}(s) C(s) \varPhi(s, t_0) \mathrm{d}s \cdot x_0 = M(t_0, t_1) x_0$$

式(2.12)左右两边同乘 $\prod\limits_{j=1}^{l} (I + c_j \varPhi_j^{(\tau)})^{\mathrm{T}} \varPhi^{\mathrm{T}}(t, t_0) C^{\mathrm{T}}(t)$，并对 t 从 t_l 到 t_{l+1} 积分，可得

$$\int_{t_l}^{t_{l+1}} \prod_{j=1}^{l} (I + c_j \varPhi_j^{(\tau)})^{\mathrm{T}} \varPhi^{\mathrm{T}}(s, t_0) C^{\mathrm{T}}(s) y(s) \mathrm{d}s$$

$$= \int_{t_l}^{t_{l+1}} \prod_{j=1}^{l} (I + c_j \varPhi_j^{(\tau)})^{\mathrm{T}} \varPhi^{\mathrm{T}}(s, t_0) C^{\mathrm{T}}(s) C(s) \varPhi(s, t_0) \prod_{j=0}^{l-1} (I + c_{l-j} \varPhi_{l-j}^{(\tau)}) \mathrm{d}s \cdot x_0$$

$$= M(\tau, t_l, t_{l+1}) x_0$$

进而，可以推出

$$\int_{t_k}^{t_f} \prod_{j=1}^{k} (I + c_j \varPhi_j^{(\tau)})^{\mathrm{T}} \varPhi^{\mathrm{T}}(s, t_0) C^{\mathrm{T}}(s) y(s) \mathrm{d}s = M(\tau, t_k, t_f) x_0$$

由矩阵 $M(\tau, t_0, t_f)$ 的定义，可得

$$\left[M(t_0, t_1) + \sum_{l=1}^{k-1} M(\tau, t_l, t_{l+1}) + M(\tau, t_k, t_f) \right] x_0 = M(\tau, t_0, t_f) x_0 \qquad (2.13)$$

基于上述讨论，下面证明结论成立。

首先，证明充分性。显然，式(2.13)是关于 x_0 的线性代数等式，等号左端依赖 $y(t)$，$t \in [t_0, t_f]$。这表明，如果矩阵 $M(\tau, t_0, t_f)$ 是可逆的，那么初始状态 $x(t_0) = x_0$ 可以由相应的输出 $y(t)$，$t \in [t_0, t_f]$ 唯一决定。

其次，证明必要性。如果系统(2.7)在 $[t_0, t_f]$ 可观，那么矩阵 $M(\tau, t_0, t_f)$ 是可逆的。反证，假设矩阵 $M(\tau, t_0, t_f)$ 不可逆，那么存在 $n \times 1$ 维的非零向量 x_γ，使 $x_\gamma^{\mathrm{T}} M(\tau, t_0, t_f) x_\gamma = 0$。

注意

$$\left[\prod_{j=0}^{k-1} \left(I + c_{k-j} \varPhi_{k-j}^{(\tau)} \right) \right]^{\mathrm{T}} = \prod_{j=1}^{k} (I + c_j \varPhi_j^{(\tau)})^{\mathrm{T}}$$

且矩阵 $M(t_0,t_1)$ ，矩阵 $M(\tau,t_l,t_{l+1})$ ，以及矩阵 $M(\tau,t_k,t_f)$ 均是半正定矩阵，可以推出

$$
\begin{cases}
x_\gamma^{\mathrm{T}} M(t_0,t_1) x_\gamma = 0 \\
x_\gamma^{\mathrm{T}} M(\tau,t_l,t_{l+1}) x_\gamma = 0 \\
x_\gamma^{\mathrm{T}} M(\tau,t_k,t_f) x_\gamma = 0
\end{cases}
$$

其中，$l = 1, 2, \cdots, k-1$。

选择 $x_0 = x_\gamma$ ，由式(2.12)可得

$$
\begin{aligned}
\int_{t_0}^{t_f} y^{\mathrm{T}}(s) y(s)\mathrm{d}s &= \sum_{i=0}^{k-1} \int_{t_i}^{t_{i+1}} y^{\mathrm{T}}(s) y(s)\mathrm{d}s + \int_{t_k}^{t_f} y^{\mathrm{T}}(s) y(s)\mathrm{d}s \\
&= x_\gamma^{\mathrm{T}} M(t_0,t_1) x_\gamma + \sum_{l=1}^{k-1} x_\gamma^{\mathrm{T}} M(\tau,t_l,t_{l+1}) x_\gamma + x_\gamma^{\mathrm{T}} M(\tau,t_k,t_f) x_\gamma \\
&= 0
\end{aligned}
$$

进而，$\int_{t_0}^{t_f} \| y(s) \|^2 \mathrm{d}s = 0$ 。

因此，可得

$$
0 = y(t) = \begin{cases}
C(t)\Phi(t,t_0)x_0, & t \in [t_0,t_1] \\
C(t)\Phi(t,t_0)\displaystyle\prod_{j=0}^{l-1}(I + c_{l-j}\Phi_{l-j}^{(\tau)})x_0, & t \in (t_l,t_{l+1}) \\
C(t)\Phi(t,t_0)\displaystyle\prod_{j=0}^{k-1}(I + c_{k-j}\Phi_{k-j}^{(\tau)})x_0, & t \in (t_k,t_f)
\end{cases}
$$

根据能观性定义 2.22，系统(2.7)在 $[t_0,t_f]$ ($t_f \in (t_k,t_{k+1})$)不可观。矛盾表明，矩阵 $M(\tau,t_0,t_f)$ 是可逆的。 ∎

推论 2.4 假设 $\Delta x(t_i) = c_i x(t_i - \tau)$ ，$t_i - t_{i-1} > \tau$ ，$i \in \mathbb{Z}_+$ ，$A(t) = A \in \mathbb{R}^{n \times n}$ ，$C(t) = C \in \mathbb{R}^{n \times p}$ ，那么下列能观性结论成立。

(1) 如果秩判据满足

$$
\mathrm{rank} \begin{bmatrix} C \\ CA \\ \vdots \\ CA^{n-1} \end{bmatrix} = n
$$

则系统(2.7)在 $[t_0, t_f]$ ($t_f \in (t_k, t_{k+1}]$) 能观。

(2) 系统(2.7)在 $[t_0, t_f]$ ($t_f \in (t_k, t_{k+1}]$) 能观，则

$$\mathrm{rank}\begin{bmatrix} \overline{CA}\varphi_0^{(\tau)} \\ \overline{CA}\varphi_1^{(\tau)} \\ \vdots \\ \overline{CA}\varphi_m^{(\tau)} \end{bmatrix} = n, \quad \overline{CA} = \begin{bmatrix} C \\ CA \\ \vdots \\ CA^{n-1} \end{bmatrix}$$

其中，$\varphi_0^{(\tau)} = I$；$\varphi_i^{(\tau)} = \prod_{j=0}^{i-1}(I + c_{i-j}\mathrm{e}^{-A\tau})$，$i = 1, 2, \cdots, k$。

2.4 矩阵不等式

本节简单介绍 LMI 和一些常用的矩阵不等式。

2.4.1 线性矩阵不等式

控制设计中许多问题的条件可以用 LMI 表示[11]。最近，一些解决 LMI 的有效技术也得到发展。一个标准的 LMI 可以表示为

$$F(x) = F_0 + \sum_{i=1}^{m} x_i F_i > 0 \tag{2.14}$$

其中，$x = (x_1, x_2, \cdots, x_m)^{\mathrm{T}} \in \mathbb{R}^m$ 是未知的；$F_i \in \mathbb{R}^{n \times n}$ 为对称矩阵，$i = 0, 1, \cdots, m$。

在一些情况中，式(2.14)可能不是严格的，即

$$F(x) \geqslant 0 \tag{2.15}$$

不等式(2.14)和式(2.15)之间存在一定的关系，这种关系详细可见文献[12]。接下来，考虑严格的LMI。首先，如果有多个LMI，即 $F^{(1)}(x) > 0, \cdots, F^{(p)}(x) > 0$，那么可以由一个简单的 LMI 来代替，即 $\mathrm{diag}\{F^{(1)}(x), \cdots, F^{(p)}(x)\} > 0$。严格地说，式(2.14)等价于一组多项式不等式。

例 2.1 考虑 Lyapunov 矩阵方程，即

$$A^{\mathrm{T}}P + PA + Q = 0$$

其中，A 和 Q 为给定的 $n \times n$ 矩阵。

如果 $Q > 0$ ，那么 Lyapunov 矩阵方程可以转化为一个严格的 LMI，即

$$A^{\mathrm{T}}P + PA < 0 \tag{2.16}$$

我们称式(2.16)可以转化为一个标准形式。事实上，令实矩阵 $P_1, P_2, \cdots,$ $P_m \in \mathbb{R}^{n \times n}$ 为基本矩阵，其中 $m = (n^2 + n)/2$ 。令 $F_0 = 0$ ，$F_i = -A^{\mathrm{T}}P_i - P_iA$ ，$i = 1, 2, \cdots, m$ ，那么矩阵 P 可以表示为

$$P = x_1P_1 + \cdots + x_mP_m$$

进而，可得

$$F(x) = F_0 + \sum_{i=1}^{m} x_iF_i > 0$$

2.4.2 其他矩阵不等式

引理 2.1 (Jensen's 不等式)[13] 对于任意常矩阵 $M > 0$ ，标量 $b > a$ ，向量函数 $\omega : [a, b] \to \mathbb{R}^m$ ，则下面不等式成立，即

$$(b - a)\int_a^b \omega^{\mathrm{T}}(s)M\omega(s)\mathrm{d}s \geqslant \left(\int_a^b \omega(s)\mathrm{d}s\right)^{\mathrm{T}} M \left(\int_a^b \omega(s)\mathrm{d}s\right)$$

引理 2.2[14] 令 $z(t) : (a, b) \to \mathbb{R}^n$ 绝对连续且满足 $\dot{z} \in \mathcal{L}_2(a, b)$ 和 $z(a) = 0$ 。对于任意的 $n \times n$ 矩阵 $Q > 0$ ，则

$$\int_a^b z^{\mathrm{T}}(s)Qz(s)\mathrm{d}s \leqslant \frac{4(b - a)^2}{\pi^2}\int_a^b \dot{z}^{\mathrm{T}}(s)Q\dot{z}(s)\mathrm{d}s$$

如果 $z(a) = z(b) = 0$ ，则

$$\int_a^b z^{\mathrm{T}}(s)Qz(s)\mathrm{d}s \leqslant \frac{(b - a)^2}{\pi^2}\int_a^b \dot{z}^{\mathrm{T}}(s)Q\dot{z}(s)\mathrm{d}s$$

引理 2.3[15] 给定任意的具有恰当维数的实矩阵 R_1、R_2 和 Q ，$\varepsilon > 0$ ，使 $Q^{\mathrm{T}} = Q > 0$ ，则

$$R_1^{\mathrm{T}}R_2 + R_2^{\mathrm{T}}R_1 \leqslant \varepsilon R_1^{\mathrm{T}}QR_1 + \varepsilon^{-1}R_2^{\mathrm{T}}Q^{-1}R_2$$

引理 2.4[16] 对于任意的实向量 $a \in \mathbb{R}^n$、$b \in \mathbb{R}^m$ ，矩阵 $N \in \mathbb{R}^{n \times m}$、$X \in \mathbb{R}^{n \times n}$、$Y \in \mathbb{R}^{n \times m}$、$Z \in \mathbb{R}^{m \times m}$ ，如果

$$\begin{bmatrix} X & Y \\ * & Z \end{bmatrix} \geqslant 0$$

则

$$\pm 2a^{\mathrm{T}} Nb \leqslant \begin{bmatrix} a \\ b \end{bmatrix}^{\mathrm{T}} \begin{bmatrix} X & Y-N \\ * & Z \end{bmatrix} \begin{bmatrix} a \\ b \end{bmatrix}$$

2.5　基 本 引 理

引理 2.5 (Gronwall-Bellman 不等式)[1]　设 $g(t)$ 和 $u(t)$ 是连续非负实函数，c 是一个非负实常数，如果

$$u(t) \leqslant c + \int_{t_0}^{t} g(s)u(s)\mathrm{d}s, \quad t \in [t_0, t_1]$$

则

$$u(t) \leqslant c \exp\left(\int_{t_0}^{t} g(s)\mathrm{d}s \right)$$

引理 2.6 (Schur 补)[17]　对于满足恰当维数的矩阵 $Q(x) = Q^{\mathrm{T}}(x)$、$R(x) = R^{\mathrm{T}}(x)$、$S(x)$，下列条件等价。

(1) 当 $Q(x)$ 对任意的 x 是非奇异的，则

$$\begin{bmatrix} Q(x) & S(x) \\ S^{\mathrm{T}}(x) & R(x) \end{bmatrix} > 0 \Leftrightarrow Q(x) > 0, \quad R(x) - S^{\mathrm{T}}(x)Q^{-1}(x)S(x) > 0$$

(2) 当 $R(x)$ 对任意的 x 是非奇异的，则

$$\begin{bmatrix} Q(x) & S(x) \\ S^{\mathrm{T}}(x) & R(x) \end{bmatrix} > 0 \Leftrightarrow R(x) > 0, \quad Q(x) - S(x)R^{-1}(x)S^{\mathrm{T}}(x) > 0$$

参 考 文 献

[1] Liao X, Wang L Q, Yu P. Stability of Dynamical Systems. Oxford: Elsevier, 2007.

[2] Li X D, Li P, Wang Q G. Input/output-to-state stability of impulsive switched systems. Systems & Control Letters, 2018, 116: 1-7.

[3] Hespanha J P. Linear Systems Theory. Princeton : Princeton University Press, 2018.

[4] Kalman R E. On the general theory of control systems// Proceedings First International

Conference on Automatic Control, 1960: 481-492.

[5] Guan Z H, Qian T H, Yu X. On controllability and observability for a class of impulsive systems. Systems & Control Letters, 2002, 47(3): 247-257.

[6] Zhao S W, Sun J T. Controllability and observability for a class of time-varying impulsive systems. Nonlinear Analysis: Real World Applications, 2009, 10(3): 1370-1380.

[7] Xie G M, Wang L. Controllability and observability of a class of linear impulsive systems. Journal of Mathematical Analysis and Applications, 2005, 304(1): 336-355.

[8] Zhao S W, Sun J T. Controllability and observability for impulsive systems in complex fields. Nonlinear Analysis: Real World Applications, 2010, 11(3): 1513-1521.

[9] Xin X. Linear strong structural controllability and observability of an n-link underactuated revolute planar robot with active intermediate joint or joints. Automatica, 2018, 94: 436-442.

[10] Yan J, Hu B, Guan Z H, et al. Controllability analysis of complex-valued impulsive systems with time-varying delays. Communications in Nonlinear Science and Numerical Simulation, 2020, 83: 105070.

[11] Boyd S, EI Ghaoui L, Feron E, et al. Linear Matrix Inequalities in System and Control Theory. Philadelphia: Society for Industrial and Applied Mathematics, 1994.

[12] Khalil I S, Doyle J C, Glover K. Robust and Optimal Control. Upper Saddle River: Prentice Hall, 1996.

[13] Gu K Q. An integral inequality in the stability problem of time-delay systems// Proceedings of the 39th IEEE conference on Decision and Control, 2000, 3: 2805-2810.

[14] Fridman E. Introduction to Time-delay Systems: Analysis and Control. Cham: Springer, 2014.

[15] Cao J, Yuan K, Li H X. Global asymptotical stability of recurrent neural networks with multiple discrete delays and distributed delays. IEEE Transactions on Neural Networks, 2006, 17(6): 1646-1651.

[16] Moon Y S, Park P, Kwon W H, et al. Delay-dependent robust stabilization of uncertain state-delayed systems. International Journal of Control, 2001, 74(14): 1447-1455.

[17] Tarbouriech S, Garcia G, da Silva J M G, et al. Stability and Stabilization of Linear Systems with Saturating Actuators. London: Springer, 2011.

第3章 脉冲系统的有限时间稳定 I

3.1 引　言

混杂系统是一种同时具有连续动力学行为和离散动力学行为的复杂动力系统。系统中会出现单纯连续或离散时间系统中所没有的动力学行为和现象，给稳定性分析和控制器设计等研究带来困难和挑战。脉冲控制系统作为混杂系统中一个重要分支，在航天技术、控制工程及生态模型等众多领域中有广泛的应用[1~6]。特别地，在基于脉冲同步的安全保密通信系统中，采样时滞是脉冲控制在离散时刻对信息进行采样产生的延迟现象。这类脉冲效应要考虑过去状态的反馈和影响，是一种具有延迟现象的脉冲效应。这类脉冲通常被称为延迟脉冲，它更加符合自然科学描述规律，是对现实问题更加精确的反映，具有重要的实际意义[5]。另外，切换系统是混杂系统的另一个重要分支，由有限数量的模块和控制模块之间切换的切换信号组成。近年来，其广泛的应用背景吸引了众多研究学者的关注，相关研究的重点多集中在切换系统的稳定性分析，以及切换准则的设计方面，并取得大量理论成果[7~14]。

事实上，在诸多实际控制问题中，人们更倾向于关注被控系统在有限时间内的动力学特性。在20世纪60年代，Dorato[15]提出短时间稳定(即有限时间稳定 I)的概念，用于刻画系统在指定有限时间内的定量行为。具体来说，有限时间稳定是指，如果给定初始条件的一个界，系统状态在指定的时间区间内不超过某个阈值。因此，与传统的Lyapunov渐近稳定相比，有限时间稳定是一个完全独立的概念，更适合研究系统在一个有限(可能很短)区间内的动态特性。随后，诸多专家学者在混杂系统的有限时间稳定方面取得显著的研究成果[16~20]。

本章主要研究有限时间稳定 I，讨论在固定的有限时间区间内，系统状态的暂态性能。其中，充分考虑切换信号，以及脉冲中存在延迟的情况。

3.2 节[20]研究非线性脉冲系统的有限时间稳定和有限时间压缩稳定，充分考虑脉冲中延迟的影响。在 Lyapunov 函数方法的框架下，3.2.2 节和 3.2.3 节分别考虑镇定性脉冲和破坏性脉冲的效果，建立脉冲频率和脉冲中存在的延迟之间的关联，揭示有限时间镇定性和有限时间压缩稳定性能。作为应用，3.2.4 节将理论结果应用于神经网络的有限时间状态估计，包括时变神经网络和切换神经网络。进一步，3.3 节[21,22]研究切换脉冲系统的有限时间稳定，其中 3.3.2 节考虑切换拓扑与事件触发机制相互作用引起的复杂动力学行为，给出基于事件触发脉冲控制时变脉冲切换系统的有限时间镇定结果；3.3.3 节研究非线性脉冲切换系统的有限时间 H_∞ 控制问题。同时，利用多 Lyapunov 函数技术和模块依赖 ADT 方法，给出系统有限时间有界和有限时间 H_∞ 可控的充分条件。

3.2　延迟脉冲系统的有限时间稳定

3.2.1　系统描述

考虑具有延迟脉冲的非线性时变系统，即

$$\begin{cases} \dot{x}(t) = f(t, x(t)), & t \neq t_k, \ t \geqslant t_0 \\ x(t^+) = g(x(t - \tau)), & t = t_k, \ k \in \mathbb{Z}_+ \\ x_{t_0} = \phi \end{cases} \tag{3.1}$$

其中，$x \in \mathbb{R}^n$ 为系统状态；$f \in C(\mathbb{R}_+ \times \mathbb{R}^n, \mathbb{R}^n)$ 满足局部 Lipschitz 条件，对于 $t \geqslant t_0$，$f(t, 0) \equiv 0$；$g \in C(\mathbb{R}^n, \mathbb{R}^n)$，满足 $g(0) \equiv 0$；$\tau > 0$ 为延迟常数；$\phi \in \mathrm{PC}_\tau$ 为初始函数。

本节始终假设 $t_0 = 0$，并且对于每个 $t \geqslant 0$，$x_t \in \mathrm{PC}_\tau$ 定义为 $x_t(s) = x(t + s)$，$s \in [-\tau, 0]$。给定常量 $T > 0$，脉冲时间序列 $\{t_k\} := \{t_k, k \in \mathbb{Z}_+\}$ 满足 $0 = t_0 < t_1 < t_2 < \cdots < t_N < T$，其中 N 表示时间间隔 $[0, T]$ 上的脉冲次数，并由 $\mathcal{F}_0$ 表示此类脉冲时间序列的集合。定义脉冲集合 $\mathcal{F}_0$ 的子集 $\mathcal{F}_\sigma$，表示在时间间隔 $[T - \sigma, T]$ 上的脉冲时间序列，其中 $\sigma \in (0, T)$ 是常数。假设系统 (3.1) 是左连续的，即 $x(t_k) = x(t_k^-)$。设 $N(t, s)$ 表示脉冲时间序列 $\{t_k\}$ 在半开

区间 $(s,t]$ 的脉冲次数，并且定义 $t_{N+1} := T$。

定义 3.1 给定脉冲时间序列 $\{t_k\} \in \mathcal{F}_0$，正常数 T、c_1 和 c_2 满足 $c_2 > c_1$，如果

$$\|\phi\|_\tau \leqslant c_1 \Rightarrow |x(t)| \leqslant c_2, \quad t \in [0,T] \tag{3.2}$$

则称系统(3.1)关于 (c_1, c_2, T) 是有限时间稳定的。

此外，若式(3.2)对于脉冲集合 $\mathcal{F}_0$ 中的每个序列都成立，则称系统(3.1)在脉冲集合 $\mathcal{F}_0$ 关于 (c_1, c_2, T) 是一致有限时间稳定的。

定义 3.2 给定正常数 T、c_1、c_2、γ 和 σ，且满足 $c_2 > c_1 > \gamma$ 和 $\sigma \in (0, T)$，如果系统(3.1)在脉冲集合 $\mathcal{F}_0$ 上是一致有限时间稳定的，并且

$$|x(t)| \leqslant \gamma, \quad t \in [T-\sigma, T], \quad \{t_k\} \in \mathcal{F}_\sigma$$

则称系统(3.1)在脉冲集合 $\mathcal{F}_\sigma$ 关于 $(c_1, c_2, \gamma, \sigma, T)$ 是一致有限时间压缩稳定的。

为了研究系统(3.1)的有限时间稳定，引入有限时间稳定-Lyapunov 函数定义。

定义 3.3 存在函数 $w_1, w_2 \in \mathcal{K}$，$\alpha(t) \in C([0,T], \mathbb{R})$，常数 $d \in \mathbb{R}$，如果 $V \in v_0$ 满足

(D$_1$) $w_1(|x|) \leqslant V(t,x) \leqslant w_2(|x|)$，$\forall (t,x) \in [-\tau, T] \times \mathbb{R}^n$。

(D$_2$) $V(t, g(x)) \leqslant e^d V(t-\tau, x)$，$\forall x \in \mathbb{R}^n$，$\forall t \in \mathbb{R}_+$。

(D$_3$) $D^- V(f) \leqslant \alpha(t) V(t,x)$，$\forall (t,x) \in (t_{k-1}, t_k] \times \mathbb{R}^n$。

则称 V 为系统(3.1)的有限时间稳定-Lyapunov 函数。

3.2.2 镇定性脉冲

首先介绍镇定性脉冲情况下的有限时间稳定与有限时间压缩稳定结果。

定理 3.1 令 V 为系统(3.1)的有限时间稳定-Lyapunov 函数，其中 $w_1, w_2 \in \mathcal{K}$，$\alpha(t) \in C([0,T], \mathbb{R})$，常数 $d \in \mathbb{R}$。对于给定的正常数 c_1, c_2, T 且 $c_1 < c_2$，如果

$$\int_0^t \alpha(s) \mathrm{d}s \leqslant \ln \frac{w_1(c_2)}{w_2(c_1)}, \quad t \in [0,T] \tag{3.3}$$

则系统(3.1)在脉冲集合 $\mathcal{S}$ 上关于 (c_1, c_2, T) 是一致有限时间稳定的，其中 $\mathcal{S}$

表示脉冲时间序列 $\{t_k\}$ 满足 $\inf\limits_{k\in\mathbb{Z}_+}\int_{(t_k-\tau)\vee 0}^{t_k}\alpha(s)\mathrm{d}s>d$ 。

证明　设 $x(t)=x(t,0,\phi)$ 为系统(3.1)经过初始状态 $(0,\phi)$ 的解，其中 $\phi\in PC_\tau$ 。为方便，令 $V(t)=V(t,x(t))$ 且 $V_0=\sup\{V(s),\ s\in[-\tau,0]\}$ 。接下来，我们证明

$$V(t)\leqslant\exp\left(\int_0^t\alpha(s)\mathrm{d}s\right)V_0,\quad t\in[0,T]\tag{3.4}$$

由条件 (D_3) ，有 $V(t)\leqslant\exp\left(\int_0^t\alpha(s)\mathrm{d}s\right)V(0)\leqslant\exp\left(\int_0^t\alpha(s)\mathrm{d}s\right)V_0$ ， $t\in[0,t_1]$ 。

此外，由条件 (D_2) 可知，在脉冲时刻 t_1 有

$$
\begin{aligned}
V(t_1^+)&\leqslant\exp(d)V(t_1-\tau)\\
&\leqslant\begin{cases}\exp\left(d+\int_0^{t_1-\tau}\alpha(s)\mathrm{d}s\right)V_0,&t_1-\tau\in[0,t_1]\\[2mm]\exp(d)V_0,&t_1-\tau\in[-\tau,0)\end{cases}\\
&=\begin{cases}\exp\left(\int_0^{t_1}\alpha(s)\mathrm{d}s+d-\int_{t_1-\tau}^{t_1}\alpha(s)\mathrm{d}s\right)V_0,&t_1-\tau\in[0,t_1]\\[2mm]\exp\left(\int_0^{t_1}\alpha(s)\mathrm{d}s+d-\int_0^{t_1}\alpha(s)\mathrm{d}s\right)V_0,&t_1-\tau\in[-\tau,0)\end{cases}\\
&=\exp\left(\int_0^{t_1}\alpha(s)\mathrm{d}s+d-\int_{(t_1-\tau)\vee 0}^{t_1}\alpha(s)\mathrm{d}s\right)V_0\\
&\leqslant\exp\left(\int_0^{t_1}\alpha(s)\mathrm{d}s\right)V_0
\end{aligned}
$$

且

$$V(t)\leqslant\exp\left(\int_0^t\alpha(s)\mathrm{d}s\right)V_0,\quad t\in(t_1,t_2]$$

类似地，由条件 (D_2) 和集合 $\mathcal{S}$ 的定义可得

$$V(t_2^+)\leqslant\exp\left(\int_0^{t_2}\alpha(s)\mathrm{d}s+d-\int_{(t_2-\tau)\vee 0}^{t_2}\alpha(s)\mathrm{d}s\right)V_0\leqslant\exp\left(\int_0^{t_2}\alpha(s)\mathrm{d}s\right)V_0$$

$$V(t)\leqslant\exp\left(\int_0^t\alpha(s)\mathrm{d}s\right)V_0$$

对于 $t\in(t_2,t_3]$ ，重复这个过程，可以推断出式(3.4)成立。结合条件 (D_1) 和式(3.3)，可得

$$w_1(|x(t)|) \leqslant V(t) \leqslant \exp\left(\int_0^t \alpha(s)\mathrm{d}s\right) w_2(c_1) \leqslant w_1(c_2), \quad t \in [0,T] \qquad (3.5)$$

即 $|x(t)| \leqslant c_2$，$\forall t \in [0,T]$。

由此，系统(3.1)在脉冲集合 $\mathcal{S}$ 上关于 (c_1, c_2, T) 是一致有限时间稳定的。∎

定理 3.2　假设定理3.1条件成立，对于给定的正常数 c_1、c_2、γ、σ、T，满足 $\gamma < c_1 < c_2$ 和 $\sigma < T$，如果

$$\int_0^t \alpha(s)\mathrm{d}s \leqslant \ln \frac{w_1(\gamma)}{w_2(c_1)}, \quad t \in [T - \sigma, T] \qquad (3.6)$$

则系统(3.1)在脉冲集合 $\mathcal{S}$ 上关于 $(c_1, c_2, \gamma, \sigma, T)$ 是一致有限时间压缩稳定的，其中 $\mathcal{S}$ 表示脉冲时间序列 $\{t_k\}$ 满足 $\displaystyle\inf_{k \in \mathbb{Z}_+} \int_{(t_k - \tau) \vee 0}^{t_k} \alpha(s)\mathrm{d}s > d$。

证明　根据定理 3.1 中的条件，得到的系统(3.1)是一致有限时间稳定的。现在只需证明系统具有收缩性。由式(3.5)和式(3.6)可得

$$w_1(|x(t)|) \leqslant V(t) \leqslant \exp\left(\int_0^t \alpha(s)\mathrm{d}s\right) w_2(c_1) \leqslant w_1(\gamma), \quad t \in [T - \sigma, T]$$

即 $|x(t)| \leqslant \gamma$，$\forall t \in [T - \sigma, T]$。

由此，系统(3.1)在脉冲集合 $\mathcal{S}$ 上关于 $(c_1, c_2, \gamma, \sigma, T)$ 是一致有限时间压缩稳定的。　　　　　　　　　　　　　　　　　　　　　　　　∎

注 3.1　定理 3.1 和定理 3.2 是系统(3.1)在镇定性脉冲下一致有限时间稳定和一致有限时间压缩稳定判据。需要指出的是，脉冲行为充分考虑时间延迟的影响，即当 $t = t_k$ 发生跳变时，系统状态 $x(t_k^+)$ 依赖历史状态 $x(t_k - \tau)$。由于这种延迟的存在，即使脉冲系数 $d \geqslant 0$，也可能使脉冲趋于稳定。只要脉冲满足

$$\inf_{k \in \mathbb{Z}_+} \int_{(t_k - \tau) \vee 0}^{t_k} \alpha(s)\mathrm{d}s > d$$

就可以得到系统在这类脉冲上的有限时间稳定和有限时间压缩稳定。此外，定理 3.1 和定理 3.2 引入了变号函数 $\alpha(t) \in C([0,T], \mathbb{R})$ 描述连续动力学。事实上，当考虑有限时间稳定时，如果 $w_1(c_2) > w_2(c_1)$，则不要求函数 $\alpha(t)$ 的正负性。然而，对于定理 3.2 的有限时间压缩稳定，由于 $w_1(\gamma) > w_2(c_1)$，这种断言并不成立。在这种情况下，在 $[0,T]$ 必须存在某段时间使 $\alpha(t)$ 为负，

从而保证系统(3.1)的有限时间压缩特性。因此,在定理3.2中,变号函数 $\alpha(t)$ 在控制连续动力学中起着重要的作用。

3.2.3　破坏性脉冲

下面介绍破坏性脉冲情况下的有限时间稳定与有限时间压缩稳定结果。

定理 3.3　令 V 为系统(3.1)的有限时间稳定-Lyapunov 函数,其中 $w_1, w_2 \in \mathcal{K}$, $\alpha(t) \in C([0,T], \mathbb{R})$,常数 $d \in \mathbb{R}$ 。对于给定的正常数 c_1、c_2、T 且 $c_1 < c_2$,令 $\mathcal{F}_1 \subset \mathcal{F}_0$ 表示一类脉冲时间序列 $\{t_k\}$ 且满足

$$\int_0^t \alpha(s)\mathrm{d}s + N(t,0)d - \sum_{n=1}^{N(t,0)} \int_{(t_n-\tau)\vee 0}^{t_n} \alpha(s)\mathrm{d}s \leqslant \ln \frac{w_1(c_2)}{w_2(c_1)}, \quad t \in [0,T] \quad (3.7)$$

其中, $d \geqslant \sup\limits_{k \in \mathbb{Z}_+} \int_{(t_k-\tau)\vee 0}^{t_k} \alpha(s)\mathrm{d}s$ 。

因此,系统(3.1)在脉冲集合 $\mathcal{F}_1$ 上关于 (c_1, c_2, T) 是一致有限时间稳定的。

证明　该证明与定理 3.1 的证明类似。下证

$$V(t) \leqslant \exp(\Gamma(t))V_0, \quad t \in [0,T] \quad (3.8)$$

其中

$$\Gamma(t) = \int_0^t \alpha(s)\mathrm{d}s + N(t,0)d - \sum_{n=1}^{N(t,0)} \int_{(t_n-\tau)\vee 0}^{t_n} \alpha(s)\mathrm{d}s$$

由条件 (D_3) ,有 $V(t) \leqslant \exp\left(\int_0^t \alpha(s)\mathrm{d}s\right)V(0) \leqslant \exp\left(\int_0^t \alpha(s)\mathrm{d}s\right)V_0$, $\forall t \in [0, t_1]$ 。

此外,由条件 (D_2) 可知,在脉冲时刻 t_1 有

$$V(t_1^+) \leqslant \exp(d)V(t_1-\tau)$$

$$\leqslant \begin{cases} \exp\left(d + \int_0^{t_1-\tau} \alpha(s)\mathrm{d}s\right)V_0, & t_1-\tau \in [0,t_1] \\ \exp(d)V_0, & t_1-\tau \in [-\tau,0) \end{cases}$$

$$= \begin{cases} \exp\left(\int_0^{t_1} \alpha(s)\mathrm{d}s + d - \int_{t_1-\tau}^{t_1} \alpha(s)\mathrm{d}s\right)V_0, & t_1-\tau \in [0,t_1] \\ \exp\left(\int_0^{t_1} \alpha(s)\mathrm{d}s + d - \int_0^{t_1} \alpha(s)\mathrm{d}s\right)V_0, & t_1-\tau \in [-\tau,0) \end{cases}$$

$$= \exp\left(\int_0^{t_1} \alpha(s)\mathrm{d}s + d - \int_{(t_1-\tau)\vee 0}^{t_1} \alpha(s)\mathrm{d}s\right)V_0$$

并且

$$V(t) \leqslant \exp\left(\int_0^t \alpha(s)\mathrm{d}s + d - \int_{(t_1-\tau)\vee 0}^{t_1} \alpha(s)\mathrm{d}s\right)V_0, \quad t \in (t_1, t_2]$$

类似地，由条件(D_2)和集合$\mathcal{F}_1$的定义，可得

$$V(t_2^+) \leqslant \begin{cases} \exp\left(\int_0^{t_2} \alpha(s)\mathrm{d}s + 2d - \int_{t_2-\tau}^{t_2} \alpha(s)\mathrm{d}s \right. \\ \quad \left. - \int_{(t_1-\tau)\vee 0}^{t_1} \alpha(s)\mathrm{d}s\right)V_0, \quad t_2 - \tau \in (t_1, t_2] \\ \exp\left(\int_0^{t_2} \alpha(s)\mathrm{d}s + d - \int_{t_2-\tau}^{t_2} \alpha(s)\mathrm{d}s\right)V_0, \quad t_2 - \tau \in [0, t_1] \\ \exp\left(\int_0^{t_2} \alpha(s)\mathrm{d}s + d - \int_0^{t_2} \alpha(s)\mathrm{d}s\right)V_0, \quad t_2 - \tau \in [-\tau, 0) \end{cases}$$

$$\leqslant \exp\left(\int_0^{t_2} \alpha(s)\mathrm{d}s + 2d - \int_{(t_2-\tau)\vee 0}^{t_2} \alpha(s)\mathrm{d}s - \int_{(t_1-\tau)\vee 0}^{t_1} \alpha(s)\mathrm{d}s\right)V_0$$

并且

$$V(t) \leqslant \exp\left(\int_0^t \alpha(s)\mathrm{d}s + 2d - \int_{(t_2-\tau)\vee 0}^{t_2} \alpha(s)\mathrm{d}s - \int_{(t_1-\tau)\vee 0}^{t_1} \alpha(s)\mathrm{d}s\right)V_0$$

对于$t \in (t_2, t_3]$，重复这个过程，推断出式(3.8)成立。结合(D_1)和式(3.7)可得

$$w_1(|x(t)|) \leqslant V(t) \leqslant \exp(\Gamma(t))V_0 \leqslant \exp(\Gamma(t))w_2(c_1) \leqslant w_1(c_2), \quad t \in [0, T]$$

即$|x(t)| \leqslant c_2$，$\forall t \in [0, T]$。

因此，系统(3.1)在脉冲集合$\mathcal{F}_1$上关于(c_1, c_2, T)是一致有限时间稳定的。■

定理 3.4　假设定理 3.3 中的所有条件成立，对于给定正常数c_1、c_2、γ、σ、T且$\gamma < c_1 < c_2$和$\sigma < T$，令$\mathcal{F}_2$表示脉冲时间序列$\{t_k\}$在$\mathcal{F}_1$中，且满足

$$\int_0^t \alpha(s)\mathrm{d}s + N(t,0)d - \sum_{n=1}^{N(t,0)} \int_{(t_n-\tau)\vee 0}^{t_n} \alpha(s)\mathrm{d}s \leqslant \ln\frac{w_1(\gamma)}{w_2(c_1)}, \quad t \in [T-\sigma, T]$$

则系统(3.1)在脉冲集合$\mathcal{F}_2$上关于$(c_1, c_2, \gamma, \sigma, T)$是一致有限时间压缩稳定的。

特别地，令$t_k - t_{k-1} \geqslant \tau$，$k \in \mathbb{Z}_+$，并且用$\mathcal{F}^* \subset \mathcal{F}_0$表示此类脉冲，可

以得到以下推论。

推论 3.1 令 V 为系统(3.1)的有限时间稳定-Lyapunov 函数，其中 $w_1, w_2 \in \mathcal{K}$，$\alpha(t) \in C([0,T], \mathbb{R})$，常数 $d \in \mathbb{R}$。对于给定的正常数 c_1、c_2、γ、σ、T 且 $\gamma < c_1 < c_2$，$\sigma < T$，令 $\mathcal{F}_0^*$ 表示脉冲时间序列 $\{t_k\}$ 在 $\mathcal{F}^*$ 中，且满足

$$\int_0^t \alpha(s)\mathrm{d}s + N(t,0)d - \sum_{n=1}^{N(t,0)} \int_{t_n-\tau}^{t_n} \alpha(s)\mathrm{d}s \leqslant \ln \frac{w_1(c_2)}{w_2(c_1)}, \quad t \in [0,T]$$

则系统(3.1)在脉冲集合 $\mathcal{F}_0^*$ 上关于 (c_1, c_2, T) 是一致有限时间稳定的。

此外，令 $\mathcal{F}_\sigma^*$ 表示脉冲时间序列 $\{t_k\}$ 在 $\mathcal{F}_0^\star$ 中且满足

$$\int_0^t \alpha(s)\mathrm{d}s + N(t,0)d - \sum_{n=1}^{N(t,0)} \int_{t_n-\tau}^{t_n} \alpha(s)\mathrm{d}s \leqslant \ln \frac{w_1(\gamma)}{w_2(c_1)}, \quad t \in [T-\sigma, T]$$

则系统(3.1)在脉冲集合 $\mathcal{F}_\sigma^*$ 上关于 $(c_1, c_2, \gamma, \sigma, T)$ 是一致有限时间压缩稳定的。

注 3.2 在上述结果中，主要依赖变号函数 $\alpha(t)$ 来控制连续动力学。下面，令 $\alpha(t) = \alpha$，$\alpha \in \mathbb{R}$。结合集合 $\mathcal{F}^*$ 的定义，由定理 3.1～定理 3.4，可知

$$\sup_{k \in \mathbb{Z}_+} \int_{(t_k-\tau)\vee 0}^{t_k} \alpha(s)\mathrm{d}s = \inf_{k \in \mathbb{Z}_+} \int_{(t_k-\tau)\vee 0}^{t_k} \alpha(s)\mathrm{d}s = \alpha\tau, \quad \forall k \in \mathbb{Z}_+$$

则有以下结果成立。

推论 3.2 令 V 为系统(3.1)的有限时间稳定-Lyapunov 函数，其中函数 $w_1, w_2 \in \mathcal{K}$，且对于速率系数 $\alpha, d \in \mathbb{R}$ 满足 $\alpha(d - \alpha\tau) \leqslant 0$。对于给定的正常数 c_1、c_2、γ、σ、T 满足 $\gamma < c_1 < c_2$ 和 $\sigma < T$，设 $\mathcal{S}_0^*$ 表示脉冲时间序列 $\{t_k\}$ 在 $\mathcal{F}^*$ 中，且满足

$$\alpha t + N(t,0)(d - \alpha\tau) \leqslant \ln \frac{w_1(c_2)}{w_2(c_1)}, \quad t \in [0,T]$$

则系统(3.1)在脉冲集合 $\mathcal{S}_0^*$ 上关于 (c_1, c_2, T) 是一致有限时间稳定的。

此外，令 $\mathcal{S}_\sigma^*$ 表示脉冲时间序列 $\{t_k\}$ 在 $\mathcal{S}_0^*$ 中，且满足

$$\alpha t + N(t,0)(d - \alpha\tau) \leqslant \ln \frac{w_1(\gamma)}{w_2(c_1)}, \quad t \in [T-\sigma, T]$$

则系统(3.1)在脉冲集合 $\mathcal{S}_\sigma^*$ 上关于 $(c_1, c_2, \gamma, \sigma, T)$ 是一致有限时间压缩稳定的。

注 3.3 $\alpha(d - \alpha\tau) \leqslant 0$ 意味着，推论 3.2 考虑具有破坏性脉冲的稳定连

续流和具有镇定性脉冲的不稳定连续流两种情况。在这两种情况下，导出具有相同表达式但不同含义的充分条件来处理有限时间稳定和有限时间压缩稳定。此外，当$\alpha(d-\alpha\tau)>0$时，可以得到以下推论。

推论3.3 令V为系统(3.1)的有限时间稳定-Lyapunov函数，其中$\alpha\in\mathbb{R}_+$，$d\in(\alpha\tau,\infty)$，函数$w_1,w_2\in\mathcal{K}$。对于给定的正常数c_1、c_2、T且满足$w_2(c_1)<w_1(c_2)$，如果

$$\alpha T+N(d-\alpha\tau)\leqslant\ln\frac{w_1(c_2)}{w_2(c_1)}$$

则系统(3.1)在脉冲集合$\mathcal{F}^*$上关于(c_1,c_2,T)是一致有限时间稳定的。

推论3.4 令V为系统(3.1)的有限时间稳定-Lyapunov函数，其中$\alpha\in\mathbb{R}_-$，$d\in(-\infty,\alpha\tau]$，函数$w_1,w_2\in\mathcal{K}$，对于给定的正常数c_1、c_2、γ、σ、T且满足$\gamma<c_1<c_2$，$\sigma<T$使

$$\sigma+\frac{1}{\alpha}\ln w_1(\gamma)-\frac{1}{\alpha}\ln w_2(c_1)\geqslant T$$

则系统(3.1)在脉冲集合$\mathcal{F}_0$上关于$(c_1,c_2,\gamma,\sigma,T)$是一致有限时间压缩稳定的。

3.2.4 神经网络应用

下面将上述结果应用于两类神经网络(时变神经网络&切换神经网络)的有限时间状态估计。

首先，考虑时变神经网络，即

$$\dot{x}_i(t)=-c_i(t)x_i(t)+\sum_{j\in\Omega}a_{ij}(t)f_j(x_j(t))+I_i(t) \tag{3.9}$$

跳变到

$$x_i(t_k^+)=R_i(x_i(t_k-\tau)),\quad i\in\Omega,\ k\in\mathbb{Z}_+ \tag{3.10}$$

其中，$\Omega=\{1,2,\cdots,n\}$，$n\geqslant2$表示神经网络的单元数；$x_i(t)$对应于t时刻第i个单元的状态；$c_i(t)>0$为t时刻的神经反馈；$a_{ij}(t)$为t时刻节点j对节点i的连接权值；f_j为神经元激励函数且满足$|f_j(s_1)-f_j(s_2)|\leqslant l_j|s_1-s_2|$，$\forall s_1,s_2\in\mathbb{R}$，$l_j>0$，$j\in\Omega$；$I_i(t)$为时刻$t$神经网络外部输入；函数$R_i:\mathbb{R}\to\mathbb{R}$满足$|R_i(s_1)-R_i(s_2)|\leqslant\varpi_i|s_1-s_2|$，$\forall s_1,s_2\in\mathbb{R}$，$\varpi_i>0$，$i\in\Omega$；$\tau>0$表

示时间延迟。

下面假设 $c_i(t)$ 和 $a_{ij}(t)$ 都是定义在 $t \in [0,T]$ 的连续函数。

定义 3.4 对于给定的正常数 T、c_1、c_2、γ 和 σ，当 $c_2 > c_1 > \gamma$ 和 $\sigma \in (0,T)$，对于系统(3.9)和(3.10)任意的两个解 $x(t) = x(t,0,x_0)$ 和 $y(t) = y(t,0,y_0)$，$x_0, y_0 \in \mathbb{R}^n$，如果

$$|x_0 - y_0| \leqslant c_1 \Rightarrow |x(t) - y(t)| \leqslant c_2, \quad t \in [0,T], \{t_k\} \in \mathcal{F}_0$$

则称系统(3.9)和(3.10)在脉冲集合 $\mathcal{F}_0$ 上关于 (c_1, c_2, T) 是一致有限时间稳定的。

如果系统(3.9)和(3.10)在脉冲集合 $\mathcal{F}_0$ 上关于 (c_1, c_2, T) 是一致有限时间稳定的且满足

$$|x(t) - y(t)| \leqslant \gamma, \quad t \in [T - \sigma, T], \{t_k\} \in \mathcal{F}_\sigma$$

则称系统(3.9)和(3.10)在脉冲集合 $\mathcal{F}_\sigma$ 上关于 $(c_1, c_2, \gamma, \sigma, T)$ 是一致有限时间压缩稳定的。

定理 3.5 称系统(3.9)和(3.10)在脉冲集合 $\mathcal{F}_1^*$ 上关于 (c_1, c_2, T) 是一致有限时间稳定的，对于给定的正常数 T、c_1、c_2、γ 和 σ，当 $c_2 > c_1 > \gamma$ 和 $\sigma \in (0,T)$，令 $\mathcal{F}_1^*$ 表示 $\mathcal{F}^*$ 上的一类脉冲集合且满足

$$\int_0^t \chi(s)\mathrm{d}s + N(t,0)d - \sum_{n=1}^{N(t,0)} \int_{t_n - \tau}^{t_n} \chi(s)\mathrm{d}s \leqslant \ln \frac{c_2}{c_1}, \quad t \in [0,T]$$

其中，$\chi(s) = -\min_{i \in \Omega} c_i(s) + \sum_{i \in \Omega} \max_{j \in \Omega} |a_{ij}(s)| l_j$；$d = \ln(\max_{i \in \Omega} \varpi_i)$。

此外，令 $\mathcal{F}_2^*$ 表示 $\mathcal{F}_1^*$ 上的一类脉冲集合且满足

$$\int_0^t \chi(s)\mathrm{d}s + N(t,0)d - \sum_{n=1}^{N(t,0)} \int_{t_n - \tau}^{t_n} \chi(s)\mathrm{d}s \leqslant \ln \frac{\gamma}{c_1}, \quad t \in [T - \sigma, T]$$

则称系统(3.9)和(3.10)在脉冲集合 $\mathcal{F}_2^*$ 上关于 $(c_1, c_2, \gamma, \sigma, T)$ 是一致有限时间压缩稳定的。

证明 令 $x(t) = x(t,0,x_0)$ 和 $y(t) = y(t,0,y_0)$ 分别是系统(3.9)和(3.10)过初始值 $(0, x_0)$ 和 $(0, y_0)$ 的两个解，其中 $x = (x_1, x_2, \cdots, x_n)^\mathrm{T} \in \mathbb{R}^n$，$y = (y_1, y_2, \cdots, y_n)^\mathrm{T} \in \mathbb{R}^n$，$x_0, y_0 \in \mathbb{R}^n$。令 $e = x - y$，由此可得误差系统为

$$\begin{cases} \dot{e}_i(t) = -c_i(t)e_i(t) + \sum_{j \in \Omega} a_{ij}(t)F_j(e_j(t)), & t \neq t_k \\ e_i(t_k^+) = D_i(e_i(t_k - \tau)), & i \in \Omega, \ k \in \mathbb{Z}_+ \end{cases}$$

其中，$F_j(e_j(\cdot)) = f_j(x_j(\cdot)) - f_j(y_j(\cdot))$；$D_i(e_i(t_k - \tau)) = R_i(x_i(t_k - \tau)) - R_i(y_i(t_k - \tau))$。

考虑 Lyapunov 函数，即

$$V(t,e) = \sum_{i \in \Omega} |e_i(t)|$$

求导可得

$$\begin{aligned} D^- V &= \sum_{i \in \Omega} \dot{e}_i \, \mathrm{sign}(e_i) \\ &\leqslant -\sum_{i \in \Omega} c_i(t) |e_i(t)| + \sum_{i,j \in \Omega} |a_{ij}(t)| \cdot |F_j(e_j(t))| \\ &\leqslant -\min_{i \in \Omega} c_i(t) \sum_{i \in \Omega} |e_i(t)| + \sum_{i \in \Omega} \max_{j \in \Omega} |a_{ij}(t)| l_j \sum_{j \in \Omega} |e_j(t)| \\ &\leqslant (-\min_{i \in \Omega} c_i(t) + \sum_{i \in \Omega} \max_{j \in \Omega} |a_{ij}(t)| l_j) V(t,e(t)) \end{aligned} \tag{3.11}$$

此外，当 $t = t_k$ 时，可知

$$V(t_k^+, e(t_k^+)) = \sum_{i \in \Omega} |D_i(e_i(t_k - \tau))| \leqslant \left(\max_{i \in \Omega} \varpi_i \right) V(t_k, e(t_k - \tau)) \tag{3.12}$$

容易验证，推论 3.1 中的所有条件都成立。因此，系统(3.9)和(3.10)在脉冲集合 $\mathcal{F}_1^*$ 上关于 (c_1, c_2, T) 是一致有限时间稳定的，并且系统(3.9)和(3.10)在脉冲集合 $\mathcal{F}_2^*$ 上关于 $(c_1, c_2, \gamma, \sigma, T)$ 是一致有限时间压缩稳定的。　■

然后，考虑脉冲切换系统，即

$$\begin{cases} \dot{x}(t) = -A_{\varsigma(t)} x(t) + B_{\varsigma(t)} f(x(t)), & t \neq t_k \\ x(t^+) = D_{\varsigma(t)} x(t - \tau), & t = t_k, k \in \mathbb{Z}_+ \end{cases} \tag{3.13}$$

其中，$x \in \mathbb{R}^n$；$A_{\varsigma(t)}$ 为正对角矩阵；$B_{\varsigma(t)}$ 和 $D_{\varsigma(t)}$ 为连接权矩阵；神经激励函数 $f(\cdot) : \mathbb{R}^n \to \mathbb{R}^n$ 满足 $f(0) = 0$ 且 Lipschitz 矩阵为 L；分段常值函数 $\varsigma(t) : [0,T] \to \Lambda_N$ 表示脉冲切换信号，$\Lambda_N = \{1, 2, \cdots, N\}$，当 $\varsigma(t) = i$，$i \in \Lambda_N$ 时，表示第 i 个子系统和第 i 个脉冲跳变被激活。

定理 3.6　假设存在正常数 T、c_1、c_2、γ、σ 满足 $c_2 > c_1 > \gamma$ 和 $\sigma \in (0, T)$，

常数 $\varpi \in [\exp(-\lambda\tau),\infty)$ ，$n\times n$ 矩阵 $P_i > 0$ ，$n\times n$ 对角矩阵 $Q_i > 0$ ，使对于任意的 $i, j \in \Lambda_N$ ，有

$$D_i^{\mathrm{T}} P_i D_i - \varpi P_j \leqslant 0$$

$$\begin{bmatrix} -A_i^{\mathrm{T}} P_i - P_i A_i + L Q_i L + \lambda P_i & P_i B_i \\ * & -Q_i \end{bmatrix} < 0$$

令 $\mathcal{S}_1^*$ 表示 $\mathcal{F}^*$ 上的一类脉冲集合且满足

$$-\lambda t + N(t,0)(\ln\varpi + \lambda\tau) \leqslant 2\ln\frac{c_2}{c_1} + \ln\frac{\min_{i\in\Lambda_N}(\lambda_{\min}(P_i))}{\max_{i\in\Lambda_N}(\lambda_{\max}(P_i))}, \quad t\in[0,T]$$

则称系统(3.13)在脉冲集合 $\mathcal{S}_1^*$ 上关于 (c_1, c_2, T) 是一致有限时间稳定的。

此外，令 $\mathcal{S}_2^*$ 表示 $\mathcal{S}_1^*$ 上的一类脉冲集合且满足

$$-\lambda t + N(t,0)(\ln\varpi + \lambda\tau) \leqslant 2\ln\frac{\gamma}{c_1} + \ln\frac{\min_{i\in\Lambda_N}(\lambda_{\min}(P_i))}{\max_{i\in\Lambda_N}(\lambda_{\max}(P_i))}, \quad t\in[T-\sigma,T]$$

则称系统(3.13)在脉冲集合 $\mathcal{S}_2^*$ 上关于 $(c_1, c_2, \gamma, \sigma, T)$ 是一致有限时间压缩稳定的。

证明　考虑 Lyapunov 函数 $V_{\varsigma(t)} = x^{\mathrm{T}}(t) P_{\varsigma(t)} x(t)$ ，$\varsigma(t) \in \Lambda_N$ 。在脉冲切换时刻 t_k ，假设 $\varsigma(t_k^+) = i, \varsigma(t_k) = j, (i, j \in \Lambda_N)$ 。运用 Schur 补引理，可得

$$D^- V_i(t) \leqslant -\lambda V_i(t), \quad t\in(t_k, t_{k+1}]$$

并且 $V_i(t_k^+) \leqslant x^{\mathrm{T}}(t_k - \tau) D_i^{\mathrm{T}} P_i D_i x(t_k - \tau) \leqslant \varpi V_j(t_k - \tau)$ 。由推论 3.2 可得，系统 (3.13)在脉冲集合 $\mathcal{S}_1^*$ 上关于 (c_1, c_2, T) 是一致有限时间稳定的，并且系统 (3.13)在脉冲集合 $\mathcal{S}_2^*$ 上关于 $(c_1, c_2, \gamma, \sigma, T)$ 是一致有限时间压缩稳定的。■

3.2.5　数值仿真

例 3.1　考虑二维时变神经网络(3.9)，其中函数 $f_1(s) = f_2(s) = \tanh(s)$ ，若

$$(c_i) = 0.1\exp(-t)\begin{bmatrix} 1 & 0 \\ 0 & 1 \end{bmatrix}, \quad (I_i) = \begin{bmatrix} 2\exp(-t) \\ 2\cos 0.5t \end{bmatrix}, \quad (a_{ij}) = \begin{bmatrix} 0.4 & 0.4\cos t \\ 0 & 0.1\exp(-t) \end{bmatrix}$$

$$(3.14)$$

跳变到

$$x_i(t_k) = \varpi_i x_i(t_k - \tau), \quad k \in \mathbb{Z}_+ \tag{3.15}$$

考虑 $c_1 = 10$、$c_2 = 23$、$T = 19$、$\sigma = 5.8$、$\gamma = 5$，脉冲控制方案设计为

$$(\varpi_i) = \begin{bmatrix} 0.8 & 0 \\ 0 & 0.78 \end{bmatrix}, \quad \tau = 1.78$$

其中，脉冲时间序列 $t_{3k} = 5.5k$、$t_{3k-1} = 5.5k - 1.9$、$t_{3k-2} = 5.5k - 3.7$。

当不存在脉冲控制时，由仿真可知系统(3.14)关于(10,23,19)不是有限时间稳定的。无脉冲控制下系统(3.14)的仿真结果如图 3.1 所示。接下来，考虑延迟在脉冲中的效果。当考虑延迟脉冲时，根据定理 3.5，系统(3.15)通过延迟脉冲控制得到关于(10,23,5,5.8,19)是有限时间压缩稳定的，如图 3.2(深色曲线)所示。在相同条件下，如果忽略脉冲中延迟的影响，即 $\tau = 0$，则图 3.2(浅色曲线)显示系统(3.14)和(3.15)不能实现有限时间收缩稳定。结果表明，脉冲中的延迟对系统的稳定有积极作用。

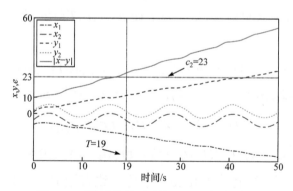

图 3.1　无脉冲控制下系统(3.14)的仿真结果

例 3.2　考虑具有两个子系统的二维脉冲切换神经网络(3.13)。参数如下，即

$$A_1 = \begin{bmatrix} 0.6 & 0 \\ 0 & 0.7 \end{bmatrix}, \quad A_2 = \begin{bmatrix} 0.5 & 0 \\ 0 & 0.5 \end{bmatrix}$$

$$B_1 = \begin{bmatrix} 0.35 & 0.15 \\ 0.2 & 0.45 \end{bmatrix}, \quad B_2 = \begin{bmatrix} 0.2 & 0.12 \\ 0.13 & 0.32 \end{bmatrix}$$

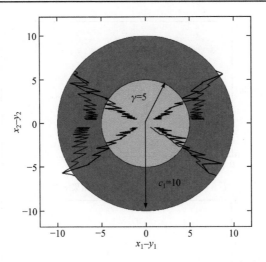

图 3.2　脉冲系统在无延迟和延迟 $\tau = 1.78$ 情况下的仿真结果

$$D_1 = \begin{bmatrix} 1.20 & 0 \\ 0 & 1.19 \end{bmatrix}, \quad D_2 = \begin{bmatrix} 1.18 & 0 \\ 0 & 1.17 \end{bmatrix}$$

并且当 Lipschitz 矩阵 $L = 0.6I$ 时，$f_1(s) = f_2(s) = 0.3(\sin s + s)$。考虑 $c_1 = 0.5$、$c_2 = 1.2$、$\sigma = 1$、$T = 5$、$\gamma = 0.34$、$\lambda = 0.5$、$\varpi = 1.46$、$\tau = 0.3$ 和脉冲时间序列 $\{t_k\} \in \mathcal{S}_1^*$，$t_{6k} = 4.9k$、$t_{6k-1} = 4.9k - 1.6$、$t_{6k-2} = 4.9k - 3.3$、$t_{6k-3} = 4.9k - 3.7$、$t_{6k-4} = 4.9k - 4.2$、$t_{6k-5} = 4.9k - 4.55$，应用仿真工具箱求解定理 3.6 中的 LMI，可得如下可行解，即

$$P_1 = \begin{bmatrix} 1.1524 & -0.1475 \\ -0.1475 & 1.0233 \end{bmatrix}, \quad P_2 = \begin{bmatrix} 1.3158 & -0.1140 \\ -0.1140 & 1.2146 \end{bmatrix}$$

$$Q_1 = \begin{bmatrix} 0.9404 & 0 \\ 0 & 0.9404 \end{bmatrix}, \quad Q_2 = \begin{bmatrix} 0.9013 & 0 \\ 0 & 0.9013 \end{bmatrix}$$

由定理 3.6 可知，神经网络(3.13)包含上述延时脉冲关于 $(0.5, 1.2, 5)$ 是有限时间稳定的(图 3.3(a))，相应的脉冲切换信号如图 3.3 (b)所示。为了得到 $\gamma = 0.34$ 时的收缩性，根据定理 3.6，在仿真中选择脉冲时间序列 $t_{2k-1} = 4.5k - 3.9$ 和 $t_{2k} = 4.5k$。在本例中，可以看到神经网络(3.13)关于 $(0.5, 1.2, 0.34, 1, 5)$ 为有限时间压缩稳定的(图 3.3(c))，对应的脉冲切换信号如图 3.3(d)所示。

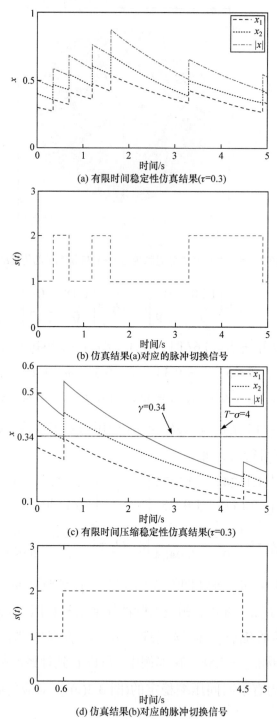

(a) 有限时间稳定性仿真结果($\tau=0.3$)

(b) 仿真结果(a)对应的脉冲切换信号

(c) 有限时间压缩稳定性仿真结果($\tau=0.3$)

(d) 仿真结果(b)对应的脉冲切换信号

图 3.3　神经网络(3.13)在两类脉冲时间序列下的仿真结果及相应脉冲切换信号

3.3　切换脉冲系统的有限时间稳定

3.3.1　系统描述

考虑时变切换系统，即

$$\dot{x}(t) = f_{\sigma(t)}(t, x(t)), \quad t \geqslant 0 \tag{3.16}$$

具有脉冲效应，即

$$x(t) = g_k(t, x(t^-)), \quad t = t_k, k \in \mathbb{Z}_+ \tag{3.17}$$

其中，$x(t) \in \mathbb{R}^n$ 为系统状态；$\dot{x}(t)$ 为 $x(t)$ 的右导数；$\sigma(t) \in \Omega$ 为切换信号，Ω 是有限索引集；时间序列 $\{t_k, k \in \mathbb{Z}_+\}$ 是一组待设计的脉冲时刻；对于每个 $i \in \Omega$ 与 $k \in \mathbb{Z}_+$，f_i 和 g_k 为 $\mathbb{R}_+ \times \mathbb{R}^n$ 到 $\mathbb{R}^n$ 的连续函数，同时 f_i 关于其第二个分量 x 是 Lipschitz 连续的。

对每个 $i \in \Omega$，$k \in \mathbb{Z}_+$，$f_i(t, 0) \equiv g_k(t, 0) \equiv 0$ 对任意 $t \in \mathbb{R}_+$ 都成立。此外，我们假设所有的切换信号都是右连续的，并存在左极限。

3.3.2　事件触发脉冲控制

在控制领域，通常采用时间触发控制和事件触发控制两种方法来确定传输和采样时刻，从而实现系统的稳定性或其他性能。时间触发控制是一种传统控制方法，其信息的传输和采样由预设的触发时刻决定，从而使控制策略易于实现。一般情况下，时间触发控制的采样时刻是人为确定的，这就造成信息在传递过程中不必要的通信成本和资源浪费。与之相比，事件触发控制是一种更为有效的控制策略。其控制时刻由一些预设事件的发生来激活，这些事件与系统的状态有关。基于事件触发控制，已有大量关于切换系统的研究结果，如系统的 Lyapunov 稳定[17,18]、系统有限时间稳定结果[19,20]等。需要注意的是，这些结果基于一个共同的假设，即通过状态反馈控制，每个模块都是可镇定的。同时，需要零阶保持器保持控制输入的连续性，这可能会增加对传输信号的依赖，并导致不必要的资源浪费。特别地，事件触发脉冲控制结合了事件触发控制和脉冲控制的优点，近年来受到越来越多的关注。不同于一般的事件触发控制，事件触发脉冲控制中的信息传输只需要在触发时刻被激活，即不需要在连续两个触发时刻间进行任何信息传输，从而有效降低通信成本。

针对该系统(3.16)和(3.17)，首先考虑如下事件触发机制，即

$$t_k = \inf\{t \in [t_{k-1}, T] : h_{k-1}(t) \geqslant 0\} \tag{3.18}$$

且

$$h_{k-1}(t) = V_{\sigma(t)}(t, x(t)) - \exp(a_k) V_{\sigma(t_{k-1})}(t_{k-1}, x(t_{k-1})) \tag{3.19}$$

其中，$a_k \in \mathbb{R}_+$ 为触发参数；$V_{\sigma(t)}(t, x(t))$ 和 $V_{\sigma(t_{k-1})}(t_{k-1}, x(t_{k-1}))$ 为依赖切换信号 $\sigma(t)$ 和状态 $x(t)$ 的 Lyapunov 函数。

特别地，如果存在 $k_0 \in \mathbb{Z}_+$ 使 $h_{k_0-1}(t) < 0$，$t \in [t_{k_0-1}, T]$，则 t_{k_0-1} 是最后一个脉冲时刻。因此，基于触发机制(3.18)的脉冲序列是有限序列，即 $t_1, t_2, \cdots, t_{k_0-1}$。

定义 3.5　设 $\mathcal{F}$ 表示满足模块依赖 ADT 约束的一类切换信号，定义为

$$N_i(t, s) \leqslant N_{0_i} + \frac{T_i(t, s)}{\mathcal{T}_{\alpha_i}}, \quad t \geqslant s \geqslant 0$$

其中，$\mathcal{T}_{\alpha_i}, N_{0_i} \in \mathbb{R}_+$ 为模块依赖 ADT 与模块依赖震荡界；$N_i(t, s)$ 为第 i 个模块在时间间隔 (s, t) 的切换次数；$T_i(t, s)$ 为第 i 个模块在 $[s, t]$ 的总驻留时间。

定理 3.7　假设存在函数 $V_i \in \mathcal{V}_0$，$\lambda_i \in C(\mathbb{R}_+, \mathbb{R})$，常数 $\mu_i \geqslant 1$，$\gamma, \nu \in \mathbb{R}$，$\mathcal{T}_{\alpha_i}$、$N_{0_i}$、$T$、$a_k \in \mathbb{R}_+$，使对于任意的 $i, j \in \Omega$。

(H_1)　$D^+ V_i(t, x) \leqslant \lambda_i(t) V_i(t, x)$，$\forall (t, x) \in [0, T] \times \mathbb{R}^n$。

(H_2)　$V_i(t, x) \leqslant \mu_i V_j(t, x)$，$\forall (t, x) \in [0, T] \times \mathbb{R}^n$。

(H_3)　$\gamma > -\dfrac{\ln \mu_i}{\mathcal{T}_{\alpha_i}}$ 且对于任意的 $t \geqslant s \geqslant 0$，有

$$\int_s^t \lambda_{\sigma(v)}(v) \mathrm{d}v \leqslant \gamma(t - s) + \nu \tag{3.20}$$

(H_4)　$\inf\limits_{k \in \mathbb{Z}_+} \{a_k\} > \sum\limits_{i \in \Omega} N_{0_i} \ln \mu_i + \nu$。

则具有切换信号 $\mathcal{F}$ 的系统(3.16)和(3.17)在触发机制(3.18)下不存在 Zeno 现象。

证明 事实上，如果事件触发机制不触发，则显然没有 Zeno 现象。不失一般性，我们假设事件触发机制触发，然后根据 γ 的符号，分两种情况讨论。

情况 1，$\gamma \leqslant 0$。在此情况下，我们认为 t_k^s 在触发间隔 (t_{k-1}, t_k)，$t_k \leqslant T$ 内一定存在切换时刻。反证，假设在触发间隔 (t_{k^*-1}, t_{k^*}) 不存在切换时刻。根据条件 (H_1) 和式 (3.20)，可得

$$V_i(t, x(t)) \leqslant \exp\left(\int_{t_{k^*-1}}^{t} \lambda_i(\nu)\mathrm{d}\nu\right)V_i(t_{k^*-1}, x(t_{k^*-1}))$$

$$\leqslant \exp\left(\gamma(t - t_{k^*-1}) + \nu\right)V_i(t_{k^*-1}, x(t_{k^*-1})), \quad t \in [t_{k^*-1}, t_{k^*})$$

结合模块依赖触发机制 (3.18)，可得

$$V_i(t_{k^*}^-, x(t_{k^*}^-)) = \exp(a_{k^*})V_i(t_{k^*-1}, x(t_{k^*-1})) \leqslant \exp(\gamma\delta_{k^*} + \nu)V_i(t_{k^*-1}, x(t_{k^*-1}))$$

$$(3.21)$$

其中，$\delta_{k^*} = t_{k^*} - t_{k^*-1}$。

因此，可得 $e^{a_{k^*} - \nu} \leqslant e^{\gamma\delta_{k^*}}$，这与事实 $a_k > \nu$，$k \in \mathbb{Z}_+$ 矛盾。因此，在触发间隔 (t_{k-1}, t_k) 必定存在切换时刻 t_k^s。给定任意 $t_k \leqslant T$，假设存在多个切换时刻 t_k^s 满足 $t_{k-1} < t_1^s < \cdots < t_N^s < t_k$。由条件 (H_1) 和 (H_2) 可得

$$V_{\sigma(t)}(t, x(t)) \leqslant \prod_{i \in \Omega} \mu_i^{N_i(t, t_{k-1})} \exp\left(\int_{t_{k-1}}^{t} \lambda_{\sigma(\nu)}(\nu)\mathrm{d}\nu\right)V_{\sigma(t_{k-1})}(t_{k-1}, x(t_{k-1}))$$

$$\leqslant \exp\left(\gamma(t - t_{k-1}) + \sum_{i \in \Omega} N_i(t, t_{k-1})\ln\mu_i + \nu\right)V_{\sigma(t_{k-1})}(t_{k-1}, x(t_{k-1})), \quad t \in [t_{k-1}, t_k)$$

根据 ADT 条件和条件 (H_3)，可得

$$\exp\left(\gamma(t - t_{k-1}) + \sum_{i \in \Omega} N_i(t, t_{k-1})\ln\mu_i + \nu\right)$$

$$\leqslant \exp\left(\sum_{i \in \Omega}\left(\frac{\ln\mu_i}{\mathcal{T}_{\alpha_i}} + \gamma\right)T_i(t, t_{k-1}) + \sum_{i \in \Omega} N_{0_i}\ln\mu_i + \nu\right)$$

$$\leqslant \exp\left(\gamma^*(t - t_{k-1}) + \sum_{i \in \Omega} N_{0_i}\ln\mu_i + \nu\right)$$

其中，$\gamma^* = \max_{i \in \Omega}\{\ln\mu_i / \mathcal{T}_{\alpha_i} + \gamma\}$。

由触发机制 (3.18) 可得

$$V_{\sigma(t_k^-)}(t_k^-, x(t_k^-)) = \exp(a_k) V_{\sigma(t_{k-1})}(t_{k-1}, x(t_{k-1}))$$

$$\leqslant \exp\left(\gamma^*(t_k - t_{k-1}) + \sum_{i \in \Omega} N_{0_i} \ln \mu_i + \nu\right) V_{\sigma(t_{k-1})}(t_{k-1}, x(t_{k-1}))$$

$$(3.22)$$

这意味着，$t_k - t_{k-1} \geqslant \left(a_k - \sum_{i \in \Omega} N_{0_i} \ln \mu_i - \nu\right) / \gamma^*$。

根据 (H_4)，可以避免 Zeno 现象的发生。

情况 2，$\gamma > 0$。考虑以下三种情况。首先，在触发间隔 (t_{k-1}, t_k)，$t_k \leqslant T$ 上没有切换时刻。由条件(3.21)推导出 $t_k - t_{k-1} \geqslant (a_k - \nu) / \gamma$。其次，在触发间隔 (t_{k-1}, t_k)，$t_k \leqslant T$ 上存在切换时刻。由条件(3.22)可以得出 $t_k - t_{k-1} \geqslant \left(a_k - \sum_{i \in \Omega} N_{0_i} \ln \mu_i - \nu\right) / \gamma^*$。最后，同时存在包含和不包含切换时刻的触发间隔。应用上述两种情况的相似证明，可得

$$t_k - t_{k-1} \geqslant \left(a_k - \sum_{i \in \Omega} N_{0_i} \ln \mu_i - \nu\right) / \gamma^*$$

因此，无论哪种情况，都可以由条件 (H_4) 避免 Zeno 现象的发生。∎

注 3.4　条件 (H_1) 描述了 Lyapunov 函数在各模块下的连续演化，其中函数 $\lambda_i(t)$ 揭示 Lyapunov 函数可能的增长/衰减速率。注意到，函数 $\lambda_i(t)$ 是时变的且符号不确定，因此只需要满足条件(3.20)即可。这意味着，系统(3.16)可以由稳定模块和不稳定模块组成。条件 (H_2) 描述了多个 Lyapunov 函数在切换时刻的可能跳变，这里假设跳变与其所处模块有关。条件 (H_3) 建立函数 $\lambda_i(t)$、切换跳变和模块依赖 ADT 之间的关系，这是避免 Zeno 现象的关键。此外，条件 (H_4) 给出选择触发参数 a_k 的准则，使触发机制(3.18)可行且高效。

注 3.5　可以观察到，触发机制(3.18)中触发参数 a_k 的值可以适当地改变，进而调整系统(3.16)和(3.17)的脉冲时刻。实际上，对于给定的切换信号 $\mathcal{F}$，如果选择较大的触发参数 a_k，可能导致较大的触发间隔，从而减少脉冲的触发次数。相反，如果选择一个较小的触发参数 a_k，则可能导致一个较小的触发间隔，从而增加脉冲的触发次数。

特别地，假设对所有 $t \in \mathbb{R}_+$，$\lambda_i(t) \equiv \lambda_i$，其中 $\lambda_i \in \mathbb{R}$，可以直接得到

下列推论。

推论 3.5　假设存在函数 $V_i \in \mathcal{V}_0$，以及常数 $\mu_i \geqslant 1$，λ_i、γ、$\nu \in \mathbb{R}$，$\mathcal{T}_{\alpha_i}$、N_{0_i}、T、$a_k \in \mathbb{R}_+$，使条件 (H_2) 和 (H_4) 成立且对于任意的 $i \in \Omega$，有

(H_1^*)　$D^+ V_i(t,x) \leqslant \lambda_i V_i(t,x)$,　　$\forall (t,x) \in [0,T] \times \mathbb{R}^n$。

(H_3^*)　$\gamma > -\dfrac{\ln \mu_i}{\mathcal{T}_{\alpha_i}}$ 且对于任意的 $t \geqslant s \geqslant 0$，有

$$\sum_{i \in \Omega} \lambda_i T_i(t,s) \leqslant \gamma(t-s) + \nu$$

则具有切换信号 $\mathcal{F}$ 的系统(3.16)和(3.17)在触发机制(3.18)下没有 Zeno 现象。

基于定理 3.7，可以得到系统(3.16)和(3.17)有限时间稳定的充分条件。

定理 3.8　在定理 3.7 条件下，假设存在函数 $\alpha_1, \alpha_2 \in \mathcal{K}$，$V_p \in \mathcal{V}_0$，以及常数 a_k、d_k、T、c_1、$c_2 \in \mathbb{R}_+$ 且 $c_1 < c_2$，使对于任意的 $p, q \in \Omega$。

(H_5)　$\alpha_1(|x|) \leqslant V_p(t,x) \leqslant \alpha_2(|x|)$,　　$\forall (t,x) \in [0,T] \times \mathbb{R}^n$。

(H_6)　$V_p(t, g_k(t,x)) \leqslant e^{-d_k} V_q(t,x)$,　　$\forall (t,x) \in [0,T] \times \mathbb{R}^n$。

(H_7)　$a_m + \displaystyle\sum_{j=1}^{m-1} (a_j - d_j) < \ln \dfrac{\alpha_1(c_2)}{\alpha_2(c_1)}$,　　$\forall m \in \mathbb{Z}_+$。

则在触发机制(3.18)下，系统(3.16)和(3.17)关于 $(T, c_1, c_2, \mathcal{F})$ 是有限时间稳定的。

证明　由定理 3.7 可知，触发机制(3.18)在规定的区间 $[0,T]$ 被触发的次数是有限的，那么存在两种情况。

情况 1，触发机制(3.18)不触发。由此可得

$$V_{\sigma(t)}(t, x(t)) \leqslant \exp(a_1) V_{\sigma(0)}(0, x_0), \quad t \in [0,T]$$

情况 2，触发机制(3.18)触发有限次。令 $t_1 < t_2 < \cdots < t_N$ 是触发时刻。然后，由触发机制(3.18)和条件 (H_6) 可得

$$V_{\sigma(t)}(t, x(t)) \leqslant \exp\left(a_k + \sum_{j=1}^{k-1} (a_j - d_j) \right) V_{\sigma(0)}(0, x_0), \quad t \in [t_{k-1}, t_k) \quad (3.23)$$

其中，$k = 1, 2, \cdots, N$。

在这种情况下，如果 $t_N = T$，由式(3.22)和 (H_6) 知

$$V_{\sigma(t)}(t,x(t)) \leqslant \exp\left(a_N + \sum_{j=1}^{N-1}(a_j - d_j)\right)V_{\sigma(0)}(0,x_0), \quad t \in [t_{N-1}, T]$$

如果 $t_N < T$，则 t_N 为最后一个触发脉冲时刻，可以推断

$$V_{\sigma(t)}(t,x(t)) \leqslant \exp\left(a_{N+1} + \sum_{j=1}^{N}(a_j - d_j)\right)V_{\sigma(0)}(0,x_0), \quad t \in [t_N, T]$$

因此，无论它是哪种情况，由条件 (H_5) 和条件 (H_7) 可知，当 $|x_0| < c_1$ 时，有

$$\alpha_1(|x(t)|) \leqslant V_{\sigma(t)}(t,x(t)) \leqslant \frac{\alpha_1(c_2)}{\alpha_2(c_1)}\alpha_2(|x_0|) < \alpha_1(c_2), \quad t \in [0,T] \quad (3.24)$$

这意味着，$|x(t)| < c_2, \forall t \in [0,T]$。

在触发机制(3.18)下，系统关于 $(T,c_1,c_2,\mathcal{F})$ 是有限时间稳定的。 ∎

注 3.6 与定理 3.7 中的条件 (H_2) 不同，条件 (H_6) 描述了触发时刻的脉冲跳变，可以将其视为脉冲发生器。由于这些脉冲跳变完全由触发机制(3.18)中的触发函数 $h_{k-1}(t) = 0$ 产生，因此可以看作一类状态依赖脉冲。此外，条件 (H_7) 在有限时间稳定理论框架下可以确定触发参数 a_k 与脉冲强度 d_k 之间的关系。这对触发机制(3.18)的可行性至关重要。

推论 3.6 在定理 3.8 的条件下，假设触发参数序列 $\{a_k, k \in \mathbb{Z}_+\}$ 是有界的且满足 $\sup_{k \in \mathbb{Z}_+}\{a_k\} < \ln\dfrac{\alpha_1(c_2)}{\alpha_2(c_1)}$，$a_{2k-1} - d_{2k-1} = -\eta_1$，$a_{2k} - d_{2k} = \eta_2$，其中 η_1、$\eta_2 \in \mathbb{R}_+$ 且 $\eta_1 \geqslant \eta_2$，则在时间触发机制下，系统(3.16)和(3.17)关于 $(T,c_1,c_2,\mathcal{F})$ 是有限时间稳定的。

接下来，研究系统(3.16)和(3.17)的有限时间压缩稳定特性。由定义 3.2 可以看出，有限时间压缩稳定是一个比有限时间稳定更严格的概念，而且其收缩性属性取决于 ς。因此，在触发机制(3.18)中，引入一类强制脉冲时间序列来保证有限时间压缩稳定是合理的。新的触发机制如下，即

$$\begin{aligned} t_k &= \min\{\tau_k^\varsigma, t_k^\star\} \\ t_k^\star &= \inf\{t \in [t_{k-1}, T]: h_{k-1}(t) \geqslant 0\} \end{aligned} \quad (3.25)$$

其中，$h_{k-1}(t)$ 由式(3.19)定义；强制脉冲时间序列 $\{\tau_k^\varsigma, k \in \mathbb{Z}_+\}$ 是有限的且 $\tau_{N(T-\varsigma,0)+1}^\varsigma \leqslant T - \varsigma$，$N(T-\varsigma, 0)$ 表示时间间隔 $(0, T-\varsigma)$ 内的切换个数。

注 3.7　虽然在触发机制(3.25)中强加了强制脉冲时间序列 $\{\tau_k^\varsigma, k \in \mathbb{Z}_+\}$，但是对强制脉冲时间序列的分布没有额外的要求。这意味着，强制脉冲时刻是任意的。事实上，当 ς 非常大时，强制脉冲时间序列可以取 $\{\tau_1^\varsigma, \cdots,$ $\tau_{N(T-\varsigma,0)+1}^\varsigma\}$。此时，在脉冲时刻 $t_{N(T-\varsigma,0)+1}$ 之后，脉冲时间序列完全由事件触发序列生成，即 $t_{N(T-\varsigma,0)+1+k} = t_{N(T-\varsigma,0)+1+k}^\star$，$k \in \mathbb{Z}_+$。

定理 3.9　假设存在函数 $\alpha_1, \alpha_2 \in \mathcal{K}$, $V_i \in \mathcal{V}_0$, $\lambda_i \in C(\mathbb{R}_+, \mathbb{R})$，常数 $\gamma, \nu \in \mathbb{R}$，$\mu_i \geqslant 1, N_{0_i}, \mathcal{T}_{\alpha_i}, a_k, d_k, T, \varsigma, \eta, c_1, c_2 \in \mathbb{R}_+$ 且 $\varsigma \in (0, T)$，$\eta < c_1 < c_2$，使条件 $(H_1) \sim (H_7)$ 成立，且

$$(H_8) \quad a_{m+1} + \sum_{j=1}^m (a_j - d_j) < \ln \frac{\alpha_1(\eta)}{\alpha_2(c_1)}, \quad \forall m \geqslant N(T-\varsigma, 0) + 1$$

则在触发机制(3.25)下，系统(3.16)和(3.17)关于 $(T, \eta, \varsigma, c_1, c_2, \mathcal{F})$ 是有限时间压缩稳定的。

证明　首先，我们证明具有切换信号 $\mathcal{F}$ 的系统(3.16)和(3.17)在触发机制(3.25)下不存在 Zeno 现象。基于触发机制(3.25)，可分为三种情况。

情况 1，脉冲时间序列 $\{t_k, k \in \mathbb{Z}_+\}$ 完全由事件触发序列 $\{t_k^*, k \in \mathbb{Z}_+\}$ 生成。此时，根据定理 3.7 可得，Zeno 现象是可以避免的。

情况 2，脉冲时间序列 $\{t_k, k \in \mathbb{Z}_+\}$ 完全由强制脉冲时间序列 $\{\tau_k^\varsigma, k \in \mathbb{Z}_+\}$ 生成。根据 $\{\tau_k^\varsigma, k \in \mathbb{Z}_+\}$ 的假设，我们可以避免 Zeno 现象。

情况 3，脉冲时间序列 $\{t_k, k \in \mathbb{Z}_+\}$ 由事件触发序列 $\{t_k^*, k \in \mathbb{Z}_+\}$ 与强制脉冲时间序列 $\{\tau_k^\varsigma, k \in \mathbb{Z}_+\}$ 生成，即 $\{t_k, k \in \mathbb{Z}_+\} \cap \{t_k^*, k \in \mathbb{Z}_+\} \neq \varnothing$ 且 $\{t_k, k \in \mathbb{Z}_+\} \cap \{\tau_k^\varsigma, k \in \mathbb{Z}_+\} \neq \varnothing$。在这种情况下，在 $[0, T]$ 必然存在有限强迫脉冲时刻。令 $\tau_1 < \tau_2 < \cdots < \tau_N$ 为强制脉冲时间序列且 τ_N 是最后一个强制脉冲时刻。利用类似于定理 3.7 的证明，可以推导出在区间 (τ_N, T) 存在有限事件触发时刻 $t_k^\star$。因此，无论在哪种情况下，Zeno 现象总是可以避免的。

其次，我们证明系统(3.16)和(3.17)关于 $(T, \eta, \varsigma, c_1, c_2, \mathcal{F})$ 是有限时间压缩稳定的。其证明类似于定理 3.8。此处只强调两点。一是，由于触发机制(3.25)中包含一个强制脉冲时间序列 $\{\tau_k^\varsigma, k \in \mathbb{Z}_+\}$，因此在区间 $[0, T]$ 必然存在且仅存在有限次脉冲跳变。二是，利用式(3.24)中类似的讨论，由强制

脉冲时间序列 $\{\tau_k^\varsigma, k \in \mathbb{Z}_+\}$ 的假设和条件 (H_8) 可知，当 $|x_0| < c_1$ 时，有

$$\alpha_1(|x(t)|) \leqslant V_{\sigma(t)}(t, x(t)) \leqslant \frac{\alpha_1(\eta)}{\alpha_2(c_1)}\alpha_2(|x_0|) \leqslant \alpha_1(\eta), \quad t \in [T - \varsigma, T]$$

这意味着，$|x(t)| < \eta$，$\forall t \in [T - \varsigma, T]$。

因此，系统(3.16)和(3.17)关于 $(T, \eta, \varsigma, c_1, c_2, \mathcal{F})$ 是有限时间压缩稳定的。■

注 3.8 定理 3.9 建立了基于 Lyapunov 方法的充分判据，引入强制脉冲时间序列保证系统(3.16)和(3.17)的有限时间压缩稳定。需要指出的是，定理 3.9 与定理 3.8 相比，主要区别如下。

(1) 由于触发机制(3.25)中引入了强制脉冲时间序列，因此在规定的间隔 $[0, T]$ 至少存在 $N(T - \varsigma, 0) + 1$ 次触发脉冲，这对收缩行为至关重要。

(2) 为了保证有限时间压缩稳定特性，与条件 (H_7) 相比，条件 (H_8) 加强了对触发参数和脉冲强度的限制。这表明，脉冲的累积影响在达到期望时间 $T - \varsigma$ 之后起主导作用。

此外，考虑系统(3.16)和(3.17)的一类特殊形式，也就是如下脉冲切换系统，即

$$\begin{cases} \dot{x}(t) = A_{\sigma(t)}x(t) + C_{\sigma(t)}f_{\sigma(t)}(x(t)), & t \geqslant 0, \ t \neq t_k \\ x(t) = D_k x(t^-), & t = t_k, \ k \in \mathbb{Z}_+ \end{cases} \tag{3.26}$$

其中，$A_{\sigma(t)}$、$C_{\sigma(t)}$、D_k 为合适维实矩阵。

对于任意的 $i \in \Omega$，$f_i(x)$ 是一个具有 Lipschitz 矩阵 L_i 且 $f_i(0) = 0$ 的全局 Lipschitz 连续函数。考虑 Lyapunov 函数 $V_i(x) = x^{\mathrm{T}}P_i x$，$i \in \Omega$，基于定理 3.8 与定理 3.9 可以得到以下 LMI 结果。

定理 3.10 假设存在 $n \times n$ 矩阵 $P_i > 0$，$n \times n$ 对角矩阵 $W_i > 0$，常数 $\mu_i \geqslant 1$，λ_i、γ、$\nu \in \mathbb{R}$，N_{0_i}、$\mathcal{T}_{\alpha_i}$、T、ς、η、c_1、c_2、a_k、$d_k \in \mathbb{R}_+$ 且 $\varsigma \in (0, T)$，$\eta < c_1 < c_2$，使条件 (H_3^*)、(H_4) 及以下不等式成立，即

$$\begin{bmatrix} A_i^{\mathrm{T}}P_i + P_i A_i + L_i^{\mathrm{T}}W_i L_i + \lambda_i P_i & P_i C_i \\ * & -W_i \end{bmatrix} < 0, \quad i \in \Omega$$

$$P_i \leqslant \mu_i P_j, \quad i, j \in \Omega$$

$$D_k^{\mathrm{T}}P_p D_k \leqslant e^{-d_k}P_q, \quad p, q \in \Omega$$

$$a_m + \sum_{j=1}^{m-1}(a_j - d_j) < 2\ln\frac{c_2}{c_1} + \ln\frac{\inf\limits_{i\in\Omega}\{\lambda_{\min}(P_i)\}}{\sup\limits_{i\in\Omega}\{\lambda_{\max}(P_i)\}}, \quad m \in \mathbb{Z}_+$$

则系统(3.26)关于 $(T, c_1, c_2, \mathcal{F})$ 是有限时间稳定的。其事件触发机制为

$$t_k = \inf\{t \in [t_{k-1}, T] : x^{\mathrm{T}}(t)P_{\sigma(t)}x(t) \geqslant \exp(a_k)x^{\mathrm{T}}(t_{k-1})P_{\sigma(t_{k-1})}x(t_{k-1})\}$$

此外，如果对于任意的 $m \geqslant N(T-\varsigma, 0)+1$，有

$$a_{m+1} + \sum_{j=1}^{m}(a_j - d_j) < 2\ln\frac{\eta}{c_1} + \ln\frac{\inf\limits_{i\in\Omega}\{\lambda_{\min}(P_i)\}}{\sup\limits_{i\in\Omega}\{\lambda_{\max}(P_i)\}}$$

则系统(3.26)关于 $(T, \eta, \varsigma, c_1, c_2, \mathcal{F})$ 是有限时间压缩稳定的。其事件触发机制为

$$t_k = \min\{\tau_k^\varsigma, t_k^*\},$$

$$t_k^* = \inf\{t \in [t_{k-1}, T] : x^{\mathrm{T}}(t)P_{\sigma(t)}x(t) \geqslant \exp(a_k)x^{\mathrm{T}}(t_{k-1})P_{\sigma(t_{k-1})}x(t_{k-1})\}$$

3.3.3 动态输出反馈控制

外部干扰在许多实际系统中是不可避免的，如机械系统、电力系统、电路系统等[21,22]。有时外部干扰的存在会导致系统性能下降，甚至出现不稳定或复杂的动力学现象。在这种情况下，我们期望系统不但可以控制外部干扰对输出变量的影响，而且可以获得期望的性能。H_∞ 控制是处理这些问题的一种有效技术，通过限制外部干扰使输出有上界，同时保证内部稳定。然而，在实践中，由于大量的执行成本或物理限制，状态信息是完全未知或部分未知的，这就导致经典状态反馈控制无法使用。因此，有必要研究利用测量输出的输出反馈控制或动态输出反馈控制。

考虑系统(3.16)的一类具体形式，也就是如下非线性切换系统，即

$$\begin{cases} \dot{x}(t) = A_{\sigma(t)}x(t) + B_{\sigma(t)}u(t) + D_{\sigma(t)}f_{\sigma(t)}(x(t)) + G_{\sigma(t)}w(t) \\ y(t) = C_{\sigma(t)}x(t) \end{cases} \tag{3.27}$$

其中，$x(t) \in \mathbb{R}^n$ 为系统状态；$f_\sigma(x) = (f_{\sigma 1}(x_1), f_{\sigma 2}(x_2), \cdots, f_{\sigma n}(x_n)): \mathbb{R}^n \to \mathbb{R}^n$ 为系统非线性项；$u(t) \in \mathbb{R}^m$ 为系统控制输入；$w(t) \in \mathbb{R}^r$ 为系统受到的外部干扰；$y(t) \in \mathbb{R}^q$ 为系统输出；$\sigma(t) \in S = \{1, 2, \cdots, m\}$ 为切换信号，m 为子模

块个数；$A_{\sigma(t)}$、$B_{\sigma(t)}$、$D_{\sigma(t)}$、$G_{\sigma(t)}$ 为给定的常数矩阵。

离散时间序列 $\{t_n, n \in \mathbb{Z}_+\}$ 称为脉冲切换时刻的集合，它决定了脉冲和切换发生的时刻，且满足 $0 = t_0 < t_1 < \cdots < t_k \to +\infty$，$k \to +\infty$。我们通常假设系统(3.27)的解 $x(t)$ 在 $t = t_k$ 时右连续，即 $x(t_k) = x(t_k^+)$。

构造模块依赖的动态输出反馈控制器，即

$$
\dot{\tilde{x}}(t) = \hat{A}_{\sigma(t)}\tilde{x}(t) + \hat{B}_{\sigma(t)}y(t) + \hat{D}_{\sigma(t)}f_{\sigma(t)}(\tilde{x}(t)) + u_1(t)
$$

$$
u_1(t) = \sum_{k=1}^{\infty} K_{3,\sigma}\tilde{x}\delta(t - t_k) \tag{3.28}
$$

$$
u(t) = K_{1,\sigma}\tilde{x}(t) + \sum_{k=1}^{\infty} K_{2,\sigma}y\delta(t - t_k), \quad k \in \mathbb{Z}_+
$$

其中，$\tilde{x} \in \mathbb{R}^{n_c}$ 为控制器状态；$u_1 \in \mathbb{R}^{n_c}$ 为 Dirac 控制输入；$K_{1,\sigma}$、$K_{2,\sigma}$、$K_{3,\sigma}$、$\hat{A}_\sigma$、$\hat{B}_\sigma$、$\hat{D}_\sigma$ 为适当维数的常数矩阵。

令

$$
\bar{x}(t) = \begin{bmatrix} x(t) \\ \tilde{x}(t) \end{bmatrix}, \quad \hat{f}_{\sigma(t)}(\bar{x}) = \begin{bmatrix} f_{\sigma(t)}(x) \\ f_{\sigma(t)}(\tilde{x}) \end{bmatrix}, \quad \bar{K}_{\sigma(t)}(t) = \begin{bmatrix} 0 & K_{1,\sigma(t)} \\ \hat{B}_{\sigma(t)} & \hat{A}_{\sigma(t)} \end{bmatrix}
$$

然后，可以得到相应的闭环系统，即

$$
\begin{cases}
\dot{\bar{x}}(t) = (\bar{A}_{\sigma(t)} + \bar{B}_{\sigma(t)}\bar{K}_{\sigma(t)}\bar{C}_{\sigma(t)})\bar{x}(t) + \bar{D}_{\sigma(t)}\hat{f}_{\sigma(t)}(\bar{x}) + \bar{G}_{\sigma(t)}w(t), & t \neq t_k \\
\bar{x}(t) = (I + N_{\sigma(t)})\bar{x}(t^-), & t = t_k, k \in \mathbb{Z}_+ \\
y(t) = \bar{H}_{\sigma(t)}\bar{x}(t)
\end{cases}
$$

$$\tag{3.29}$$

其中，

$$
\bar{A}_{\sigma(t)} = \begin{bmatrix} A_{\sigma(t)} & 0 \\ 0 & 0 \end{bmatrix}; \quad \bar{B}_{\sigma(t)} = \begin{bmatrix} B_{\sigma(t)} & 0 \\ 0 & I \end{bmatrix}; \quad \bar{C}_{\sigma(t)} = \begin{bmatrix} C_{\sigma(t)} & 0 \\ 0 & I \end{bmatrix}; \quad \bar{G}_{\sigma(t)} = \begin{bmatrix} G_{\sigma(t)} \\ 0 \end{bmatrix};
$$

$$
\bar{D}_{\sigma(t)} = \begin{bmatrix} D_{\sigma(t)} & 0 \\ 0 & \hat{D}_{\sigma(t)} \end{bmatrix}; \quad \bar{H}_{\sigma(t)} = \begin{bmatrix} C_{\sigma(t)} & 0 \end{bmatrix}; \quad N_{\sigma(t)} = \begin{bmatrix} B_{\sigma(t)}K_{2,\sigma(t)}C_{\sigma(t)} & 0 \\ 0 & K_{3,\sigma(t)} \end{bmatrix}。
$$

注 3.9　在控制输入 $u(t)$ 中考虑脉冲控制，可以得到系统(3.27)是一类脉冲系统。因此，在设计动态输出反馈控制器(3.28)时，需要引入相应的脉冲控制器 $u_1(t)$，使闭环系统(3.29)作为系统(3.27)和控制器(3.28)之间的耦合系统，能够在脉冲控制理论的框架内处理。此外，本节的目标是设计一个模块依赖的动态输出反馈控制器和一组具有容许模块依赖 ADT 的脉冲切换信号，使闭环系统(3.29)是有限时间稳定的。为了研究系统(3.29)的有限时间控制问题，我们需要引入如下假设与相关定义。

假设 3.1　给定正常数 T_f 与 d，设 $\mathcal{F}_d$ 表示一类外部干扰 $w(t)$ 满足积分约束，即

$$\int_0^t w^{\mathrm{T}}(s)w(s)\mathrm{d}s \leqslant d, \quad t \in [0, T_f]$$

定义 3.6　设 $\mathcal{F}_-[\tau_{ap}, N_{0_p}]$ 表示一类满足模块依赖 ADT 约束的脉冲切换信号，即

$$N_{\sigma p}(t, T) \geqslant \frac{T_p(t, T)}{\tau_{ap}} - N_{0_p}, \quad T \geqslant t > 0$$

其中，$\tau_{ap} > 0$ 为模块依赖 ADT；$N_{0_p} \in \mathbb{Z}_+$ 为模块依赖震荡界；$N_{\sigma p}(t, T)$ 为第 p 个模块在时间间隔 $[t, T)$ 的切换次数；$T_p(t, T)$ 为第 p 个模块在区间 $[t, T)$ 的总驻留时间。

类似地，设 $\mathcal{F}_\star[\tau_{ap}, N_{0_p}, N_{1_p}]$ 表示满足模块依赖 ADT 约束的脉冲切换信号，即

$$\frac{T_p(t, T)}{\tau_{ap}} - N_{0_p} \leqslant N_{\sigma p}(t, T) \leqslant \frac{T_p(t, T)}{\tau_{ap}} + N_{1_p}, \quad T \geqslant t > 0$$

其中，$\tau_{ap} > 0$ 表示模块依赖 ADT；N_{1_p}、$N_{0_p} \in \mathbb{Z}_+$ 表示模块依赖震荡界。

这表明，两个连续脉冲切换时刻之间的停留时间可能小于或大于 τ_{ap}，但是平均停留时间为 τ_{ap}。

定义 3.7　给定脉冲切换信号 σ，矩阵 $R > 0$，正数 c_1、c_2、T_f 且 $c_1 < c_2$，系统(3.27)关于 $(c_1, c_2, d, T_f, R, \sigma)$ 是有限时间稳定的，如果

$$x^{\mathrm{T}}(t_0)Rx(t_0) < c_1 \Rightarrow x^{\mathrm{T}}(t)Rx(t) < c_2, \quad t \in [0, T_f], \omega \in \mathcal{F}_d$$

定义 3.8　给定脉冲切换信号 σ，正定矩阵 R，正数 c_2、T_f，在零初始条件下，如果系统(3.27)关于 $(0, c_2, d, T_f, R, \sigma)$ 是有限时间稳定的且满足下

列不等式, 即

$$\int_0^t y^{\mathrm{T}}(s)y(s)\mathrm{d}s < \gamma^2 \int_0^t w^{\mathrm{T}}(s)w(s)\mathrm{d}s, \quad t \in [0,T_f]$$

若 $\gamma > 0$ 为指定的标量, 且 $\omega(t) \in \mathcal{F}_d$, 则系统(3.27)关于 $(0,c_2,d,T_f,R,\sigma)$ 具有有限时间 H_∞ 性能。

首先, 基于模块依赖 ADT 和 Lyapunov 函数方法, 给出脉冲切换系统(3.27)有限时间稳定的充分条件。

定理 3.11　给定正数 c_1、c_2、d、T_f 与矩阵 $R > 0$, 如果存在矩阵 $P_z > 0$、$M_z > 0$, 对角矩阵 $Q_z > 0$, 以及常数 l、d、ξ_z、λ_z、μ_z 且 $\mu_z < 1$, $z = 1,2,\cdots,m$, 使对于任意的 $p,q \in S$ $(p \neq q)$, 有

$$\begin{bmatrix} \Gamma_p & P_p\bar{G}_p & P_p\bar{D}_p \\ * & -\xi_p M_p & 0 \\ * & * & -Q_p \end{bmatrix} < 0, \quad \begin{bmatrix} -\mu_p P_q & (I+N_p)P_p \\ * & -P_p \end{bmatrix} < 0 \tag{3.30}$$

$$1 < \frac{c_2 l_2}{c_1 l_1 + \zeta l_3 d} e^{\beta_p} < e^{\alpha_p} \tag{3.31}$$

$$\tau_{ap} < \tau_{ap}^* := \frac{mT_f \ln \mu_p}{\ln(c_2 l_2) - \ln(c_1 l_1 + \zeta l_3 d) + \beta_p - \alpha_p} \tag{3.32}$$

其中

$$\Gamma_p = \bar{A}_p^{\mathrm{T}} P_p + P_p \bar{A}_p + P_p \bar{B}_p \bar{K}_p \bar{C}_p + \bar{C}_p^{\mathrm{T}} \bar{K}_p^{\mathrm{T}} \bar{B}_p^{\mathrm{T}} P_p + l^2 Q_p - \lambda_p P_p$$

$$l_1 = \max(\lambda_{\max}(R^{-1/2} P_p R^{-1/2}))$$

$$\zeta = \max(\xi_p)$$

$$l_2 = \min(\lambda_{\min}(R^{-1/2} P_p R^{-1/2}))$$

$$\alpha_p = mT_f \lambda_p$$

$$l_3 = \max(\lambda_{\max}(M_p))$$

$$\beta_p = \sum_{p=1}^m N_{0_p} \ln \mu_p$$

则系统(3.27)关于 $(c_1,c_2,d,T_f,R,\mathcal{F}_-[\tau_{ap},N_{0_p}])$ 是有限时间稳定的。

证明　选择 Lyapunov 函数, 即

$$V_{\sigma(t)}(\overline{x}(t)) = \overline{x}^{\mathrm{T}}(t) P_{\sigma(t)} \overline{x}(t) \tag{3.33}$$

其中，$P_{\sigma(t)}$ 为正定矩阵。

不失一般性，假设在脉冲切换时刻 t_k 处，$\sigma(t_k) = p$ 和 $\sigma(t_k^-) = q$。当 $t \in [t_k, t_{k+1})$ 时，$V_p(\overline{x})$ 沿子系统 p 轨迹的导数为

$$D^+ V_p(\overline{x}(t)) = [\overline{x}^{\mathrm{T}} \quad w^{\mathrm{T}}] \begin{bmatrix} \varXi_1 & P_p \overline{G}_p \\ \overline{G}_p^T P_p & 0 \end{bmatrix} \begin{bmatrix} \overline{x} \\ w \end{bmatrix} + 2\overline{x}^{\mathrm{T}} P_p \overline{D}_p \hat{f}(\overline{x})$$

其中，$\varXi_1 = \overline{A}_p^{\mathrm{T}} P_p + P_p \overline{A}_p + \overline{C}_p^{\mathrm{T}} \overline{K}_p^{\mathrm{T}} \overline{B}_p^{\mathrm{T}} P_p^{\mathrm{T}} + P_p \overline{B}_p \overline{K}_p \overline{C}_p$。

根据假设 3.1，可得

$$2\overline{x}^{\mathrm{T}} P_p \overline{D}_p \hat{f}(\overline{x}) \leqslant \overline{x}^{\mathrm{T}} P_p \overline{D}_p Q_p^{-1} \overline{D}_p^{\mathrm{T}} P_p \overline{x} + \hat{f}(\overline{x})^{\mathrm{T}} Q_p \hat{f}(\overline{x}) \leqslant \overline{x}^{\mathrm{T}} P_p \overline{D}_p Q_p^{-1} \overline{D}_p^{\mathrm{T}} P_p \overline{x} + l^2 \overline{x}^{\mathrm{T}} Q_p \overline{x}$$

因此

$$D^+ V_p(\overline{x}(t)) \leqslant [\overline{x}^{\mathrm{T}} \quad w^{\mathrm{T}}] \begin{bmatrix} \varXi_2 & P_p \overline{G}_p \\ \overline{G}_p^{\mathrm{T}} P_p & -\xi_p M_p \end{bmatrix} \begin{bmatrix} \overline{x} \\ w \end{bmatrix} + \lambda_p V_p(\overline{x}(t)) + \xi_p \omega^{\mathrm{T}} M_p \omega$$

$$\tag{3.34}$$

其中，$\varXi_2 = \overline{A}_p^{\mathrm{T}} P_p + P_p \overline{A}_p + \overline{C}_p^{\mathrm{T}} \overline{K}_p^{\mathrm{T}} \overline{B}_p^{\mathrm{T}} P_p + P_p \overline{B}_p \overline{K}_p \overline{C}_p + P_p \overline{D}_p Q_p^{-1} \overline{D}_p^{\mathrm{T}} P_p + l^2 Q_p - \lambda_p P_p$。

从式(3.30)和式(3.34)可知

$$D^+ V_p(\overline{x}(t)) \leqslant \lambda_p V_p(\overline{x}(t)) + \xi_p w^{\mathrm{T}}(t) M_p w(t) \tag{3.35}$$

对式(3.35)从 t_k 到 t_{k+1} 积分，可得

$$V_{\sigma(t)}(\overline{x}(t)) \leqslant \exp(\lambda_{\sigma(t_k)}(t - t_k)) V_{\sigma(t_k)}(\overline{x}(t_k))$$
$$+ \int_{t_k}^{t} \xi_{\sigma(t_k)} \exp(\lambda_{\sigma(t_k)}(t - s)) w^{\mathrm{T}}(s) M_{\sigma(t_k)} w(s) \mathrm{d}s, \quad t \in [t_k, t_{k+1})$$

$$\tag{3.36}$$

进一步由式(3.30)，我们有 $(I + N_p)^{\mathrm{T}} P_p (I + N_p) < \mu_p P_q$。这意味着

$$\overline{x}(t_k^-)^{\mathrm{T}} (I + N_p)^{\mathrm{T}} P_p (I + N_p) \overline{x}(t_k^-) \leqslant \mu_p \overline{x}(t_k^-)^{\mathrm{T}} P_q \overline{x}(t_k^-)$$

即

$$V_p(\overline{x}(t_k)) \leqslant \mu_p V_q(\overline{x}(t_k^-)) \tag{3.37}$$

由式(3-36)和式(3.37)可得

$$V_{\sigma(t)}(\overline{x}(t))$$

$$\leqslant \exp(\lambda_{\sigma(t_{N_\sigma(0,t)})}(t - t_{N_\sigma(0,t)}))V_{\sigma(t_{N_\sigma(0,t)})}(\overline{x}(t_{N_\sigma(0,t)}))$$

$$+ \int_{t_{N_\sigma(0,t)}}^{t} \xi_{\sigma(t_{N_\sigma(0,t)})} \exp(\lambda_{\sigma(t_{N_\sigma(0,t)})}(t-s))\omega^{\mathrm{T}}(s)M_{\sigma(t_{N_\sigma(0,t)})}\omega(s)\mathrm{d}s$$

$$\leqslant \mu_{\sigma(t_{N_\sigma(0,t)})} \exp(\lambda_{\sigma(t_{N_\sigma(0,t)})}(t - t_{N_\sigma(0,t)}))V_{\sigma(t_{N_\sigma(0,t)-1})}(\overline{x}(t_{N_\sigma(0,t)}^-))$$

$$+ \int_{t_{N_\sigma(0,t)}}^{t} \xi_{\sigma(t_{N_\sigma(0,t)})} \exp(\lambda_{\sigma(t_{N_\sigma(0,t)})}(t-s))\omega^{\mathrm{T}}(s)M_{\sigma(t_{N_\sigma(0,t)})}\omega(s)\mathrm{d}s$$

$$\leqslant \mu_{\sigma(t_{N_\sigma(0,t)})}\mu_{\sigma(t_{N_\sigma(0,t)-1})} \exp(\lambda_{\sigma(t_{N_\sigma(0,t)})}(t - t_{N_\sigma(0,t)}) + \lambda_{\sigma(t_{N_\sigma(0,t)-1})}(t_{N_\sigma(0,t)} - t_{N_\sigma(0,t)-1}))$$

$$\cdot V_{\sigma(t_{N_\sigma(0,t)-2})}(\overline{x}(t_{N_\sigma(0,t)-1}^-)) + \mu_{\sigma(t_{N_\sigma(0,t)})} \exp(\lambda_{\sigma(t_{N_\sigma(0,t)})}(t - t_{N_\sigma(0,t)}))$$

$$\cdot \int_{t_{N_\sigma(0,t)-1}}^{t_{N_\sigma(0,t)}} \xi_{\sigma(t_{N_\sigma(0,t)-1})} \exp(\lambda_{\sigma(t_{N_\sigma(0,t)-1})}(t_{N_\sigma(0,t)} - s))\omega^{\mathrm{T}}(s)M_{\sigma(t_{N_\sigma(0,t)})}\omega(s)\mathrm{d}s$$

$$+ \int_{t_{N_\sigma(0,t)}}^{t} \xi_{\sigma(t_{N_\sigma(0,t)})} \exp(\lambda_{\sigma(t_{N_\sigma(0,t)})}(t-s))\omega^{\mathrm{T}}(s)M_{\sigma(t_{N_\sigma(0,t)})}\omega(s)\mathrm{d}s$$

$$\leqslant \mu_{\sigma(t_{N_\sigma(0,t)})}\mu_{\sigma(t_{N_\sigma(0,t)-1})}\cdots\mu_{\sigma(t_1)} \exp(\lambda_{\sigma(t_{N_\sigma(0,t)})}(t - t_{N_\sigma(0,t)}) + \lambda_{\sigma(t_{N_\sigma(0,t)-1})}(t_{N_\sigma(0,t)} - t_{N_\sigma(0,t)-1})$$

$$+ \cdots + \lambda_{\sigma(t_1)}(t_2 - t_1))V_{\sigma(0)}(\overline{x}(0))$$

$$+ \mu_{\sigma(t_{N_\sigma(0,t)})}\mu_{\sigma(t_{N_\sigma(0,t)-1})}\cdots\mu_{\sigma(t_1)} \exp(\lambda_{\sigma(t_{N_\sigma(0,t)})}(t - t_{N_\sigma(0,t)}) + \lambda_{\sigma(t_{N_\sigma(0,t)-1})}(t_{N_\sigma(0,t)} - t_{N_\sigma(0,t)-1})$$

$$+ \cdots + \lambda_{\sigma(t_1)}(t_2 - t_1))\int_{t_0}^{t_1} \xi_{\sigma(t_0)} \exp(\lambda_{\sigma(t_0)}(t_1 - s))\omega^{\mathrm{T}}(s)M_{\sigma(t_0)}\omega(s)\mathrm{d}s$$

$$+ \cdots + \int_{t_{N_\sigma(0,t)}}^{t} \xi_{\sigma(t_{N_\sigma(0,t)})} \exp(\lambda_{\sigma(t_{N_\sigma(0,t)})}(t-s))\omega^{\mathrm{T}}(s)M_{\sigma(t_{N_\sigma(0,t)})}\omega(s)\mathrm{d}s$$

$$\leqslant \prod_{i=0}^{N_\sigma(0,t)-1} \mu_{\sigma(t_{i+1})} \exp\left(\sum_{i=0}^{N_\sigma(0,t)-1} \lambda_{\sigma_{t_i}}(t_{i+1} - t_i) + \lambda_{\sigma(t_{N_\sigma(0,t)})}(t - t_{N_\sigma(0,t)}) \right)V_{\sigma(0)}(\overline{x}(0))$$

$$+ \zeta \max_{p\in S} \lambda_{\max}(M_p)\int_0^t \prod_{p=1}^m \mu_p^{N_{\sigma p}(s,t)} \exp\left(\sum_{p=1}^m \lambda_p T_p(s,t) \right)\omega^{\mathrm{T}}(s)\omega(s)\mathrm{d}s$$

$$\leqslant \prod_{p=1}^m \mu_p^{N_{\sigma p}(0,t)} \exp\left(\sum_{p=1}^m \lambda_p T_p(0,t) \right)V_{\sigma(0)}(\overline{x}(0))$$

$$+ \zeta \max_{p\in S} \lambda_{\max}(M_p)\int_0^t \prod_{p=1}^m \mu_p^{N_{\sigma p}(s,t)} \exp\left(\sum_{p=1}^m \lambda_p T_p(s,t) \right)\omega^{\mathrm{T}}(s)\omega(s)\mathrm{d}s$$

$$\leqslant \exp\left(\sum_{p=1}^m \left[\left(\frac{T_p(0,t)}{\tau_{ap}} - N_{0_p} \right)\ln \mu_p + \lambda_p T_p(0,t) \right] \right)V_{\sigma(0)}(\overline{x}(0))$$

$$+ \zeta l_3 \int_0^t \exp\left(\sum_{p=1}^m \left[\left(\frac{T_p(s,t)}{\tau_{ap}} - N_{0_p} \right)\ln \mu_p + \lambda_p T_p(s,t) \right] \right)\omega^{\mathrm{T}}(s)\omega(s)\mathrm{d}s$$

$$= \exp\left(\sum_{p=1}^{m}\left[\left(\frac{\ln\mu_p}{\tau_{ap}}+\lambda_p\right)T_p(0,t)-N_{0_p}\ln\mu_p\right]\right)V_{\sigma(0)}(\overline{x}(0))$$

$$+\,\zeta l_3\int_0^t\exp\left(\sum_{p=1}^{m}\left[\left(\frac{\ln\mu_p}{\tau_{ap}}+\lambda_p\right)T_p(s,t)-N_{0_p}\ln\mu_p\right]\right)\omega^{\mathrm{T}}(s)\omega(s)\mathrm{d}s$$

$$\leqslant\exp\left(\sum_{p=1}^{m}\left[\frac{\ln(c_2 l_2)-\ln(c_1 l_1+\zeta l_3 d)+\beta_p}{m}-N_{0_p}\ln\mu_p\right]\right)\left(V_{\sigma(0)}(\overline{x}(0))+\zeta l_3\int_0^t\omega^{\mathrm{T}}(s)\omega(s)\mathrm{d}s\right)$$

$$\leqslant\exp\left(\ln(c_2 l_2)-\ln(c_1 l_1+\zeta l_3 d)\right)\left(V_{\sigma(0)}(\overline{x}(0))+\zeta l_3 d\right)$$

考虑 $\overline{X}_p=R^{-\frac{1}{2}}P_p R^{-\frac{1}{2}}$，我们有

$$V_{\sigma(0)}(\overline{x}(0))=\overline{x}^{\mathrm{T}}(0)P_{\sigma(0)}\overline{x}(0)\leqslant\lambda_{\max}(\overline{X}_{\sigma(0)})\overline{x}^{\mathrm{T}}(0)R\overline{x}(0)\leqslant c_1 l_1$$

$$V_{\sigma(t)}(\overline{x}(t))=\overline{x}^{\mathrm{T}}(t)P_{\sigma(t)}\overline{x}(t)\geqslant\lambda_{\min}(\overline{X}_{\sigma(t)})\overline{x}^{\mathrm{T}}(t)R\overline{x}(t)\geqslant l_2\overline{x}^{\mathrm{T}}(t)R\overline{x}(t)$$

根据 $\overline{x}^{\mathrm{T}}R\overline{x}\leqslant c_2$，系统(3.27)关于 $(c_1,c_2,d,T_f,R,\mathcal{F}_-[\tau_{ap},N_{0_p}])$ 是有限时间稳定的。∎

注 3.10　定理 3.11 从脉冲控制的角度给出系统(3.27)有限时间稳定的若干充分条件。需要指出的是，定理 3.11 可行的前提是找到一些适当的参数，使式(3.30)~式(3.32)成立。从算法的角度来看，由于 $\lambda_p\,(p\in S)$ 描述系统(3.27)连续动态的可能发散率，因此很自然地可以找到最小的 $\lambda_p\,(p\in S)$，使第一个不等式具有可行解 P_p、P_q、Q_p，以及 $M_p\,(p,q\in S)$。这些可行解可由 LMI 工具箱导出。对于已知矩阵 P_p 与 P_q，由于 $\mu_p\,(p\in S)$ 描述离散动力学的跳变幅度，从控制成本的角度来看，通过求解式(3.30)中的第二个 LMI 找到最大的 $\mu_p\,(p\in S)$ 是很有必要的。此外，可以选择适当的参数使式(3.31)保持不变。利用上述分析参数，用式(3.32)可求出 $\tau_{ap}\,(p\in S)$。

注意到，在定理 3.11 中，没有涉及控制增益 $\overline{D}_p$、$\overline{K}_p$ 及 $\hat{D}_p$ 的设计问题。为了解决这个问题，我们提出以下推论。

推论 3.7　给定行满秩矩阵 C_z 与正数 c_1、c_2、d、T_f，以及矩阵 $R>0$，假设存在矩阵 $X_{1,z}>0$, $X_{2,z}>0$，实矩阵 $F_{1,z}$、$F_{2,z}$、$F_{3,z}$、$F_{4,z}$、$F_{5,z}$、$\Phi_{1,z}$ 与正数 l、d、ϱ_z、ξ_z、λ_z、μ_z 且 $\mu_z<1,z=1,2,\cdots,m$，使对于任意的 $p,q\in S$，$p\neq q$，有

$$\begin{bmatrix} Y_1 & F_{1,p}+B_pF_{2,p} & G_p & D_pX_{1,p} & 0 \\ * & Y_2 & 0 & 0 & \Phi_{1,p} \\ * & * & -\xi_pM_p & 0 & 0 \\ * & * & * & -\varrho_pX_{1,p} & 0 \\ * & * & * & * & -\varrho_pX_{2,p} \end{bmatrix} < 0 \tag{3.38}$$

$$\begin{bmatrix} -\mu_pX_{1,q} & 0 & X_{1,q}+F_{4,p} & 0 \\ * & -\mu_pX_{2,q} & 0 & X_{2,q}+F_{5,p} \\ * & * & -X_{1,p} & 0 \\ * & * & * & -X_{2,p} \end{bmatrix} < 0 \tag{3.39}$$

$$1 < \frac{c_2l_2^*}{c_1l_1^*+\zeta l_3d}e^{\beta_p} < e^{\alpha_p}$$

$$\tau_{ap} < \tau_{ap}^* := \frac{mT_f\ln\mu_p}{\ln(c_2l_2^*)-\ln(c_1l_1^*+\zeta l_3d)+\beta_p-\alpha_p}$$

其中

$$Y_1 = X_{1,p}A_p^T + A_pX_{1,p} + l^2\varrho_pX_{1,p} - \lambda_pX_{1,p}$$
$$Y_2 = F_{3,p} + F_{3,p}^T + l^2\varrho_pX_{2,p} - \lambda_pX_{2,p}$$
$$l_1^* = \min(\lambda_{\min}(R^{1/2}X_{i,p}R^{1/2}))$$
$$\zeta = \max(\xi_p)$$
$$l_2^* = \max(\lambda_{\max}(R^{1/2}X_{i,p}R^{1/2})), i \in \{1,2\}$$
$$\alpha_p = mT_f\lambda_p$$
$$l_3 = \max(\lambda_{\max}(M_p))$$
$$\beta_p = \sum_{p=1}^m N_{0_p}\ln\mu_p$$

则系统(3.27)关于 $(c_1,c_2,d,T_f,R,\mathcal{F}_-[\tau_{ap},N_{0_p}])$ 是有限时间稳定的。

此外，还可以设计相应的增益矩阵和参数矩阵，即

$$\bar{K}_p = \begin{bmatrix} 0 & F_{2,p}X_{2,p}^{-1} \\ F_{1,p}^TX_{1,p}^{-1}C_p^T[(C_pC_p^T)^{-1}]^T & F_{3,p}X_{2,p}^{-1} \end{bmatrix}, \quad N_p = \begin{bmatrix} X_{1,q}^{-1}F_{4,p} & 0 \\ 0 & X_{2,q}^{-1}F_{5,p} \end{bmatrix}, \quad \hat{D}_p = \Phi_{1,p}X_{2,p}^{-1}$$

证明　根据定理3.11，令

$$X_p = P_p^{-1} = \begin{bmatrix} X_{1,p} & 0 \\ 0 & X_{2,p} \end{bmatrix}, \quad Q_p = \varrho_p P_p$$

其中， P_p 与 Q_p 为满足式(3.30)的正定矩阵。

然后，将式(3.30)中的第一个 LMI 分别左乘右乘 $\mathrm{diag}\{P_p^{-1}, I, P_p^{-1}\}$ ，第二个 LMI 分别左乘右乘 $\mathrm{diag}\{P_q^{-1}, P_p^{-1}\}$ ，可以得到式(3.38)与式(3.39)，进而可以确定增益矩阵和参数矩阵。∎

接下来，给出如下确保脉冲切换系统(3.27)有限时间 H_∞ 可控的充分条件。

定理 3.12 给定正数 c_1、c_2、d、T_f ，以及矩阵 $R > 0$ ，假设存在矩阵 $P_z > 0$、$\Omega_{1,z} > 0$、$\Omega_{2,z} > 0$ ，对角矩阵 $Q_z > 0$ ，以及正数 γ、λ_z、ρ_1、ρ_2、μ_z 且 $\mu_z < 1, z = 1, 2, \cdots, m$ ，使对于任意的 $p, q \in S, p \neq q$ ， $\Omega_{1,p} < \rho_1 I$ ， $\rho_2 I < \Omega_{2,p}$ ，即

$$\begin{bmatrix} \Gamma_p & P_p \bar{G}_p & P_p \bar{D}_p & \bar{H}_p^{\mathrm{T}} \\ * & -\gamma^2 \Omega_{1,p} & 0 & 0 \\ * & * & -Q_p & 0 \\ * & * & * & -\Omega_{2,p} \end{bmatrix} < 0, \quad \begin{bmatrix} -\mu_p P_q & (I + N_p) P_p \\ * & -P_p \end{bmatrix} < 0 \quad (3.40)$$

$$1 < \frac{c_2 l_2}{\gamma^2 l_3^* d} e^{\beta_p} < e^{\alpha_p} \quad (3.41)$$

$$e^{\eta_p} < \frac{\gamma^2 l_3^* d \rho_2}{c_2 l_2 \rho_1} \quad (3.42)$$

其中

$$\Gamma_p = \bar{A}_p^{\mathrm{T}} P_p + P_p \bar{A}_p + P_p \bar{B}_p \bar{K}_p \bar{C}_p + \bar{C}_p^{\mathrm{T}} \bar{K}_p^{\mathrm{T}} \bar{B}_p^{\mathrm{T}} P_p + l^2 Q_p - \lambda_p P_p$$

$$l_2 = \min(\lambda_{\min}(R^{-1/2} P_p R^{-1/2}))$$

$$l_3^* = \max(\lambda_{\max}(\Omega_{1,p}))$$

$$\alpha_p = m T_f \lambda_p$$

$$\beta_p = \sum_{p=1}^{m} N_{0_p} \ln \mu_p$$

$$\eta_p = \sum_{p=1}^{m} N_{1_p} \ln \mu_p$$

则系统(3.27)关于$(0, c_2, d, T_f, R, \mathcal{F}_\star[\tau_{ap}, N_{0_p}, N_{1_p}])$是有限时间$H_\infty$可控的，模块依赖 ADT $\tau_{ap} = \dfrac{mT_f \ln \mu_p}{\ln(c_2 l_2) - \ln(\gamma^2 l_3^* d) + \beta_p - \alpha_p}$。

证明　注意到$\bar{H}_p^{\mathrm{T}} \Omega_{2,p} \bar{H}_p \geqslant 0$，由(3.40)可得

$$\begin{bmatrix} \Gamma_p & P_p \bar{G}_p & P_p \bar{D}_p \\ * & -\gamma^2 \Omega_{1,p} & 0 \\ * & * & -Q_p \end{bmatrix} < 0$$

令$\Omega_{1,p} = M_p$、$c_1 = 0$，根据定理 3.11 可得式(3.40)与式(3.41)可以保证系统是关于$(0, c_2, d, T_f, R, \mathcal{F}_\star[\tau_{ap}, N_{0_p}, N_{1_p}])$有限时间稳定的。构造如式(3.33)的 Lyapunov 函数，由(3.40)可得

$$D^+ V_p(\bar{x}(t)) \leqslant \lambda_p V_p(\bar{x}(t)) + \Gamma_p \tag{3.43}$$

其中，$\Gamma_p = \gamma^2 \omega(t)^{\mathrm{T}} \Omega_{1,p} \omega(t) - y^{\mathrm{T}}(t) \Omega_{2,p} y(t)$。

通过对式(3.43)从t_k到t_{k+1}积分，可得

$$\begin{aligned} V_{\sigma(t)}(\bar{x}(t)) &\leqslant \exp(\lambda_{\sigma(t_k)}(t - t_k)) V_{\sigma(t_k)}(\bar{x}(t)) + \int_{t_k}^t \exp(\lambda_{\sigma(t_k)}(t - s)) \Gamma_p(s) \mathrm{d}s \\ &\leqslant \prod_{p=1}^m \mu_p^{N_{\sigma p}(0,t)} \exp\left(\sum_{p=1}^m \lambda_p T_p(0,t) \right) V_{\sigma(0)}(\bar{x}(0)) \\ &\quad + \int_0^t \prod_{p=1}^m \mu_p^{N_{\sigma p}(s,t)} \exp\left(\sum_{p=1}^m \lambda_p T_p(s,t) \right) \Gamma_p(s) \mathrm{d}s, \quad t \in [t_k, t_{k+1}) \end{aligned}$$

$$\tag{3.44}$$

在零初始条件下，建立加权H_∞性能结果，由式(3.44)可得

$$\int_0^t \prod_{p=1}^m \mu_p^{N_{\sigma p}(s,t)} \exp\left(\sum_{p=1}^m \lambda_p T_p(s,t) \right) y^{\mathrm{T}}(s) \Omega_{2,p} y(s) \mathrm{d}s$$

$$\leqslant \gamma^2 \int_0^t \prod_{p=1}^m \mu_p^{N_{\sigma p}(s,t)} \exp\left(\sum_{p=1}^m \lambda_p T_p(s,t) \right) \omega^{\mathrm{T}}(s) \Omega_{1,p} \omega(s) \mathrm{d}s$$

即

$$\int_0^t \exp\left(\sum_{p=1}^{m} \left(N_{\sigma p}(s,t)\ln\mu_p + \lambda_p T_p(s,t) \right) \right) y^{\mathrm{T}}(s)\Omega_{2,p}y(s)\mathrm{d}s$$

$$\leqslant \gamma^2 \int_0^t \exp\left(\sum_{p=1}^{m} \left(N_{\sigma p}(s,t)\ln\mu_p + \lambda_p T_p(s,t) \right) \right) \omega^{\mathrm{T}}(s)\Omega_{1,p}\omega(s)\mathrm{d}s \tag{3.45}$$

因为 $\sigma(t)\in\mathcal{F}_\star[\tau_{ap},N_{0_p},N_{1_p}]$ ，可得

$$\left(\frac{\ln\mu_p}{\tau_{ap}} + \lambda_p \right) T_p(s,t) + N_{1_p}\ln\mu_p$$

$$\leqslant N_{\sigma p}(s,t)\ln\mu_p + \lambda_p T_p(s,t) \tag{3.46}$$

$$\leqslant \left(\frac{\ln\mu_p}{\tau_{ap}} + \lambda_p \right) T_p(s,t) - N_{0_p}\ln\mu_p$$

将式(3.46)代入式(3.45)可得

$$\int_0^t \exp\left(\sum_{p=1}^{m} \left[\left(\frac{\ln\mu_p}{\tau_{ap}} + \lambda_p \right) T_p(s,t) - N_{1_p}\ln\mu_p \right] \right) y^{\mathrm{T}}(s)\Omega_{2,p}y(s)\mathrm{d}s$$

$$\leqslant \gamma^2 \int_0^t \exp\left(\sum_{p=1}^{m} \left[\left(\frac{\ln\mu_p}{\tau_{ap}} + \lambda_p \right) T_p(s,t) - N_{0_p}\ln\mu_p \right] \right) \omega^{\mathrm{T}}(s)\Omega_{1,p}\omega(s)\mathrm{d}s$$

根据 $\tau_{ap} = \dfrac{mT_f\ln\mu_p}{\ln(c_2 l_2) - \ln(\gamma^2 l_3^* d) + \beta_p - \alpha_p}$ ，可得

$$\int_0^t y^{\mathrm{T}}(s)y(s)\mathrm{d}s \leqslant \frac{c_2 l_2 \lambda_{\max}(\Omega_{1,p})}{l_3^* d\, \lambda_{\min}(\Omega_{2,p})} \mathrm{e}^{\eta_p} \int_0^t \omega^{\mathrm{T}}(s)\omega(s)\mathrm{d}s$$

注意，$\Omega_{1,p} < \rho_1 I$ 、$\rho_2 I < \Omega_{2,p}$ ，以及(3.42)，可以推导

$$\int_0^t y^{\mathrm{T}}(s)y(s)\mathrm{d}s < \gamma^2 \int_0^t \omega^{\mathrm{T}}(s)\omega(s)\mathrm{d}s, \quad t \in [0,T_f] \tag{3.47}$$

综上，式(3.27)关于 $(0,c_2,d,T_f,R,\mathcal{F}_\star[\tau_{ap},N_{0_p},N_{1_p}])$ 是有限时间 H_∞ 可控的。

　　　　　　　　　　　　　　　　　　　　　　　　　　　■

3.3.4　数值仿真

　　例 3.3　考虑系统(3.16)具有 $f_1(t,x) = (\cos t + 0.4)x$，$f_2(t,x) = (\sin t - 0.2)$ x 。令 $T = 30$、$c_1 = 3$、$c_2 = 38$、$x(0) = 2.8$，切换信号 $\mathcal{F}_1$ 由 $t_{2k-1}^s = 2k - 0.4$、

$t_{2k}^s = 2k$、$k \in \mathbb{Z}_+$ 表示。如图 3.4 所示，系统(3.16)关于 $(30,3,38,\mathcal{F}_1)$ 不是有限时间稳定的。

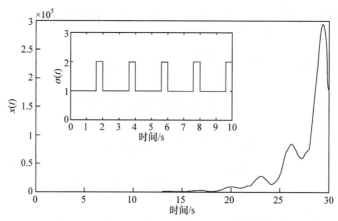

图 3.4　系统(3.16)关于 $(30,3,38,\mathcal{F}_1)$ 的仿真结果

接下来，利用本章提出的事件触发脉冲控制策略研究系统(3.16)的有限时间稳定特性。考虑脉冲函数 $g(s) = \exp(-0.5)s$。首先，我们利用定理 3.8 研究系统(3.16)和(3.17)的有限时间稳定。令 $V(x(t)) = |x(t)|$、$a_k = 0.6$，事件触发机制可以设计为

$$t_k = \inf\{t \in [t_{k-1},30]: |x(t)| \geqslant \exp(0.6)|x(t_{k-1})|\} \tag{3.48}$$

由定理 3.8 可知，在事件触发机制(3.48)下，系统(3.16)和(3.17)关于 $(30,3,38,\mathcal{F}_1)$ 是有限时间稳定的，如图 3.5(a)所示。此外，对于给定的切换信号 $\mathcal{F}_1$，图 3.5(b)给出系统(3.16)和(3.17)在不同时间触发参数 a_k 下的脉冲时刻。

其次，利用定理 3.9 研究系统(3.16)和(3.17)的有限时间压缩稳定。令 $\eta = 2.5$ 且 $\varsigma = 17$，为了说明强制脉冲时间序列 $\{\tau_k^{17}, k \in \mathbb{Z}_+\}$ 的意义，下面介绍以下两种控制策略。

(1) 当不存在强制脉冲时间序列时，取 $a_k = 0.45$，事件触发机制可设计为

$$t_k = \inf\{t \in [t_{k-1},30]: |x(t)| \geqslant \exp(0.45)|x(t_{k-1})|\} \tag{3.49}$$

图 3.6(a)表明，系统(3.16)和(3.17)在事件触发机制(3.49)下关于 $(30,2.5,$

13,3,38,$\mathcal{F}_1$) 不是有限时间压缩稳定的。

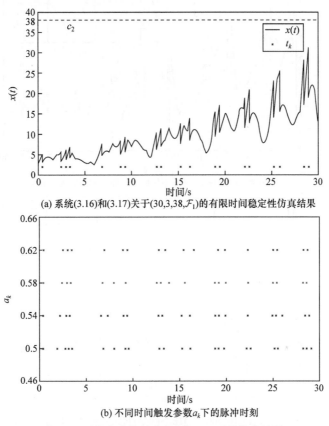

(a) 系统(3.16)和(3.17)关于(30,3,38,$\mathcal{F}_1$)的有限时间稳定性仿真结果

(b) 不同时间触发参数 a_k 下的脉冲时刻

图 3.5　系统在事件触发机制(3.48)下的仿真结果

(2) 在上述参数中,当引入强制脉冲时间序列时,如 $\tau_k^{17} = \{1,2,\cdots,13\}$,事件触发机制设计为

$$t_k = \min\{\tau_k^{17}, t_k^{\star}\}$$
$$t_k^{\star} = \inf\{t \in [t_{k-1},30] : |x(t)| \geqslant \exp(0.45)|x(t_{k-1})|\} \tag{3.50}$$

由定理 3.9 可知,在事件触发机制(3.50)下,系统(3.16)和(3.17)关于 (30,2.5,13,3,38,$\mathcal{F}_1$) 是有限时间压缩稳定的,如图 3.6(b)所示。对比图 3.6(a) 和图 3.6(b),可以得出强制脉冲时间序列对系统解的压缩性是重要的。

例 3.4　考虑系统(3.26)具有 $f_1(x) = \tanh(x)$、$f_2(x) = \arctan(x)$、$A_1 = \begin{bmatrix} 2 & 0.5 \\ 0.6 & 1.5 \end{bmatrix}$、$C_1 = \begin{bmatrix} 0.05 & 0.02 \\ -0.03 & 0.05 \end{bmatrix}$、$A_2 = \begin{bmatrix} -1.6 & 0.2 \\ 0.3 & -1.8 \end{bmatrix}$、$C_2 = \begin{bmatrix} 0.03 & -0.04 \\ 0.04 & 0.03 \end{bmatrix}$,令

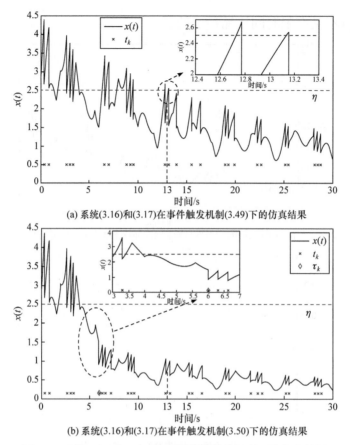

(a) 系统(3.16)和(3.17)在事件触发机制(3.49)下的仿真结果

(b) 系统(3.16)和(3.17)在事件触发机制(3.50)下的仿真结果

图 3.6 系统(3.16)和(3.17)在不同事件触发机制下的仿真结果

$T = 15$、$c_1 = 4$、$c_2 = 10$、$x(0) = (3,2)^T$，切换信号 $\mathcal{F}_2$ 由 $t_{2k-1}^s = 2k - 1.2$、$t_{2k}^s = 2k$、$k \in \mathbb{Z}_+$ 表示。当不存在脉冲控制时，图 3.7 显示系统(3.26)关于 $(15, 4, 10, \mathcal{F}_2)$ 不是有限时间稳定的。

下面利用定理 3.10，研究系统(3.26)的有限时间稳定特性。选择 Lyapunov 函数 $V_i(t) = x^T(t) P_i x(t)$，$i = \{1,2\}$，取 $\lambda_1 = -5$、$\lambda_2 = 2$、$\mu_1 = 1.3$、$\mu_2 = 1.2$。首先，研究系统(3.26)的有限时间稳定。令 $a_k = 0.9$、$d_k = -0.8$，由定理 3.10 可知，事件触发机制为

$$t_k = \inf\{t \in [t_{k-1}, 15] : x^T(t) P_{\sigma(t)} x(t) \geqslant \exp(0.9) x^T(t_{k-1}) P_{\sigma(t_{k-1})} x(t_{k-1})\} \quad (3.51)$$

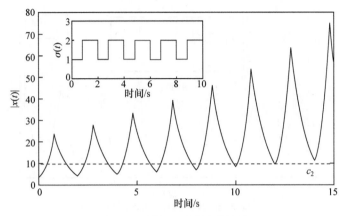

图 3.7　系统(3.26)的仿真结果

脉冲增益 D_1 与 D_2 为

$$D_1 = \begin{bmatrix} 0.4968 & 0.2389 \\ 0.2256 & 0.3597 \end{bmatrix}, \quad D_2 = \begin{bmatrix} 0.3870 & 0.2230 \\ 0.2301 & 0.4882 \end{bmatrix} \tag{3.52}$$

其中，$P_{\sigma(t)}, P_{\sigma(t_{k-1})} \in \mathcal{P}$，$\mathcal{P} = \left\{ P_1 = \begin{bmatrix} 39.4830 & -0.1727 \\ -0.1727 & 41.8976 \end{bmatrix}, P_2 = \begin{bmatrix} 41.7749 & 0.2907 \\ 0.2907 & 38.5976 \end{bmatrix} \right\}$。

由定理 3.10 可知，在事件触发机制(3.51)与脉冲增益(3.52)下，系统 (3.26)关于 $(15, 4, 10, \mathcal{F}_2)$ 是有限时间稳定的，如图 3.8(a)所示。在上述参数下，如果我们对脉冲增益 D_1 与 D_2 做一点小小的改变，例如

$$D_1 = \begin{bmatrix} 0.5968 & 0.2389 \\ 0.2256 & 0.3597 \end{bmatrix}, \quad D_2 = \begin{bmatrix} 0.5870 & 0.2230 \\ 0.2301 & 0.4882 \end{bmatrix}$$

则与定理3.10中的LMI相违背。通过数值模拟，系统(3.26)关于 $(15, 4, 10, \mathcal{F}_2)$ 不是有限时间稳定的，如图 3.8(b)所示。

另外，我们用定理 3.10 研究系统(3.26)的有限时间压缩稳定。令 $a_k = 0.6$、$d_k = -0.8$、$\eta = 3$、$\varsigma = 9$、$\tau_k^9 = \{0.9, 1.8, 2.7, \cdots, 5.4\}$ 且有脉冲增益 D_1 与 D_2 如式(3.52)所示，事件触发机制为

$$t_k = \min\{\tau_k^9, t_k^*\},$$

$$t_k^* = \inf\{t \in [t_{k-1}, 15] : x^{\mathrm{T}}(t)P_{\sigma(t)}x(t) \geqslant \exp(0.6)x^{\mathrm{T}}(t_{k-1})P_{\sigma(t_{k-1})}x(t_{k-1})\}$$

$$\tag{3.53}$$

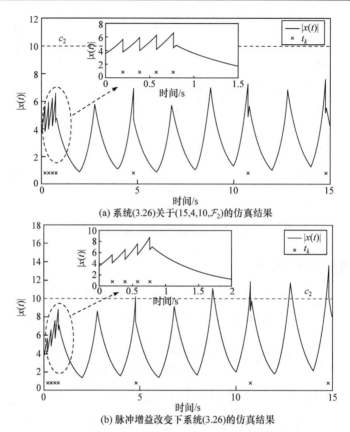

(a) 系统(3.26)关于(15,4,10,$\mathcal{F}_2$)的仿真结果

(b) 脉冲增益改变下系统(3.26)的仿真结果

图 3.8　系统(3.26)在事件触发机制(3.51)与脉冲增益(3.52)下的仿真结果

其中，$P_{\sigma(t)}, P_{\sigma(t_{k-1})} \in \mathcal{P}$。

根据定理 3.10，在事件触发机制(3.53)下，系统(3.26)关于(15,3,9,4,10,$\mathcal{F}_2$)是有限时间压缩稳定的，如图 3.9 所示。

例 3.5　考虑脉冲切换系统，即

$$\dot{x}(t) = A_{\sigma(t)}x(t) + B_{\sigma(t)}u(t) + D_{\sigma(t)}f_{\sigma(t)}(x(t)) + G_{\sigma(t)}w(t) \tag{3.54}$$

其中，$x(t_0) = (0.01 \ \ 0.02)^{\mathrm{T}}$；$\omega = 0.1\sin(t)$；$\sigma(t) \in S = \{1,2\}$。

$$A_1 = \begin{bmatrix} -1.5 & -0.6 \\ 2.6 & 2.9 \end{bmatrix}, \quad A_2 = \begin{bmatrix} -2 & 0.5 \\ 0.8 & 1.5 \end{bmatrix}, \quad B_1 = \begin{bmatrix} 1.5 \\ 0 \end{bmatrix}, \quad B_2 = \begin{bmatrix} 0 \\ 1 \end{bmatrix}$$

$$D_1 = \begin{bmatrix} 0.8 & -0.2 \\ 1.9 & 1.1 \end{bmatrix}, \quad D_2 = \begin{bmatrix} 0.5 & -0.7 \\ 0 & 0.9 \end{bmatrix}, \quad G_1 = \begin{bmatrix} 2 \\ 0.5 \end{bmatrix}, \quad G_2 = \begin{bmatrix} 3 \\ 1 \end{bmatrix}$$

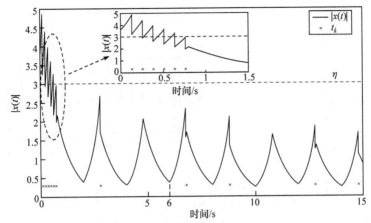

图 3.9　系统(3.26)在事件触发机制(3.53)下的仿真结果

$$f_1(x(t)) = \begin{bmatrix} 0.5\cos x_1(t) \\ 0 \end{bmatrix}, \quad f_2(x(t)) = \begin{bmatrix} 0.8\cos x_1(t) \\ 0.1\sin x_2(t) \end{bmatrix}$$

令 $c_1 = 0.001$、$c_2 = 0.14$、$T_f = 1$、$R = I$、$\mu_1 = 0.8$、$\mu_2 = 0.7$、$\lambda_1 = 8$、$\lambda_2 = 5$、$\varrho_1 = \varrho_2 = 2$、$N_{0_1} = N_{0_2} = 0$、$\xi_1 = \xi_2 = 1$，计算可得 $l = 1$、$d = 0.003$、$\tau_{a1}^* = 0.0297$、$\tau_{a2}^* = 0.079$。选取如下脉冲切换序列，即

$t_{10k-9} = 0.45k - 0.429$, $t_{10k-8} = 0.45k - 0.358$, $t_{10k-7} = 0.45k - 0.339$

$t_{10k-6} = 0.45k - 0.27$, $t_{10k-5} = 0.45k - 0.248$, $t_{10k-4} = 0.45k - 0.176$

$t_{10k-3} = 0.45k - 0.158$, $t_{10k-2} = 0.45k - 0.09$, $t_{10k-1} = 0.45k - 0.07$, $t_{10k} = 0.45k$

显然，这两个系统关于 $(0.001, 0.14, 0.003, 1, I, \mathcal{F}_{-}[\tau_{ap}, N_{0_p}])$ 都不是有限时间稳定的，如图 3.10(a)所示。接下来，设计动态输出反馈控制器实现系

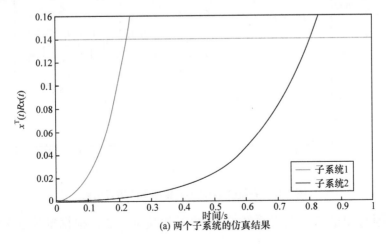

(a) 两个子系统的仿真结果

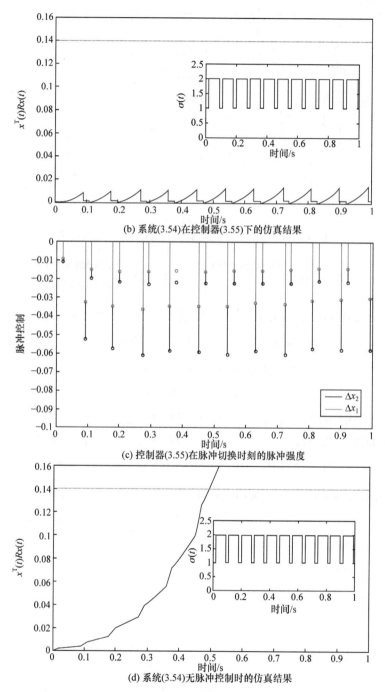

(b) 系统(3.54)在控制器(3.55)下的仿真结果

(c) 控制器(3.55)在脉冲切换时刻的脉冲强度

(d) 系统(3.54)无脉冲控制时的仿真结果

图 3.10　系统(3.54)在不同控制下的仿真结果

统的有限时间稳定。假设系统(3.28)中的维度 $n_c = 2$ ，根据推论 3.7 中的控

制器设计，可得

$$\bar{K}_1 = \begin{bmatrix} 0 & 0 & 0.6667 & -0.9758 \\ 3.1727 & 0.1867 & 0.1867 & 3.0375 \\ -0.3721 & 6.5554 & -6.7778 & 0.6410 \end{bmatrix}$$

$$\bar{K}_2 = \begin{bmatrix} 0 & 0 & -1.3862 & -0.5061 \\ 3.4168 & 1.2124 & 1.2124 & 3.6850 \\ 35.9788 & -108.0770 & 113.1039 & -39.9682 \end{bmatrix}$$

$$N_1 = \begin{bmatrix} -0.4989 & 0.0021 & 0 & 0 \\ 0.0023 & -0.4479 & 0 & 0 \\ 0 & 0 & -0.3977 & 0.0011 \\ 0 & 0 & 0.0019 & -0.4479 \end{bmatrix}$$

$$N_2 = \begin{bmatrix} -0.5878 & 0.0030 & 0 & 0 \\ 0.0015 & -0.5635 & 0 & 0 \\ 0 & 0 & -0.2499 & 0.0005 \\ 0 & 0 & 0.0023 & -0.3486 \end{bmatrix}$$

$$\hat{D}_1 = \begin{bmatrix} 2 & 0.2 \\ 0.1 & 1.9 \end{bmatrix}, \quad \hat{D}_2 = \begin{bmatrix} 1.8 & 1.6 \\ 0.2 & 2.6 \end{bmatrix}$$

因此，控制器 u 可以设计为

$$u = K_{1,\sigma}\tilde{x}(t) + \sum_{k=1}^{\infty} K_{2,\sigma} y\delta(t - t_k), \quad k \in \mathbb{Z}_+ \tag{3.55}$$

其中，$K_{1,1} = [0.6667 \ -0.9758]$；$K_{2,1} = [0.1111 \ -0.7407]$；$K_{1,2} = [-1.3862 \ -0.5061]$；$K_{2,2} = [-2.3600 \ 1.1800]$。

于是，我们可以得到 $1 < 2.6615 = c_2 l_2 e^{\beta_p} / (c_1 l_1 + \zeta l_3 d) < e^{\alpha_p}$。由定理 3.11 可得，在控制器(3.55)下，系统(3.54)关于 $(0.001, 0.14, 0.003, 1, I, \mathcal{F}_-[\tau_{ap}, N_{0_p}])$ 是有限时间稳定的，如图 3.10(b)所示。图 3.10(c)展示了在脉冲切换时刻的脉冲跳变幅度，其中 $\Delta x = (\Delta x_1, \Delta x_2)^{\mathrm{T}}$ 表示状态的变化。此外，如果忽略脉冲控制，只考虑系统中的切换，那么它将与我们提出的结果相反。在这种情况下，可以发现系统(3.54)关于 $(0.001, 0.14, 0.003, 1, I, \mathcal{F}_-[\tau_{ap}, N_{0_p}])$ 不是有限时间稳定的，如图 3.10(d)所示。

例 3.6　考虑系统(3.27)具有 $x(t_0) = (0 \ 0)^{\mathrm{T}}$、$\omega = 0.1\cos(t)$、$\sigma(t) \in S =$

$\{1,2\}$。

$$A_1 = \begin{bmatrix} -2 & -0.6 \\ 3 & 3 \end{bmatrix}, \quad B_1 = \begin{bmatrix} 1.5 \\ 0 \end{bmatrix}, \quad C_1 = \begin{bmatrix} 1 & 2.5 \\ 0.1 & 1.2 \end{bmatrix}, \quad D_1 = \begin{bmatrix} 1.1 & -0.1 \\ 2 & 1 \end{bmatrix}, \quad G_1 = \begin{bmatrix} 2 & 0 \\ 0 & 1 \end{bmatrix}$$

$$A_2 = \begin{bmatrix} 1 & 0.9 \\ -0.1 & -1.1 \end{bmatrix}, \quad B_2 = \begin{bmatrix} 0 \\ 1 \end{bmatrix}, \quad C_2 = \begin{bmatrix} 1 & 0.4 \\ 2 & 0.7 \end{bmatrix}, \quad D_2 = \begin{bmatrix} 0.4 & -0.6 \\ 0 & 0.9 \end{bmatrix}, \quad G_2 = \begin{bmatrix} 3 & 1 \\ 0 & 1 \end{bmatrix}$$

$$f_1(x(t)) = \begin{bmatrix} 0.5\cos x_1(t) \\ 0.1\sin x_2(t) \end{bmatrix}, \quad f_2(x(t)) = \begin{bmatrix} 0.4\cos x_1(t) \\ 0.2\sin x_2(t) \end{bmatrix}$$

令 $c_2 = 0.16$、$T_f = 1$、$R = I$、$N_{0_1} = N_{0_2} = 1$、$N_{1_1} = 3$、$N_{1_2} = 4$、$\gamma = 1.1$、$\mu_1 = 0.8$、$\mu_2 = 0.9$、$\lambda_1 = 9$、$\lambda_2 = 4$、$\rho_1 = 1.9$、$\rho_2 = 0.95$、$\varrho_1 = \varrho_2 = 2$，计算可得 $l = 1$、$d = 0.008$、$\tau_{a1} = 0.029$ 且 $\tau_{a2} = 0.037$。考虑如下脉冲切换序列，即

$$t_{10k-9} = 0.33k - 0.029, \quad t_{10k-8} = 0.33k - 0.264, \quad t_{10k-7} = 0.33k - 0.236$$

$$t_{10k-6} = 0.33k - 0.2, \quad t_{10k-5} = 0.33k - 0.17, \quad t_{10k-4} = 0.33k - 0.132$$

$$t_{10k-3} = 0.33k - 0.105, \quad t_{10k-2} = 0.33k - 0.065, \quad t_{10k-1} = 0.33k - 0.034, \quad t_{10k} = 0.33k$$

接下来，设计动态输出反馈控制器实现系统的有限时间 H_∞ 性能。假设系统(3.28)中的维度 $n_c = 2$，根据推论 3.7 中的控制器设计，可得

$$\bar{K}_1 = \begin{bmatrix} 0 & 0 & -0.0506 & 0.1043 \\ 0.2961 & -0.2297 & 0.6166 & -0.6318 \\ -0.2377 & 0.3541 & 0.4789 & 0.4364 \end{bmatrix}$$

$$\bar{K}_2 = \begin{bmatrix} 0 & 0 & -0.4540 & -0.6403 \\ 3.7345 & 0.8317 & 50.6933 & -240.5979 \\ 0.8317 & 3.1524 & 200.7762 & -55.1164 \end{bmatrix}$$

$$N_1 = \begin{bmatrix} -0.5103 & 0.001 & 0 & 0 \\ 0.002 & -0.6121 & 0 & 0 \\ 0 & 0 & -0.4021 & 0.0035 \\ 0 & 0 & 0.0021 & -0.4501 \end{bmatrix}$$

$$N_2 = \begin{bmatrix} -0.6019 & 0.003 & 0 & 0 \\ 0.002 & -0.6511 & 0 & 0 \\ 0 & 0 & -0.2501 & 0.001 \\ 0 & 0 & 0.0015 & -0.3523 \end{bmatrix}$$

$$\hat{D}_1 = \begin{bmatrix} 1.9 & 0.1 \\ 0 & 2 \end{bmatrix}, \quad \hat{D}_2 = \begin{bmatrix} 2 & 1.5 \\ 0.1 & 3 \end{bmatrix}$$

因此，控制器 u 可以设计为

$$u = K_{1,\sigma}\tilde{x}(t) + \sum_{k=1}^{\infty} K_{2,\sigma}y\delta(t-t_k), \quad k \in \mathbb{Z}_+ \tag{3.56}$$

其中，$K_{1,1} = [-0.0506 \quad 0.1043]$；$K_{2,1} = [-0.4298 \quad 0.8960]$；$K_{1,2} = [-0.4540$ $-0.6403]$；$K_{2,2} = [-13.0360 \quad 6.5190]$。

于是，我们可以得到

$$1 < \frac{c_2 l_2}{\gamma^2 l_3^* d}e^{\beta_p} = 1.4099 < e^{\alpha_p}, \quad e^{\eta_p} = 0.3359 < 0.3542 = \frac{\gamma^2 l_3^* d\rho_2}{c_2 l_2 \rho_1}$$

根据定理 3.12，在控制器(3.56)下，系统(3.27)关于 $(0, 0.16, 0.008, 1, I,$ $\mathcal{F}_\star[\tau_{ap}, N_{0_p}, N_{1_p}])$ 是有限时间 H_∞ 可控的。通过数值模拟，图 3.11 表明外部干扰与输出之间的关系。

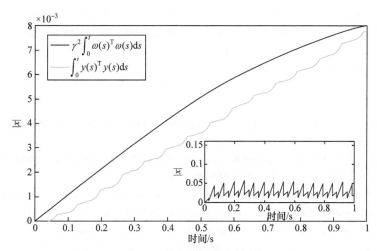

图 3.11　例 3.6 的仿真结果

3.4　小　　结

本章讨论脉冲系统的有限时间稳定 I。首先，针对脉冲中包含延迟信息的非线性脉冲系统，分别从镇定性脉冲和破坏性脉冲两个角度，得到基于 Lyapunov 方法的有限时间稳定和有限时间压缩稳定的相关准则，并建立脉冲频率与延迟之间的关联。然后，将理论结果应用到受延迟脉冲影响的时变神经网络和切换神经网络，通过给定合理的脉冲时间序列和脉冲切换信号得到神经网络的有限时间状态估计。最后，考虑一类脉冲切换系统，通过设计模块依赖的动态输出反馈控制器，分别基于事件触发脉冲控制和时间触发脉冲控制给出脉冲切换系统的有限时间稳定及控制器设计。

参 考 文 献

[1] Gopalsamy K. Stability and Oscillations in Delay Differential Equations of Population Dynamics. Dordrecht: Kluwer, 1992.

[2] Khadra A, Liu X Z, Shen X M. Impulsively synchronizing chaotic systems with delay and applications to secure communication. Automatica, 2005, 41(9):1491-1502.

[3] Khadra A, Liu X Z, Shen X M. Analyzing the robustness of impulsive synchronization coupled by linear delayed impulses. IEEE Transactions on Automatic Control, 2009, 54(4):923-928.

[4] Akhmet M, Yilmaz E. Neural Networks with Discontinuous/Impact Activations. New York: Springer, 2014.

[5] Li X D, Song S J. Impulsive Systems with Delays: Stability and Control. Singapore: Springer, 2022.

[6] Yang X Y, Li X D, Xi Q, et al. Review of stability and stabilization for impulsive delayed systems. Mathematical Biosciences & Engineering, 2018, 15(6):1495-1515.

[7] Liberzon D. Switching in Systems and Control. Boston: Birkhauser, 2003.

[8] Li X D, Li P, Wang Q G. Input/output-to-state stability of impulsive switched systems. Systems & Control Letters, 2018, 116: 1-7.

[9] Xu J, Sun J T. Finite-time stability of nonlinear switched impulsive systems. International Journal of Systems Science, 2013, 44(5): 889-895.

[10] Liu J, Liu X Z, Xie W C. Input-to-state stability of impulsive and switching hybrid systems with time-delay. Automatica, 2011, 47(5): 899-908.

[11] Guan Z H, Hill D J, Shen X M. On hybrid impulsive and switching systems and application to nonlinear control. IEEE Transactions on Automatic Control, 2005, 50(7): 1058-1062.

[12] Yang H, Jiang B, Tao G, et al. Robust stability of switched nonlinear systems with switching uncertainties. IEEE Transactions on Automatic Control, 2015, 61(9): 2531-2537.

[13] Wang Q, Wu Z G, Shi P, et al. Stability analysis and control for switched system with bounded actuators. IEEE Transactions on Systems, Man, and Cybernetics: Systems, 2020, 50(11): 4506-4512.

[14] Wu X T, Tang Y, Cao J D. Input-to-state stability of time-varying switched systems with time delays. IEEE Transactions on Automatic Control, 2019, 64(6): 2537-2544.

[15] Dorato P. Short-time stability in linear time-varying systems// Proceedings of the IRE International Convention Record Part 4, 1961: 83-87.

[16] Weiss L, Infante E F. Finite time stability under perturbing forces and on product spaces. IEEE Transactions on Automatic Control, 1967, 12(1): 54-59.

[17] Garrand W. Finite-time stability in control system synthesis// Proceedings of the 4th IFAC Congress, 1969: 21-31.

[18] Dorato P. Short-time Stability in Linear Time-varying Systems. New York: Polytechnic Institute of Brooklyn, 1961.

[19] Wu Y Y, Cao J D, Alofi A, et al. Finite-time boundedness and stabilization of uncertain switched neural networks with time-varying delay. Neural Networks, 2015, 69:135-143.

[20] Yang X Y, Li X D. Finite-time stability of nonlinear impulsive systems with applications to neural networks. IEEE Transaction on Neural Networks and Learning Systems, 2023, 34(1):243-251.

[21] Zhang T X, Li X D, Song S J. Finite-time stabilization of switched systems under mode-dependent event-triggered impulsive control. IEEE Transactions on Systems, Man, and Cybernetics: Systems, 2022, 52(9): 5434-5442.

[22] Zhu C H, Li X D, Cao J D. Finite-time H_∞ dynamic output feedback control for nonlinear impulsive switched systems. Nonlinear Analysis: Hybrid Systems, 2021, 39:100975.

第4章 脉冲系统的有限时间稳定 II

4.1 引　言

在过去的几十年中，许多学者都关注于连续系统与脉冲系统在无限时域上的(Lyapunov)渐近稳定和指数稳定[1~9]。渐近稳定与指数稳定的典型特性之一是随着时间趋于无穷，系统的解趋于平衡状态。与第3章中有限时间稳定 I 不同，本章讨论的有限时间稳定 II(在不引起歧义的情况下，以下简称有限时间稳定)是 Lyapunov 意义下渐近稳定的特例，在保证系统稳定的同时，可以实现系统在有限时间内到达平衡状态。因此，相比渐近稳定与指数稳定，有限时间稳定可以带来速度更快、精度更高的系统性能，对于解决许多实际工程问题具有重要意义。例如，在对高质量工业机器人的控制中，保证机器人工作完成的速度与质量之余，还需要考虑模型不确定性、参数变化，以及外部干扰等的影响，提高机器人的鲁棒性和抗干扰性，而这些都需要有限时间稳定理论的发展和应用[10,11]。关于有限时间稳定，许多经典的结果可见文献[10]~[18]。文献[13]提出针对连续自治系统有限时间稳定的 Lyapunov 理论，为分析非线性控制系统的有限时间稳定提供了基本理论工具。文献[14]研究一类连续系统的有限时间稳定。文献[15]基于 Lyapunov 函数的构造，以及 Artstein 变形的扩展，建立一类延迟系统有限时间稳定的充分条件。文献[16], [17]解决了随机系统的有限时间稳定问题。文献[18]针对具有局部基本约束输入的连续系统，提出有限时间输入-状态稳定的概念。与此同时，非线性系统的有限时间控制问题也得到一定程度的研究，各种控制设计方法，如反步法、滑模控制、Lyapunov 函数方法等，也被提出和逐步完善[12,14,18~21]。然而，上述工作并没有考虑脉冲效应对系统有限时间稳定的影响。一般而言，对于给定的初始状态，有限时间稳定的连续系统的停息时间是固定的。若系统在到达停息时间之前受到脉冲影响，其停息时间可能会发生变化，并且这种变化会依赖脉冲信号的信息(包括脉冲信号的强度及分布等)。文献[22]研究一类具有状态重置现象的脉冲系统的有限时间稳定问题，设计有限时间混杂控制器，但是并未揭示系统的有限停息时间与脉冲效应之间的本质关系。因此，对于脉冲系统的有限时间稳定的研究，需要更多新的研究方法和思路。此外，当系统受到脉冲效应时，在有限时间框架下，分析外部输入对系统状态带来的影响，即脉冲系统的有限时间输入-状态稳定问题，也是亟待解决的课题。

4.2 节[23]针对一类非线性脉冲系统，分别研究其在镇定性脉冲与破坏性脉冲影响下的有限时间稳定问题。4.3 节[24]研究具有脉冲效应的非线性系统的有限时间输入-状态稳定问题。基于 Lyapunov 方法，以及两类驻留时间条件，给出保证有限时间输入-状态稳定的若干充分条件。4.4 节[25]作为有限时间问题的延展，研究一类具有时变结构的非线性系统的有限时间稳定问题，分别给出系统局部和全局有限时间稳定的理论判据，以及相应的停息时间估计。作为应用，讨论 Brockett 积分器在时变扰动下的有限时间控制器设计问题。

4.2　脉冲系统的有限时间稳定

4.2.1　系统描述

考虑如下非线性脉冲系统，即

$$
\begin{cases}
\dot{x}(t) = f(x(t)), & t \neq t_k \\
x(t) = g(x(t^-)), & t = t_k \\
x(0) = x_0
\end{cases}
\tag{4.1}
$$

其中，$x \in \mathbb{R}^n$ 为系统的状态向量；$\dot{x}$ 为 x 的右导数；$x_0 \in U$ 为系统的初始状态，U 为 $\mathbb{R}^n$ 中包含原点的开集；函数 $f \in \mathcal{C}(\mathbb{R}^n, \mathbb{R}^n)$ 满足 $f(0) = 0$；函数 $g \in \mathcal{C}(\mathbb{R}^n, \mathbb{R}^n)$ 满足 $g(x) = 0$，当且仅当 $x = 0$；脉冲时间序列

$\{t_k\} := \{t_k, k \in \mathbb{Z}_+\}$ 为定义在 $\mathbb{R}_+$ 上的有限或无限且无界的严格递增序列，记为 $\mathcal{S}$。

令 $\mathcal{S}_N$ 为 $\mathcal{S}$ 一个子集，其中的脉冲时间序列满足 $0 < t_1 < \cdots < t_N < \infty$，记为 $\{t_k\}^N$，N 表示脉冲点的个数。假设 $\{t_k\}$ 不含有限聚点，在一定的条件下[26,27]，系统(4.1)在相应的时间区间关于初始状态 $x_0 \in U$ 存在着前向唯一的解 $x(t) := x(t, x_0)$。对于给定的局部 Lipschitz 连续函数 $V : \mathbb{R}^n \to \mathbb{R}_+$，沿系统(4.1)的右上 Dini 导数定义为

$$D^+ V[x(t)] f(x(t)) = \lim_{h \to 0^+} \sup \frac{V(x(t) + h f(x(t))) - V(x(t))}{h}$$

注意，函数 f 在零点一定不是 Lipschitz 连续的，否则系统(4.1)对于任意的初始状态 $x_0 \in U$，具有唯一解 $x(t, x_0)$，这与下面有限时间稳定的定义矛盾。

定义 4.1　若存在包含原点的开集 $U \subseteq \mathbb{R}^n$，以及函数 $T(x_0, \{t_k\}) : U \times \mathcal{S} \to \mathbb{R}_+$，使对于任意的初始状态 $x_0 \in U$ 和脉冲时间序列 $\{t_k\} \in \mathcal{S}$，系统(4.1)的解 $x(t, x_0)$ 在 $[0, T(x_0, \{t_k\}))$ 上都是前向存在唯一的，且对于任意 $t \geqslant T(x_0, \{t_k\})$，$x(t, x_0) \equiv 0$，则称系统(4.1)关于脉冲集合 $\mathcal{S}$ 是有限时间收敛的。特别地，如果 $U = \mathbb{R}^n$，则称系统(4.1)是全局有限时间收敛的。系统(4.1)依赖初始状态 x_0 及脉冲时间序列 $\{t_k\}$ 的停息时间函数为

$$T_{\inf}(x_0, \{t_k\}) := \inf_{t \geqslant T(x_0, \{t_k\})} \{T(x_0, \{t_k\}) \geqslant 0 : x(t, x_0) = 0\}$$

定义 4.2　若系统(4.1)是 Lyapunov 稳定的，并且关于脉冲集合 $\mathcal{S}$ 是有限时间收敛的，则称系统(4.1)关于脉冲集合 $\mathcal{S}$ 是有限时间稳定的。此外，若系统(4.1)是全局有限时间收敛的，相应地称系统(4.1)是全局有限时间稳定的。

由于此类有限时间稳定要求系统的每一个解都在有限时间内到达原点，因此这种稳定比 Lyapunov 渐近稳定或指数稳定更强。对此，Bhat 等[12,13]给出系统(4.1)不受脉冲影响时有限时间稳定的充分条件，见引理 4.1。进一步，该结果也被应用到有限时间控制问题[12~15,19~21,28,29]。

引理 4.1　考虑不受脉冲影响的系统(4.1)，如果存在常数 $\alpha > 0$，

$\eta \in (0,1)$，以及正定且局部 Lipschitz 连续函数 $V:U \to \mathbb{R}_+$，使 V 沿系统解 $x(t) = x(t,x_0)$ 的导数满足

$$D^+V[x(t)]f(x(t)) \leqslant -\alpha V^\eta(x(t)) \tag{4.2}$$

则系统(4.1)在不受脉冲影响时是有限时间稳定的，并且系统依赖初始状态 $x_0 \in U$ 的停息时间满足

$$T(x_0) \leqslant \frac{V^{1-\eta}(x_0)}{\alpha(1-\eta)}$$

如果 $U = \mathbb{R}^n$ 且 V 是径向无界的，那么系统(4.1)是全局有限时间稳定的。

在引理 4.1 中，可以观察到系统停息时间 $T(x_0)$ 的上界依赖初始状态 x_0。对此，Bhat 等[13]和 Moulay 等[14]也指出在一定条件下，有限时间稳定的系统具有(关于初始状态)连续的停息时间函数，并且对于给定的初始状态，系统的停息时间是固定的。如果系统在停息之前受到脉冲的影响，那么其停息时间可能会发生变化。下面将引理 4.1 从连续系统推广至脉冲系统，并从镇定性脉冲和破坏性脉冲两个角度，分别建立适当的脉冲约束条件，保证脉冲系统(4.1)的有限时间稳定。同时，给出系统依赖初始状态，以及脉冲效应的停息时间上界的估计。

4.2.2　镇定性脉冲

基于脉冲控制理论，首先考虑系统在镇定性脉冲影响下的有限时间稳定问题，并建立下述 Lyapunov 判据。

定理 4.1　如果存在 $\mathcal{K}$ 类函数 ω_1 和 ω_2，常数 $\alpha > 0$、$\eta \in (0,1)$、$\beta \in (0,1)$、$\gamma \in (\beta,1)$，以及局部 Lipschitz 连续函数 $V(x):U \to \mathbb{R}_+$，使对于任意的 $x \in U$，下述条件成立，即

$$\omega_1(|x|) \leqslant V(x) \leqslant \omega_2(|x|)$$

$$V(g(x)) \leqslant \beta^{\frac{1}{1-\eta}}V(x) \tag{4.3}$$

并且对于 $x_0 \in U$，V 沿系统(4.1)的解 $x(t) = x(t,x_0)$ 的导数满足

$$D^+V[x(t)]f(x(t)) \leqslant -\alpha V^\eta(x(t)), \quad t \neq t_k \tag{4.4}$$

则系统(4.1)关于脉冲集合 $\mathcal{S}$ 是有限时间稳定的。

特别地，当 $\mathcal{S} = \mathcal{S}_N$ 时，系统依赖初始状态 $x_0 \in U$ 和脉冲时间序列 $\{t_k\}^N \in \mathcal{S}_N$ 的停息时间满足

$$T_{\inf}(x_0, \{t_k\}^N) \leqslant \gamma^N \frac{V^{1-\eta}(x_0)}{\alpha(1-\eta)} \tag{4.5}$$

其中，$\mathcal{S}_N$ 表示一类满足

$$t_N \leqslant \gamma^{N-1} \frac{(\gamma - \beta)}{1 - \beta} \frac{V^{1-\eta}(x_0)}{\alpha(1-\eta)} \tag{4.6}$$

的脉冲时间序列 $\{t_k\}^N$ 的集合。

此外，若 $U = \mathbb{R}^n$ 并且 $\omega_1 \in \mathcal{K}_\infty$，则系统(4.1)关于脉冲集合 $\mathcal{S}$ 是全局有限时间稳定的。

证明 对于任意给定的 $x_0 \in U$，以及 $\{t_k\} \in \mathcal{S}$，设 $x(t) = x(t, x_0)$ 为系统(4.1)过 $(0, x_0)$ 的解。不失一般性，假设 $x_0 \neq 0$，令

$$\Gamma_{x_0} := \frac{V^{1-\eta}(x_0)}{\alpha(1-\eta)} > 0$$

则由式(4.3)和式(4.4)有

$$V^{1-\eta}(x(t)) \leqslant V^{1-\eta}(x_0) - \alpha(1-\eta)t, \quad t \in [0, t_1 \wedge \Gamma_{x_0})$$

当 $t_1 \geqslant \Gamma_{x_0}$ 时，$x(t)$ 不受脉冲的影响。此时，对于任意的 $t \in [0, \Gamma_{x_0}]$，易得 $V(x(t)) \leqslant V(x_0)$，对于任意的 $t \geqslant \Gamma_{x_0}$，$V(x(t)) \equiv 0$。当 $t_1 < \Gamma_{x_0}$ 时，设存在 $n \in \mathbb{Z}_+$，在 $[0, \Gamma_{x_0}]$ 有 n 个脉冲点满足 $0 < t_1 < \cdots < t_n < \Gamma_{x_0}$，那么由 $\beta \in (0,1)$，对于 $j = 0, 1, \cdots, n$，有

$$V^{1-\eta}(x(t)) \leqslant V^{1-\eta}(x_0) - \alpha(1-\eta)t, \quad t \in [t_j, t_{j+1})$$

其中，$t_0 = 0$；t_{n+1} 为 Γ_{x_0}。

对于任意的 $t \in [0, \Gamma_{x_0}]$，$V(x(t)) \leqslant V(x_0)$，对于 $t \geqslant \Gamma_{x_0}$，$V(x(t)) \equiv 0$。任意 $\epsilon > 0$，取 $\delta > 0$，使 $\omega_2(\delta) \leqslant \omega_1(\epsilon)$，那么对于任意 $x_0 \in U$，以及 $\{t_k\} \in \mathcal{S}$，由 $|x_0| \leqslant \delta$ 可知，当 $t \in [0, \Gamma_{x_0}]$ 时，$|x(t)| \leqslant \epsilon$；当 $t \geqslant \Gamma_{x_0}$ 时，$x(t) \equiv 0$，即系统(4.1)关于脉冲集合 $\mathcal{S}$ 是有限时间稳定的。

　　下证对于任意的初始状态 $x_0 \in U$，以及脉冲时间序列 $\{t_k\}^N \in \mathcal{S}_N$ 都有式(4.5)成立。首先，由 $\gamma < 1$ 和式(4.6)可推出

$$t_j \leqslant t_N \leqslant \frac{\gamma^N\left(1-\dfrac{\beta}{\gamma}\right)}{1-\beta}\Gamma_{x_0} \leqslant \frac{\gamma^j\left(1-\dfrac{\beta}{\gamma}\right)}{1-\beta}\Gamma_{x_0}，\quad j \in \Lambda \tag{4.7}$$

其中，$\Lambda = \{1,2,\cdots,N\}$。

　　由此可得

$$\beta\gamma^{j-1} + \frac{t_j}{\Gamma_{x_0}}(1-\beta) \leqslant \gamma^j，\quad j \in \Lambda \tag{4.8}$$

　　由此可知，$t_N < \Gamma_{x_0}$。由式(4.4)推得

$$V^{1-\eta}(x(t)) \leqslant V^{1-\eta}(x_0) - \alpha(1-\eta)t，\quad t \in [0,t_1)$$

同时，由式(4.3)和式(4.8)可得，对于任意的 $t \in [t_1,t_2)$ 有

$$\begin{aligned}
V^{1-\eta}(x(t)) &\leqslant V^{1-\eta}(x(t_1)) - \alpha(1-\eta)(t-t_1)\\
&\leqslant \beta[V^{1-\eta}(x_0) - \alpha(1-\eta)t_1] - \alpha(1-\eta)(t-t_1)\\
&= \beta V^{1-\eta}(x_0) + \alpha(1-\eta)t_1(1-\beta) - \alpha(1-\eta)t\\
&= [\beta + t_1(1-\beta)/\Gamma_{x_0}]V^{1-\eta}(x_0) - \alpha(1-\eta)t\\
&\leqslant \gamma V^{1-\eta}(x_0) - \alpha(1-\eta)t
\end{aligned}$$

归纳可知对于每个 $j \in \Lambda$，都有

$$V^{1-\eta}(x(t)) \leqslant \gamma^j V^{1-\eta}(x_0) - \alpha(1-\eta)t，\quad t \in [t_j,t_{j+1}) \tag{4.9}$$

其中，$t_{N+1} = \gamma^N\Gamma_{x_0}$。

　　注意

$$t_{j+1} \leqslant \frac{\gamma^j(\gamma-\beta)}{1-\beta}\Gamma_{x_0} < \gamma^j\Gamma_{x_0}，\quad j \leqslant N-1$$

则

$$\gamma^j V^{1-\eta}(x_0) - \alpha(1-\eta)t_{j+1} > 0，\quad j \leqslant N-1$$

　　由此系统不会在区间 $[0,t_N)$ 停息。进一步，如果在区间 $[t_N,t_{N+1}]$ 考虑式(4.9)，即

$$V^{1-\eta}(x(t)) \leqslant \gamma^N V^{1-\eta}(x_0) - \alpha(1-\eta)t , \quad t \in [t_N, \gamma^N \Gamma_{x_0}]$$

由式(4.7)可得

$$t_N \leqslant \frac{\gamma^N \left(1 - \dfrac{\beta}{\gamma}\right)}{1-\beta} \Gamma_{x_0} < \gamma^N \Gamma_{x_0} < \Gamma_{x_0}$$

即 $\gamma^N V^{1-\eta}(x_0) - \alpha(1-\eta)t_N > 0$。

　　由于 $\gamma^N V^{1-\eta}(x_0) - \alpha(1-\eta)\gamma^N \Gamma_{x_0} = 0$，当 $t \geqslant 0$ 时，$V(x(t)) \leqslant V(x_0)$；对于任意的 $t \geqslant \gamma^N \Gamma_{x_0}$，都有 $V(x(t)) \equiv 0$，因此系统(4.1)是有限时间稳定的，并且对于任意给定的初始状态 $x_0 \in U$，以及脉冲时间序列 $\{t_k\}^N \in \mathcal{S}_N$，停息时间函数 $T(x_0, \{t_k\}^N)$ 满足式(4.3)。此外，若 $U = \mathbb{R}^n$，$\omega_1 \in \mathcal{K}_\infty$，则 δ 可以任意大，并且对固定的 δ 可以选择适当的 ϵ，使 $\omega_2(\delta) \leqslant \omega_1(\epsilon)$。因此，系统(4.1)是全局有限时间稳定的。　■

　　注4.1　由定理4.1可以看到，当有限时间稳定的系统受到一定脉冲效应的影响时，其停息时间将不仅仅依赖系统的初始状态 x_0，同时依赖脉冲集合 $\mathcal{S}_N$。此外，满足式(4.6)的所有脉冲集合 $\mathcal{S}_N$ 的共同点是，除最后一个脉冲时刻 t_N 满足式(4.6)，对其余脉冲时刻 $t_1, t_2, \cdots, t_{N-1}$ 没有任何额外的限制。同时，注意到 $t_1 \leqslant \Gamma_{x_0}$，若 $t_1 > \Gamma_{x_0}$，由引理4.1，以及 $g(0) = 0$ 可知系统的解可到达原点，并不受脉冲影响。

　　从脉冲控制的角度来看，对于给定的初始状态 $x_0 \in U$，需要考虑能否设计适当的脉冲集合 $\mathcal{S}_N$，使系统(4.1)的解 $x(t) = x(t, x_0)$ 的停息时间不超过期望的停息时间 T_d。为此，给定常数 $\sigma > 0$，并记 U_σ 为满足 $|x_0| \leqslant \sigma$ 的连续初始状态 $x_0 \in \mathbb{R}^n$ 的空间。基于定理4.1，我们可以得到如下推论。

　　推论4.1　对于 $\sigma > 0$，设 $U_\sigma = \{x \in \mathbb{R}^n : |x| \leqslant \sigma\}$，常数 $T_d > 0$。在定理4.1的条件下，系统(4.1)所有解 $x(t) = x(t, x_0)$ 的停息时间满足

$$T_{\inf}(x_0, \{t_k\}^N) \leqslant T_d , \quad x_0 \in U_\sigma , \quad \{t_k\}^N \in \mathcal{S}_N$$

其中，$\mathcal{S}_N$ 为满足 $t_N \leqslant \gamma^{N-1} \dfrac{(\gamma - \beta)}{1 - \beta} \dfrac{\omega_2^{1-\eta}(\sigma)}{\alpha(1-\eta)}$ 的脉冲时间序列 $\{t_k\}^N$ 构成的集

合；$N \geqslant \log_\gamma \left(\dfrac{T_d \alpha (1-\eta)}{\omega_2^{1-\eta}(\sigma)} \right)$。

4.2.3　破坏性脉冲

定理 4.1 和推论 4.1 考虑的是一类镇定性脉冲。注意到，相比于不受脉冲影响的情况，系统停息时间上界的估计变小了。下面从脉冲干扰的角度，考虑具有相反效果的脉冲，即破坏性脉冲，并给出相应的系统有限时间稳定的 Lyapunov 判据。我们将看到，在破坏性脉冲的影响下，系统停息时间上界的估计比不受脉冲影响时更大。

定理 4.2　如果存在 $\mathcal{K}$ 类函数 ω_1 和 ω_2，常数 $\alpha > 0$、$\eta \in (0,1)$、$\beta \in [1,\infty)$、$\sigma > 0$，局部 Lipschitz 连续函数 $V(x): U \to \mathbb{R}_+$，使对于任意的 $x \in U$，式 (4.3) 成立，并且沿着系统 (4.1) 关于 $x_0 \in U_\sigma$ 的解 $x(t) = x(t, x_0)$ 满足式 (4.4)，则系统 (4.1) 关于脉冲集合 $\mathcal{S}$ 是有限时间稳定的。$\mathcal{S}$ 表示一类满足

$$\min \left\{ j \in \mathbb{Z}_+ : \frac{t_j}{\beta^{j-1}} \geqslant \frac{\omega_2^{1-\eta}(\sigma)}{\alpha(1-\eta)} \right\} := N_0 < +\infty \tag{4.10}$$

的脉冲时间序列 $\{t_k\}$ 的集合。

此外，系统的停息时间满足

$$T_{\inf}(x_0, \{t_k\}) \leqslant \beta^{N_0 - 1} \frac{\omega_2^{1-\eta}(\sigma)}{\alpha(1-\eta)}, \quad x_0 \in U_\sigma, \quad \{t_k\} \in \mathcal{S} \tag{4.11}$$

其中，N_0 为依赖脉冲时间序列 $\{t_k\}$。

证明　对于给定的 $x_0 \in U_\sigma$，以及 $\{t_k\} \in \mathcal{S}$，设 $x(t) = x(t, x_0)$ 为系统 (4.1) 过点 $(0, x_0)$ 的解。不失一般性，仍假设 $x_0 \neq 0$，并定义

$$\Gamma_\sigma := \frac{\omega_2^{1-\eta}(\sigma)}{\alpha(1-\eta)}$$

首先由式 (4.4) 可得

$$V^{1-\eta}(x(t)) \leqslant \omega_2^{1-\eta}(\sigma) - \alpha(1-\eta)t, \quad t \in [0, t_1 \wedge \Gamma_\sigma)$$

当 $t_1 \geqslant \Gamma_\sigma$ 时，易得 $N_0 = 1$。对于任意的 $t \in [0, \Gamma_\sigma]$，$V(x(t)) \leqslant \omega_2(\sigma)$，对于任意的 $t \geqslant \Gamma_\sigma$，$V(x(t)) \equiv 0$。当 $t_1 < \Gamma_\sigma$ 时，有 $N_0 \geqslant 2$。进一步，根据式 (4.10)

中 $\mathcal{S}$ 的定义,对于 $j=1,2,\cdots,N_0-1$ 及 $t_{N_0}\geqslant\beta^{N_0-1}\Gamma_\sigma$,都有 $t_j<\beta^{j-1}\Gamma_\sigma$ 成立。注意到 $\beta\in[1,\infty)$,可知对于任意的 $t\in[t_1,t_2\wedge\beta\Gamma_\sigma)$,有

$$V^{1-\eta}(x(t))\leqslant V^{1-\eta}(x(t_1))-\alpha(1-\eta)(t-t_1)$$
$$\leqslant\beta[V^{1-\eta}(x_0)-\alpha(1-\eta)t_1]-\alpha(1-\eta)(t-t_1)$$
$$\leqslant\beta\omega_2^{1-\eta}(\sigma)-\alpha(1-\eta)t$$

同时,由于 $t_j<\beta^{j-1}\Gamma_\sigma$,$j=1,2,\cdots,N_0-1$,推得对于任意的 $t\in[t_2,t_3\wedge\beta^2\Gamma_\sigma)$,有

$$V^{1-\eta}(x(t))\leqslant\beta[\beta\omega_2^{1-\eta}(\sigma)-\alpha(1-\eta)t_1]-\alpha(1-\eta)(t-t_1)$$
$$\leqslant\beta^2\omega_2^{1-\eta}(\sigma)-\alpha(1-\eta)t$$

由此可得对于任意的 $t\in[t_{N_0-1},t_{N_0}\wedge\beta^{N_0-1}\Gamma_\sigma)$,有

$$V^{1-\eta}(x(t))\leqslant\beta^{N_0-1}\omega_2^{1-\eta}(\sigma)-\alpha(1-\eta)t$$

此外,由 $t_{N_0-1}<\beta^{N_0-2}\Gamma_\sigma$ 且 $t_{N_0}\geqslant\beta^{N_0-1}\Gamma_\sigma$ 可知,当 $t\in[0,\beta^{N_0-1}\Gamma_\sigma]$ 时,$V(x(t))\leqslant\beta^{\frac{N_0-1}{1-\eta}}\omega_2(\sigma)$;当 $t\geqslant\beta^{N_0-1}\Gamma_\sigma$ 时,$V(x(t))\equiv0$,即系统(4.1)关于脉冲集合 $\mathcal{S}$ 是有限时间稳定的,并且停息时间 $T_{\inf}(x_0,\{t_k\})$ 满足式(4.11)。■

注 4.2 根据定理 4.2 的证明过程容易看到,如果第一次脉冲时刻 $t_1>\Gamma_\sigma$,那么系统(4.1)将不受脉冲影响。此时,系统的停息时间可以由 $T_{\inf}\leqslant\Gamma_\sigma$ 界定,与连续系统的结果是一致的。如果第一次脉冲时刻 $t_1\leqslant\Gamma_\sigma$,那么需要进一步考虑区间 $[t_1,t_2\wedge\beta\Gamma_\sigma)$。若 $t_2>\beta\Gamma_\sigma$,则停息时间满足 $T_{\inf}\leqslant\beta\Gamma_\sigma$ 且系统在 t_1 之后不再受脉冲影响。因此,定理 4.2 的结果不仅说明系统(4.1)关于脉冲集合 $\mathcal{S}$ 是有限时间稳定的,同时也意味着系统在脉冲时刻 t_{N_0-1} 之后不再受到脉冲影响。与定理 4.1 相比,可以看到破坏性脉冲带来的影响,相比于不受脉冲影响或受到镇定性脉冲影响的情况,其估计的停息时间的上界变大了。进一步,如果只有有限个脉冲点,也就是说,N 是事先给定的,那么我们可以得到如下推论。

推论 4.2 在定理 4.2 的条件下,系统(4.1)关于初始状态 $x_0\in U$ 的解 $x(t)=x(t,x_0)$ 的停息时间满足

$$T_{\inf}(x_0, \{t_k\}^N) \leqslant \beta^N \frac{V^{1-\eta}(x_0)}{\alpha(1-\eta)}$$

其中，$\mathcal{S}_N$ 为满足

$$t_k < \beta^{k-1} \frac{V^{1-\eta}(x_0)}{\alpha(1-\eta)}, \quad k = 1, 2, \cdots, N$$

的脉冲时间序列 $\{t_k\}^N$ 构成的集合。

注 4.3　文献[30]～[32]等早期工作主要研究连续或离散系统的有限时间稳定问题。文献[30]考虑不确定切换系统的有限时间稳定问题。现有的结果表明，如果齐次系统是等一致全局渐近稳定并且齐次度 $q < 0$，那么该系统是等一致全局有限时间稳定的。Moulay 等[31]将 Lyapunov 方法推广至微分包含系统，并基于光滑与非光滑 Lyapunov 函数，建立有限时间稳定的两个充分条件和两个必要条件。进一步，Addi 等[32]基于 LaSalle 不变原理，推广并统一了 Moulay 等[31]的结果。上述结果的优势在于考虑不连续控制输入下系统的有限时间稳定问题，并针对无法采用连续控制输入的情况，给出若干有效的处理方法。若在某些时刻，系统状态发生突变，并导致脉冲现象，由于状态的不连续性，上述文献中的有限时间的结果均不再适用。相比之下，定理 4.1 和定理 4.2 不仅给出保证系统在脉冲影响下有限时间稳定的充分条件，同时也给出其停息时间的估计。此外，定理 4.1 和定理 4.2 的结果表明，系统的停息时间不仅依赖系统的初始状态，同时也依赖脉冲时间序列。

注 4.4　Hespanha 等[33]给出脉冲系统输入-状态稳定的 Lyapunov 条件，考虑具有破坏性脉冲跳变的稳定连续流和具有镇定性脉冲跳变的不稳定连续流两种情形。但是，定理 4.1 和定理 4.2 仅考虑稳定连续流，分别考虑其受到镇定性脉冲跳变和破坏性脉冲跳变影响时的有限时间稳定问题。与 Lyapunov 稳定不同，有限时间稳定意味着系统的连续流可以在有限时间内到达平衡状态，之后一直停留在平衡状态。若系统具有不稳定的连续流，则要求其在特定时刻受到镇定性脉冲的控制作用。此时，假设存在某一时刻，系统连续流到达平衡状态，由于连续流不稳定，这一时刻必然有

脉冲跳变发生，如图 4.1 所示。也就是说，如果我们想利用镇定性脉冲实现不稳定流的有限时间稳定，则势必在脉冲发生时将系统状态直接重置于平衡状态。显然，这是一种较强、较特殊的脉冲条件。

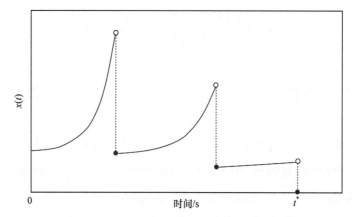

图 4.1   具有镇定性脉冲跳变的不稳定连续流情形

4.2.4   数值仿真

例 4.1   考虑如下二维系统，即

$$\begin{cases} \dot{x}_1 = -\sqrt{|x_1|}\,\text{sign}(x_1) - x_1 x_2^2 \\ \dot{x}_2 = -\sqrt{|x_2|}\,\text{sign}(x_2) + x_1^2 x_2 \end{cases} \tag{4.12}$$

受到脉冲作用有

$$\begin{bmatrix} x_1(t) \\ x_2(t) \end{bmatrix} = \begin{bmatrix} 0.4 & -0.2 \\ 0.25 & 0.4 \end{bmatrix} \begin{bmatrix} x_1(t^-) \\ x_2(t^-) \end{bmatrix}, \quad t = t_n \tag{4.13}$$

其中，$\{t_n\} \in \mathcal{S}$。

设初始状态 $x_0 \in \mathbb{R}^2$ 是任意给定的，取候选 Lyapunov 函数 $V(x) = |x|^2/2$，$x = (x_1, x_2)^{\mathrm{T}}$，则由定理 4.1，可知式(4.3)和式(4.4)成立，其中 $\beta = 0.7$、$\alpha = 2^{0.75}$、$\eta = 0.75$。因此，系统(4.12)和(4.13)关于脉冲集合 $\mathcal{S}$ 是全局有限时间稳定的。特别地，若 $\mathcal{S}$ 给定为 $\mathcal{S}_N$，其中的脉冲时间序列 $\{t_k\}^N$ 满足 $t_N \leqslant 0.8^{N-2.28}\sqrt{|x_0|}$，$N \in \mathbb{Z}_+$，则解 $x(t) = x(t, x_0)$ 的停息时间函数可以由 $T_{\inf}(x_0, \{t_k\}^N) \leqslant 0.8^{N-6.21}\sqrt{|x_0|}$ 界定。例 4.1 以 $x_0 = (0.2, -0.2)^{\mathrm{T}}$ 为初始状态的仿真结果如图 4.2 所示，其中 $N = 0$ 时系统不受脉冲影响，$N = 2$ 时脉冲集

合 $\mathcal{S}_2 = \{0.2, 0.5\}$，$N = 4$ 时脉冲集合 $\mathcal{S}_4 = \{0.1, 0.2, 0.3, 0.35\}$。仿真结果表明，在镇定性脉冲系统(4.13)作用下，系统的停息时间上界变小了。

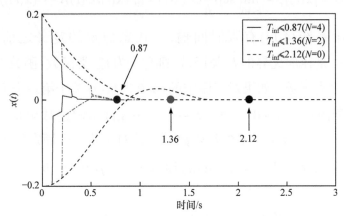

图 4.2　例 4.1 以 $x_0 = (0.2, -0.2)^{\mathrm{T}}$ 为初始状态的仿真结果

4.3　脉冲系统的有限时间输入-状态稳定

4.3.1　系统描述

考虑如下形式的非线性脉冲系统，即

$$\begin{cases} \dot{x}(t) = f(x(t), \omega(t)), & t \neq t_k \\ x(t) = g(x(t^-), \omega(t^-)), & t = t_k \\ x(0) = x_0 \end{cases} \quad (4.14)$$

其中，$x(t) \in \mathbb{R}^n$ 为系统状态；$\dot{x}(t)$ 为 $x(t)$ 的右导数，$x_0 \in \mathbb{R}^n$ 为已知初始状态；$\omega(t) \in \mathbb{R}^m$ 为可测且最终有界的外部输入；$f: \mathbb{R}^n \times \mathbb{R}^m \to \mathbb{R}^n$；$g: \mathbb{R}^n \times \mathbb{R}^m \to \mathbb{R}^n$ 为满足 $f(0,0) = g(0,0) = 0$ 的连续函数；脉冲时间序列 $\{t_k\}_{k \in \mathbb{N}}$ (记为 $\{t_k\}$)满足 $0 =: t_0 < t_1 < \cdots < t_k \to \infty$。

设函数 f 满足一定条件，使系统关于 $x_0 \in \mathbb{R}^n$ 的解 $x(t) = x(t, x_0)$ 在相应区间上是存在且前向唯一的[22]。假设系统的解 $x(t)$ 及外部输入 $\omega(t)$ 是右连续且具有左极限。对于给定的脉冲时间序列 $\{t_k\}$，记半开区间 $(s, t]$ 内的脉冲次数为 $N(t, s)$。

对于给定的局部 Lipschitz 连续函数 $V: \mathbb{R}^n \to \mathbb{R}_+$，沿着系统(4.14)的解

$x(t)$ 的右上 Dini 导数定义为

$$D^+V[x(t)]_f = \lim_{h\to 0^+} \sup \frac{1}{h}(V(x(t)+hf(x(t),\omega(t)))-V(x(t)))$$

在给出系统(4.14)有限时间输入-状态稳定的定义之前，若函数 $\gamma:\mathbb{R}_+ \to \mathbb{R}_+$ 是径向无界的 $\mathcal{K}$ 类函数，则称 γ 为 $\mathcal{K}_\infty$ 类函数；函数 $\beta:\mathbb{R}_+\times\mathbb{R}_+ \to \mathbb{R}_+$ 是 $\mathcal{KL}$ 类函数，如果对于固定的 $t\geqslant 0$，$\beta(\cdot,t)$ 关于第一个变量是 $\mathcal{K}$ 类函数，对于固定的 $s\geqslant 0$，随着 $t\to\infty$，$\beta(s,t)$ 单调递减至 0。连续函数 $\beta:\mathbb{R}_+\times\mathbb{R}_+ \to \mathbb{R}_+$ 是一个 $\mathcal{KL}_0$ 类函数[18]，若对于每一个固定的 $s\geqslant 0$，存在 $T(s)<\infty$，使当 $t\to T(s)$ 时，$\beta(s,t)$ 递减至 0；$\beta(0,0)=0$；对于每一个固定的 $t\geqslant 0$，有

$$\begin{cases} \beta(s_1,t) > \beta(s_2,t), & \beta(s_1,t) > 0,\ s_1 > s_2 \\ \beta(s_1,t) = \beta(s_2,t), & \beta(s_1,t) = 0,\ s_1 > s_2 \end{cases}$$

定义 4.3　对于给定的脉冲时间序列 $\{t_k\}$，若存在 $\mathcal{KL}_0$ 类函数 β 和 $\mathcal{K}_\infty$ 类函数 γ，使对于任意一个 $x_0 \in \mathbb{R}^n$ 和 $\omega(t) \in \mathbb{R}^m$，相应的解 $x(t,x_0)$ 都存在并满足

$$|x(t,x_0)| \leqslant \beta(|x_0|,t) + \gamma(\|\omega\|_{[0,t]}),\quad t\geqslant 0 \qquad (4.15)$$

则称系统(4.14)是有限时间输入-状态稳定的。

相比经典的输入-状态稳定概念，有限时间输入-状态稳定意味着对于任意给定的初始状态 $x_0 \in \mathbb{R}^n$，系统的轨迹 $x(t,x_0)$ 都将在有限时间内进入最终边界，并且之后不再超越该边界。直观的解释如图 4.3 所示。设 $U \subseteq \mathbb{R}^n$ 为包含原点的开集，如果以 U 中任意 x_0 为初始状态，系统(4.14)的解都满足式(4.15)，则称系统(4.14)关于集合 U 是有限时间输入-状态稳定的。设 $\mathcal{F}$ 表示一类容许的脉冲时间序列，若对于 $\mathcal{F}$ 中的任一脉冲时间序列，式(4.15)均成立，并且函数 β、γ 与脉冲时间序列的选择无关，则称系统(4.14)关于脉冲集合 $\mathcal{F}$ 是一致有限时间输入-状态稳定的。

本节主要涵盖以下两类脉冲时间序列。

(1) $\mathcal{F}_\tau$ 表示一类满足如下固定停留时间条件的脉冲时间序列，即

$$\inf_{k\in\mathbb{Z}_0}\{t_{k+1}-t_k\} \geqslant \tau$$

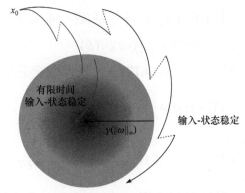

图 4.3　输入-状态稳定与有限时间输入-状态稳定的说明

(2) $\mathcal{F}[\tau_a, N_0]$ 表示一类满足如下平均停留时间条件的脉冲时间序列，即

$$N(t,s) \leqslant N_0 + \frac{t-s}{\tau_a}, \quad t \geqslant s \geqslant 0$$

其中，τ_a 和 N_0 为正数；τ_a 称为 ADT 常数。

下面考虑脉冲的影响，分别基于上述固定驻留时间条件和 ADT 条件，建立系统(4.14)有限时间输入-状态稳定的充分条件。

4.3.2　固定驻留时间条件

基于固定驻留时间条件，下面给出脉冲系统(4.14)有限时间输入-状态稳定的充分条件。

定理 4.3　若存在 $\mathcal{K}_\infty$ 类函数 φ_1、φ_2、χ，标量 $c > 0$、$\alpha \in (0,1)$、$\eta > 1$、$\vartheta > 0$，以及局部 Lipschitz 连续函数 $V : \mathbb{R}^n \to \mathbb{R}_+$。

(H_1)　对于所有 $x \in \mathbb{R}^n$，$\varphi_1(|x|) \leqslant V(x) \leqslant \varphi_2(|x|)$。

(H_2)　对于所有 $x \in \mathbb{R}^n$，$\omega \in \mathbb{R}^m$，$V(g(x,\omega)) \leqslant \eta V(x) + \chi(|\omega|)$。

(H_3)　沿系统(4.14)以 $x_0 \in U_\vartheta$ 为初始状态的解 $x(t) = x(t,x_0)$，当 $V(x(t)) \geqslant \chi(\|\omega\|_{[0,t]})$ 时，V 的导数满足

$$D^+ V[x(t)]_f \leqslant -cV^\alpha(x(t)), \quad t \neq t_k \tag{4.16}$$

则对于任意的满足

$$\eta^{1-\alpha} c(1-\alpha)\tau > (\eta^{1-\alpha} - 1/2^{1-\alpha})\mu^{1-\alpha} \tag{4.17}$$

的正数 τ ，以及脉冲时间序列 $\{t_k\} \in \mathcal{F}_\tau$ ，系统(4.14)关于 U_ϑ 是有限时间输入-状态稳定的，其中 $\mu := (2\eta\chi(\|\omega\|_\infty)) \vee \varphi_2(\vartheta)$ 。

证明 对于任意的 τ 满足式(4.17)，可以选取充分小的常数 $\delta > 0$ ，使

$$c(1-\alpha)\tau \geqslant \left(1 - \frac{1}{(2\eta)^{1-\alpha}}\right)\mu^{1-\alpha} + \delta$$

那么在 $\left[\dfrac{2\eta^2}{2\eta-1}, 2\eta\right]$ 中任取 λ ，都有 $\lambda > \eta$ 且 $\dfrac{\lambda}{\lambda-\eta} \leqslant 2\eta$ 。

设 $t_k \in \mathcal{F}_\tau$ 为任意脉冲时间序列， $x(t) = x(t, x_0)$ 为系统(4.14)过点 $(0, x_0)$ 的解，其中 $x_0 \in U_\vartheta$ 。方便起见，令 $v(t) := V(x(t))$ ，对于任意的 $s \geqslant 0$ ，定义

$$\beta_1(s,t) := \varphi_2^{1-\alpha}(s) - k\delta - \frac{t-t_k}{t_{k+1}-t_k}\delta , \quad t \in [t_k, t_{k+1}) , \quad k \in \mathbb{Z}_0$$

$$\beta_2(s,t) := \begin{cases} \beta_1^{\frac{1}{1-\alpha}}(s,t), & t \in [0, T(s)) \\ 0, & t \geqslant T(s) \end{cases}$$

其中， $T(s) := \inf\{t \geqslant 0 \mid \beta_1(s,t) \leqslant 0\}$ 。

下证

$$v(t) \leqslant \beta_2(|x_0|, t) \vee (2\eta\chi(\|\omega\|_{[0,t]})) , \quad t \geqslant 0 \tag{4.18}$$

为此，将区间 $[0, \infty)$ 划分成一系列子区间的并集。令 $\rho := 1 \wedge (\lambda - \eta)$ ，根据 $x(t)$ 和 $\omega(t)$ 的右连续性，存在一个时间序列 $0 =: \breve{t}_0 \leqslant \hat{t}_1 < \breve{t}_1 < \hat{t}_2 < \breve{t}_2 < \cdots$ 。使对于每一个 $l \in \mathbb{Z}_0$ ，都有

$$\rho v(t) \geqslant \chi(\|\omega\|_{[0,t]}) , \quad t \in [\breve{t}_l, \hat{t}_{l+1})$$

$$\rho v(t) \leqslant \chi(\|\omega\|_{[0,t]}) , \quad t \in [\hat{t}_{l+1}, \breve{t}_{l+1}) \tag{4.19}$$

记区间 $[\breve{t}_l, \hat{t}_{l+1})$ 内的脉冲点为 $\xi_l, \cdots, \xi_{l_{N(\hat{t}_{l+1}, \breve{t}_l)}}$ 。我们考虑两种情况。

情况 1， $\hat{t}_1 > 0$ ，即 $[0, \hat{t}_1) \neq \varnothing$ 。首先证明，对于任意的 $t \in [0, \hat{t}_1)$ ，有

$$v(t) \leqslant \beta_2(|x_0|, t) \tag{4.20}$$

当 $N(\hat{t}_1, 0) = 0$ 时，区间 $[0, \hat{t}_1)$ 没有脉冲。注意， $c(1-\alpha)\tau > \delta$ ，在 $[0, \hat{t}_1)$ 应用式(4.16)可以推得，对于任意的 $t \in [0, \hat{t}_1)$ ，有

$$v^{1-\alpha}(t) \leqslant V^{1-\alpha}(x_0) - c(1-\alpha)t \leqslant V^{1-\alpha}(x_0) - c(1-\alpha)\tau\frac{t}{t_1} < \varphi_2^{1-\alpha}(|x_0|) - \frac{t}{t_1}\delta$$

当 $N(\hat{t_1}, 0) > 0$ 时，$[0, \hat{t_1})$ 的脉冲点为 $\xi_{1_i} = t_i$，$i \in \{1, 2, \cdots, N(\hat{t_1}, 0)\}$。对于 $t \in [0, t_1)$，由式(4.16)可得 $v^{1-\alpha}(t) \leqslant \varphi_2^{1-\alpha}(|x_0|) - \frac{t}{t_1}\delta$，说明式(4.20)在区间 $[0, t_1)$ 成立。假设式(4.20)在 $[0, t_k)$ 为真，其中 $1 < k < N(\hat{t_1}, 0)$，即对于任意的 $t \in [t_m, t_{m+1})$，$m = 1, 2, \cdots, k-1$，可得

$$v^{1-\alpha}(t) \leqslant \varphi_2^{1-\alpha}(|x_0|) - m\delta - \frac{t - t_m}{t_{m+1} - t_m}\delta$$

通过数学归纳，对任意的 $t \in [t_k, t_{k+1} \wedge \hat{t_1})$，可得

$$v^{1-\alpha}(t) \leqslant \varphi_2^{1-\alpha}(|x_0|) - k\delta - \frac{t - t_k}{t_{k+1} - t_k}\delta \tag{4.21}$$

实际上，由于 $(\lambda - \eta)v(t_k^-) \geqslant \rho v(t_k^-) \geqslant \chi(\|\omega\|_{[0,t_k)})$，由条件(H₂)可知

$$v(t_k) \leqslant \eta v(t_k^-) + \chi(\|\omega\|_{[0,t_k)}) = \lambda v(t_k^-) - [(\lambda - \eta)v(t_k^-) - \chi(\|\omega\|_{[0,t_k)})] \leqslant \lambda v(t_k^-)$$

同时由式(4.16)可得

$$
\begin{aligned}
v^{1-\alpha}(t_k) &\leqslant \lambda^{1-\alpha}[v^{1-\alpha}(t_{k-1}) - c(1-\alpha)(t_k - t_{k-1})] \\
&\leqslant \lambda^{1-\alpha}[v^{1-\alpha}(t_{k-1}) - c(1-\alpha)\tau] \\
&\leqslant \lambda^{1-\alpha}[\varphi_2^{1-\alpha}(|x_0|) - (k-1)\delta - c(1-\alpha)\tau] \\
&\leqslant \lambda^{1-\alpha}\left(\frac{1}{(2\eta)^{1-\alpha}}\varphi_2^{1-\alpha}(|x_0|) - k\delta\right) \\
&< \varphi_2^{1-\alpha}(|x_0|) - k\delta
\end{aligned}
$$

在区间 $(t_k, t_{k+1} \wedge \hat{t_1})$ 应用式(4.16)可得，对于任意的 $t \in (t_k, t_{k+1} \wedge \hat{t_1})$，可得

$$v^{1-\alpha}(t) \leqslant v^{1-\alpha}(t_k) - c(1-\alpha)(t - t_k) \leqslant v^{1-\alpha}(t_k) - c(1-\alpha)\tau\frac{t - t_k}{t_{k+1} - t_k}$$

$$< \varphi_2^{1-\alpha}(|x_0|) - k\delta - \frac{t - t_k}{t_{k+1} - t_k}\delta$$

因此，式(4.20)在区间 $[t_k, t_{k+1} \wedge \hat{t_1})$ 为真。归纳可知，当 $N(\hat{t_1}, 0) > 0$ 时，式(4.20)对任意的 $t \in [0, \hat{t_1})$ 均成立。

此外，若 $\hat{t}_1 = \infty$，则式(4.18)在区间 $[0,\infty)$ 成立；否则，$\hat{t}_1 < \infty$，可以证明对于任意的 $t \geqslant \hat{t}_1$，有下式成立，即

$$v(t) \leqslant 2\eta\chi(\|\omega\|_{[0,t]}) \tag{4.22}$$

对于每一个 $l \in \mathbb{N}$，在区间 $[\hat{t}_l, \check{t}_l)$ 有 $v(t) \leqslant \dfrac{1}{\rho}\chi(\|\omega\|_{[0,t]}) \leqslant 2\eta\chi(\|\omega\|_{[0,t]})$ 成立。这意味着，式(4.22)在区间 $[\hat{t}_l, \check{t}_l)$ 也是成立的。接下来，证明其在区间 $[\check{t}_l, \hat{t}_{l+1})$ 也成立。首先，考虑时刻 $\check{t}_l$，若 $\check{t}_l$ 不是脉冲时刻，则

$$v(\check{t}_l) = \frac{1}{\rho}\chi(\|\omega\|_{[0,\check{t}_l]}) \leqslant 2\eta\chi(\|\omega\|_{[0,\check{t}_l]})$$

若 $\check{t}_l$ 是脉冲时刻，则根据条件 (H_2)，以及 λ 的定义可得

$$v(\check{t}_l) \leqslant \lambda v(\check{t}_l^-) \leqslant \frac{\lambda}{\rho}\chi(\|\omega\|_{[0,\check{t}_l]}) \leqslant \frac{\lambda}{\rho}\chi(\|\omega\|_{[0,\check{t}_l]}) \leqslant 2\eta\chi(\|\omega\|_{[0,\check{t}_l]})$$

因此，式(4.22)在时刻 $\check{t}_l$ 成立。

在 $(\check{t}_l, \hat{t}_{l+1})$，当 $N(\hat{t}_{l+1}, \check{t}_l) = 0$ 时，由式(4.16)可得

$$v^{1-\alpha}(t) \leqslant v^{1-\alpha}(\check{t}_l) - c(1-\alpha)(t - \check{t}_l) \leqslant (2\eta\chi(\|\omega\|_{[0,\check{t}_l]}))^{1-\alpha}$$

当 $N(\hat{t}_{l+1}, \check{t}_l) > 0$ 时，由式(4.16)可得对于任意的 $t \in (\check{t}_l, \xi_{l_l})$，都有 $v(t) < v(\check{t}_l)$。重复论证式(4.21)的过程可以推得对于任意的 $t \in [\xi_{l_k}, \xi_{l_{k+1}} \wedge \hat{t}_{l+1})$，$k \in \{1,2,\cdots,N(\hat{t}_{l+1}, \check{t}_l)\}$，有

$$v^{1-\alpha}(t) \leqslant (2\eta\chi(\|\omega\|_{[0,\check{t}_l]}))^{1-\alpha} - k\delta - \frac{t - \xi_{l_k}}{\xi_{l_{k+1}} - \xi_{l_k}}\delta \leqslant (2\eta\chi(\|\omega\|_{[0,t]}))^{1-\alpha}$$

因此，对于任意的 $t \in (\check{t}_l, \hat{t}_{l+1})$，$v(t) \leqslant 2\eta\chi(\|\omega\|_{[0,t]})$，即对于所有的 $l \in \mathbb{N}$，都有式(4.22)在区间 $[\check{t}_l, \hat{t}_{l+1})$ 成立。结合式(4.22)和式(4.20)，可得式(4.18)在区间 $[0,\infty)$ 为真。

情况 2，$\hat{t}_1 = 0$，即 $[0, \hat{t}_1) = \varnothing$。在这种情况下，重复式(4.22)的论证过程，可得

$$v(t) \leqslant 2\eta\chi(\|\omega\|_{[0,t]}), \quad t \geqslant 0$$

经过上述讨论，可知对于 $\forall t \geqslant 0$，都有式(4.18)成立。

结合条件(H_1)，以及式(4.18)，可得

$$\varphi_1(|x(t)|) \leqslant v(t) \leqslant \beta_2(|x_0|,t) \vee (2\eta\chi(\|\omega\|_{[0,t]}))$$

从而

$$|x(t)| \leqslant \beta(|x_0|,t) + \gamma(\|\omega\|_{[0,t]}), \quad t \geqslant 0$$

其中，$\beta(s,t) = \varphi_1^{-1} \circ \beta_2(s,t)$ 为 $\mathcal{KL}_0$ 类函数；$\gamma(s) = \varphi_1^{-1}(2\eta\chi(s))$ 为 $\mathcal{K}_\infty$ 类函数。

因此，对于任意脉冲时间序列 $\{t_k\} \in \mathcal{F}_\tau$，系统(4.14)关于 U_g 是有限时间输入-状态稳定的。 ■

注 4.5 在连续时间框架下，文献[18]对传统的输入-状态稳定进行了推广，首次提出有限时间输入-状态稳定的概念，并证明具有满足条件(H_1)和(H_3)的 Lyapunov 函数的系统是有限时间输入-状态稳定的。进一步，当考虑脉冲环境下系统的有限时间输入-状态稳定时，定理 4.3 通过建立脉冲频率、系统结构，以及外部输入三者之间的关联，充分考虑脉冲作用和外部输入的影响。

注 4.6 $\omega \equiv 0$ 时，脉冲系统(4.14)无外部输入，定理 4.3 可退化为有限时间稳定结果。针对非线性脉冲系统，文献[22]通过约束连续动态是有限时间稳定的，建立整个系统有限时间稳定的充分条件。由于每次脉冲发生时，满足 $V(x + f_d(x)) \leqslant V(x)$，系统受到的脉冲作用实际上有利于其有限时间稳定。在这种情况下[22]，若要保持系统的有限时间稳定，则无需对脉冲时间序列施加额外的约束。在定理 4.3 中，如果没有外部输入(即 $\omega \equiv 0$)，条件(H_2)就退化为 $V(g(x)) \leqslant \eta V(x)$，其中 $\eta > 1$。这意味着，脉冲作用可能会破坏系统的有限时间稳定。在这种情况下，脉冲不能发生得太频繁。因此，为了保证系统的有限时间稳定，需要条件(4.17)来限制两次相邻脉冲时间间隔的下界。特别地，如果令 $\eta \to 1^+$，则定理 4.3 中的条件(H_2)变为 $V(g(x)) \leqslant V(x)$，此时条件(4.17)可以省略。

4.3.3 平均驻留时间条件

基于 ADT 条件，下面的定理给出脉冲系统(4.14)一致有限时间输入-状态稳定的充分条件。

定理 4.4　若存在 $\mathcal{K}_\infty$ 类函数 φ_1、φ_2、χ，标量 $c>0$、$\alpha\in(0,1)$、$\eta>1$、$\vartheta>0$，以及局部 Lipschitz 连续函数 $V:\mathbb{R}^n\to\mathbb{R}_+$，定理 4.3 中条件 $(\mathrm{H}_1)\sim(\mathrm{H}_3)$ 均成立，则对于任意满足

$$c\tau_a\geqslant e(\overline{\lambda}^{N_0}\overline{\mu})^{1-\alpha}\ln\overline{\lambda} \tag{4.23}$$

的 τ_a 和 N_0，系统 (4.14) 关于 U_ϑ 和 $\mathcal{F}[\tau_a,N_0]$ 是一致有限时间输入-状态稳定的，其中 $\overline{\mu}:=(\overline{\lambda}\chi(\|\omega\|_\infty))\vee\varphi_2(\vartheta)$，$\overline{\lambda}:=\eta+1$。

证明　设 $\{t_k\}\in\mathcal{F}[\tau_a,N_0]$ 为任意脉冲时间序列，$x(t)=x(t,x_0)$ 为系统 (4.14) 过 $(0,x_0)$ 的解，其中 $x_0\in U_\vartheta$。令 $v(t):=V(x(t))$，考虑辅助函数，即

$$\mathcal{L}(s,t):=\left(\overline{\lambda}^{N_0+\frac{t}{\tau_a}}s\right)^{1-\alpha}-c(1-\alpha)t\ ,\quad t,s\geqslant 0$$

设

$$\varpi_0(t):=\frac{\mathrm{d}\mathcal{L}(\varphi_2(\vartheta),t)}{\mathrm{d}t}=\frac{1-\alpha}{\tau_a}\left[\left(\overline{\lambda}^{N_0+\frac{t}{\tau_a}}\varphi_2(\vartheta)\right)^{1-\alpha}\ln\overline{\lambda}-c\tau_a\right]$$

记 $t=t_0^*$ 为 $\varpi_0(t)=0$ 的唯一解。由条件 (4.23) 可得，对于任意 $t\in[0,t_0^*)$，$\varpi_0(t)<0$，且

$$\mathcal{L}(\varphi_2(\vartheta),t_0^*)=-c\tau_a\log_{\overline{\lambda}}\frac{c\tau_a}{e(\overline{\lambda}^{N_0}\varphi_2(\vartheta))^{1-\alpha}\ln\overline{\lambda}}\leqslant 0$$

定义

$$\beta_3(s,t):=\mathcal{L}(\varphi_2(s),t)\ ,\quad t,s\geqslant 0$$

首先证明对于任意的 $s\in[0,\vartheta]$，存在 $T(s):=\inf\{t\geqslant 0|\ \beta_3(s,t)\leqslant 0\}$。若假设不成立，则存在 $\tilde{s}\in[0,\vartheta]$，使对于任意的 $t\geqslant 0$，都有 $\beta(\tilde{s},t)>0$。根据 β_3 的定义，可知 $\beta_3(\tilde{s},t_0^*)\leqslant\mathcal{L}(\varphi_2(\vartheta),t_0^*)\leqslant 0$，与 $\beta_3(\tilde{s},t_0^*)>0$ 矛盾。因此，对于任意的 $s\in[0,\vartheta]$，$T(s)$ 存在。

下证

$$v(t)\leqslant\beta_4(|x_0|,t)\vee(\overline{\lambda}^{N_0+1}\chi(\|\omega\|_{[0,t]}))\ ,\quad t\geqslant 0 \tag{4.24}$$

其中

$$\beta_4(s,t) := \begin{cases} \beta_3^{\frac{1}{1-\alpha}}(s,t), & t \in [0,T(s)), s \in [0,\vartheta] \\ 0, & t \geqslant T(s), s \in [0,\vartheta] \\ \dfrac{\beta_3^{\frac{1}{1-\alpha}}(s,0)}{T(\vartheta)}t, & t \in [0,T(\vartheta)), s > \vartheta \\ 0, & t \geqslant T(\vartheta), s > \vartheta \end{cases}$$

设 $0 =: \breve{t}_0 \leqslant \hat{t}_1 < \breve{t}_1 < \hat{t}_2 < \breve{t}_2 < \cdots$ 为如式(4.19)定义的序列，其中 $\rho = 1$。基于数学归纳法，首先证明对于任意的 $t \in [\breve{t}_l, \hat{t}_{l+1})$，$l \in \mathbb{Z}_0$，有

$$v^{1-\alpha}(t) \leqslant (\overline{\lambda}^{N(t,\breve{t}_l)}v(\breve{t}_l))^{1-\alpha} - c(1-\alpha)(t-\breve{t}_l) \tag{4.25}$$

当 $N(\hat{t}_{l+1},\breve{t}_l) = 0$ 时，可以证明式(4.25)在 $[\breve{t}_l, \hat{t}_{l+1})$ 成立。当 $N(\hat{t}_{l+1},\breve{t}_l) > 0$ 时，记 $[\breve{t}_l, \hat{t}_{l+1})$ 脉冲点为 $\xi_{l_1}, \cdots, \xi_{l_{N(\hat{t}_{l+1},\breve{t}_l)}}$。由式(4.16)可知，对于任意的 $t \in [\breve{t}_l, \xi_{l_1})$，都有 $v^{1-\alpha}(t) \leqslant v^{1-\alpha}(\breve{t}_l) - c(1-\alpha)(t-\breve{t}_l)$。这意味着，式(4.25)在区间 $[\breve{t}_l, \xi_{l_1})$ 成立。假设式(4.25)在 $[\breve{t}_l, \xi_{l_k})$ 成立，其中 $1 < k < N(\hat{t}_{l+1},\breve{t}_l)$，即对于任意的 $t \in [\xi_{l_m}, \xi_{l_{m+1}})$，$m = 1,2,\cdots,k-1$，有

$$v^{1-\alpha}(t) \leqslant (\overline{\lambda}^m v(\breve{t}_l))^{1-\alpha} - c(1-\alpha)(t-\breve{t}_l) \tag{4.26}$$

下证式(4.25)对于任意的 $t \in [\xi_{l_k}, \xi_{l_{k+1}} \wedge \hat{t}_{l+1})$ 均成立。实际上，根据条件 (H_2)，可知

$$v(\xi_{l_k}) \leqslant (\eta+1)v(\xi_{l_k}^-) - (v(\xi_{l_k}^-) - \chi(\|\omega\|_{[0,\xi_{l_k}]})) \leqslant \overline{\lambda}v(\xi_{l_k}^-)$$

由式(4.16)和式(4.26)可知，对于任意的 $t \in (\xi_{l_k}, \xi_{l_{k+1}} \wedge \hat{t}_{l+1})$，有

$$\begin{aligned} v^{1-\alpha}(t) &\leqslant v^{1-\alpha}(\xi_{l_k}) - c(1-\alpha)(t-\xi_{l_k}) \\ &\leqslant (\overline{\lambda}v(\xi_{l_k}^-))^{1-\alpha} - c(1-\alpha)(t-\xi_{l_k}) \\ &\leqslant \overline{\lambda}^{1-\alpha}\left[(\overline{\lambda}^{k-1}v(\breve{t}_l))^{1-\alpha} - c(1-\alpha)(\xi_{l_k}-\breve{t}_l)\right] - c(1-\alpha)(t-\xi_{l_k}) \\ &\leqslant (\overline{\lambda}^k v(\breve{t}_l))^{1-\alpha} - c(1-\alpha)(t-\breve{t}_l) \end{aligned}$$

则式(4.25)在区间 $[\xi_{l_k}, \xi_{l_{k+1}} \wedge \hat{t}_{l+1})$ 成立。因此，在 $[\breve{t}_l, \hat{t}_{l+1})$，式(4.25)为真。下面考虑两种情况。

情况 1，$\hat{t}_1 > 0$。在这种情况下，可以证明

$$v(t) \leqslant \beta_4(|x_0|,t), \quad t \in [0,\hat{t}_1) \tag{4.27}$$

实际上，由式(4.25)可得

$$v^{1-\alpha}(t) \leqslant (\bar{\lambda}^{N(t,0)}V(x_0))^{1-\alpha} - c(1-\alpha)t$$

$$\leqslant \left(\bar{\lambda}^{N_0+\frac{t}{\tau_a}}V(x_0) \right)^{1-\alpha} - c(1-\alpha)t , \quad t \in [0,\hat{t}_1)$$

$$= \mathcal{L}(V(x_0),t)$$

$$\leqslant \mathcal{L}(\varphi_2(\|x_0\|),t)$$

因此，式(4.27)在 $[0,\hat{t}_1)$ 成立。若 $\hat{t}_1 = \infty$，则式(4.27)对于所有的 $t \geqslant 0$ 均成立；若 $\hat{t}_1 < \infty$，则证明

$$v(t) \leqslant \bar{\lambda}^{N_0+1}\chi(\|\omega\|_{[0,t]}) , \quad t \geqslant \hat{t}_1 \tag{4.28}$$

首先，根据 $\hat{t}_l(l \in \mathbb{N})$ 的定义，显然式(4.28)在区间 $[\hat{t}_l,\check{t}_{l+1})$ 成立。因此，只需证明式(4.28)在 $[\check{t}_l,\hat{t}_{l+1})$ 成立。考虑时刻 $\check{t}_l$，若 $\check{t}_l$ 不是脉冲时刻，则

$$v(\check{t}_l) = \chi(\|\omega\|_{[0,\check{t}_l]}) \leqslant \bar{\lambda}\chi(\|\omega\|_{[0,\check{t}_l]})$$

若 $\check{t}_l$ 是脉冲时刻，由条件(H_2)可知

$$v(\check{t}_l) \leqslant \bar{\lambda}v(\check{t}_l^-) \leqslant \bar{\lambda}\chi(\|\omega\|_{[0,\check{t}_l]})$$

不论哪种情况，都有 $v(\check{t}_l) \leqslant \bar{\lambda}\chi(\|\omega\|_{[0,\check{t}_l]})$ 成立。此外，由式(4.26)可得

$$v^{1-\alpha}(t) \leqslant (\bar{\lambda}^{N(t,\check{t}_l)}v(\check{t}_l))^{1-\alpha} - c(1-\alpha)(t-\check{t}_l)$$

$$\leqslant \left(\bar{\lambda}^{N_0+\frac{t-\check{t}_l}{\tau_a}}v(\check{t}_l) \right)^{1-\alpha} - c(1-\alpha)(t-\check{t}_l) , \quad t \in [\check{t}_l,\hat{t}_{l+1})$$

$$= \mathcal{L}(v(\check{t}_l),t-\check{t}_l)$$

令

$$\varpi_l(t) := \frac{\mathrm{d}\mathcal{L}(v(\check{t}_l),t)}{\mathrm{d}t} = \frac{1-\alpha}{\tau_a}\left[\left(\bar{\lambda}^{N_0+\frac{t}{\tau_a}}v(\check{t}_l) \right)^{1-\alpha}\ln\bar{\lambda} - c\tau_a \right]$$

且 $t = t_l^*$ 为 $\varpi_l(t) = 0$ 的唯一解。由 $\hat{t}_{l+1}$ 的定义可知，$\check{t}_l + t_l^* \leqslant \hat{t}_{l+1}$。根据条件(4.16)，在 $[0,t_l^*)$，$\varpi_l(t) < 0$ 且

$$\mathcal{L}(v(\check{t}_l),t_l^*) = -c\tau_a\log_{\bar{\lambda}}\frac{c\tau_a}{e(\bar{\lambda}^{N_0}v(\check{t}_l))^{1-\alpha}\ln\bar{\lambda}} \leqslant 0$$

因此，$\mathcal{L}(v(\breve{t}_l), t - \breve{t}_l)$ 在区间 $[\breve{t}_l, \hat{t}_{l+1})$ 是单调递减的。进而，对于任意的 $t \in [\breve{t}_l, \hat{t}_{l+1})$，有

$$v^{1-\alpha}(t) \leqslant \mathcal{L}(v(\breve{t}_l), t - \breve{t}_l) \leqslant \mathcal{L}(v(\breve{t}_l), 0) \leqslant (\overline{\lambda}^{N_0+1} \chi(\|\omega\|_{[0,\breve{t}_l]}))^{1-\alpha}$$

因此，式(4.28)对所有 $t \geqslant \hat{t}_l$ 均成立。同时，由式(4.27)可得，对于所有 $t \geqslant 0$，式(4.24)为真。

情况 2，$\hat{t}_1 = 0$。采用与定理 4.3 类似的证明思路，可以证明

$$v(t) \leqslant \overline{\lambda}^{N_0+1} \chi(\|\omega\|_{[0,t]}), \quad t \geqslant 0$$

因此，式(4.24)对于所有的 $t \geqslant 0$ 均成立。

结合式(4.24)及条件(H_1)，可得

$$|x(t)| \leqslant \overline{\beta}(|x_0|, t) + \overline{\gamma}(\|\omega\|_{[0,t]}), \quad t \geqslant 0$$

其中，$\overline{\beta}(s,t) = \varphi_1^{-1}(\beta_4(s,t))$ 为 $\mathcal{KL}_0$ 类函数；$\overline{\gamma}(s) = \varphi_1^{-1}(\overline{\lambda}^{N_0+1}\chi(s))$ 为 $\mathcal{K}_\infty$ 类函数。

因此，系统(4.14)关于 U_9 和 $\mathcal{F}[\tau_a, N_0]$ 一致有限时间输入-状态稳定。∎

注 4.7　定理 4.4 给出系统(4.14)关于脉冲集合 $\mathcal{F}[\tau_a, N_0]$ 一致有限时间输入-状态稳定的充分条件。结果表明，若脉冲时间序列的 ADT 常数满足式(4.23)，则系统是有限时间输入-状态稳定的。值得一提的是，相比定理 4.3，定理 4.4 对脉冲时间序列的限制实际上更强。这一点可以通过 $N_0 = 1$ 的情况进行解释，为了保证系统是有限时间输入-状态稳定的，ADT 条件(4.23)变为固定驻留时间条件，即 $c\tau \geqslant e(\eta+1)^{1-\alpha} \ln(\eta+1)\overline{\mu}^{1-\alpha}$。定理 4.3 要求

$$c\tau > \frac{1}{1-\alpha}\left[1 - \frac{1}{(2\eta)^{1-\alpha}}\right]\mu^{1-\alpha}$$

因此，尽管定理 4.4 基于 ADT 条件，但对脉冲时间序列的限制本质上比定理 4.3 强。

4.3.4　数值仿真

下面给出两个数值例子，验证所得结论。

例 4.2　考虑如下脉冲系统，即

$$\begin{cases} \dot{x}(t) = -2x^{\frac{1}{3}}(t) - x(t) + \omega^2(t), & t \neq t_k \\ x(t) = 1.2x(t^-) + \omega^2(t^-), & t = t_k \end{cases} \tag{4.29}$$

设初始状态 $x_0 \in U_\vartheta$，其中 ϑ 为给定正数。选取 $V(x) = |x|$，由定理 4.3，$t = t_k$ 时，易得

$$V(g(x(t), \omega(t))) = |1.2x(t^-) + \omega^2(t^-)| \leqslant 1.2|x(t^-)| + \omega^2(t^-)$$

从而有 $\eta = 1.2$，以及 $\chi(s) = s^2$。当 $t \neq t_k$，可得式(4.16)成立，并且 $c = 2$、$\alpha = 1/3$。因此，根据定理 4.3，系统(4.14)对于任意满足 $\tau \geqslant 0.34\mu^{2/3}$ 的 $\{t_k\} \in \mathcal{F}_\tau$ 是有限时间输入-状态稳定的，其中 μ 由式(4.17)给出。

仿真时，我们取 $\vartheta = 5$、$\omega(t) = 0.5(1 + \sin t)$，以及 $t_k = 0.97k$，$k \in \mathbb{Z}_0$。图 4.4(a)给出脉冲的强度，以及系统(4.29)关于 $x_0 = 5$ 的轨迹。可以观察到，

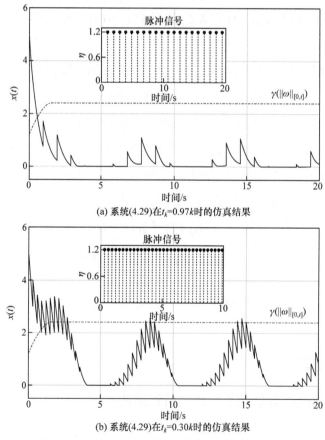

(a) 系统(4.29)在 $t_k = 0.97k$ 时的仿真结果

(b) 系统(4.29)在 $t_k = 0.30k$ 时的仿真结果

图 4.4　系统(4.29)在不同脉冲序列下的仿真结果

该轨迹在有限时间内进入边界 $\gamma(\|\omega\|_{[0,t]})$，且此后不会超越该边界。在相同的初始条件下，若取 $t_k = 0.30k$，$k \in \mathbb{Z}_0$，违反了所得到的固定驻留时间条件，此时图 4.4(b) 表明系统的轨迹将不断地超出最终的边界 $\gamma(\|\omega\|_{[0,t]})$。

例 4.3　考虑下述三维系统，即

$$\begin{cases} \dot{x}_1 = -\sqrt{|x_1|}\,\mathrm{sign}(x_1) - 2x_1 + x_2 + \omega_1 \\ \dot{x}_2 = -\sqrt{|x_2|}\,\mathrm{sign}(x_2) - 2x_2 + x_3 + \omega_2 \\ \dot{x}_3 = -\sqrt{|x_3|}\,\mathrm{sign}(x_3) - 2x_3 + x_1 + \omega_3 \end{cases} \tag{4.30}$$

受脉冲的影响，即

$$x(t) = Ax(t^-) + B\omega(t^-), \quad t = t_k \tag{4.31}$$

其中，$x = (x_1, x_2, x_3)^{\mathrm{T}}$；$\omega = (\omega_1, \omega_2, \omega_3)^{\mathrm{T}}$；$\{t_k\} \in \mathcal{F}_\tau$；$A = \begin{bmatrix} 1.3 & 0.2 & 0.1 \\ 0 & 1.1 & 0 \\ 0 & 0 & 1.2 \end{bmatrix}$；

$B = \begin{bmatrix} 0.1 & 0.2 & 0 \\ 0 & -0.2 & 0.3 \\ 0.2 & 0 & 0.1 \end{bmatrix}$。

设初始状态 $x_0 \in U_\vartheta$，其中 $\vartheta > 0$ 为一给定常数。取 $V(x) = x^{\mathrm{T}}x$，由定理 4.3 可得，式(4.16)成立，并且 $c = 2$，$\alpha = 3/4$。当 $t = t_k$ 时，可得

$$V(x(t)) = x^{\mathrm{T}}(t)x(t)$$

$$= x^{\mathrm{T}}(t^-)A^{\mathrm{T}}Ax(t^-) + x^{\mathrm{T}}(t^-)A^{\mathrm{T}}B\omega(t^-) + \omega^{\mathrm{T}}(t^-)B^{\mathrm{T}}Ax(t^-) + \omega^{\mathrm{T}}(t^-)B^{\mathrm{T}}B\omega(t^-)$$

$$\leqslant 2x^{\mathrm{T}}(t^-)A^{\mathrm{T}}Ax(t^-) + 2\omega^{\mathrm{T}}(t^-)B^{\mathrm{T}}B\omega(t^-)$$

$$\leqslant \eta V(x(t^-)) + \chi(\|\omega\|_{[0,t]})$$

其中，$\eta = 2\lambda_{\max}(A^{\mathrm{T}}A)$；$\chi(s) = 2\lambda_{\max}(B^{\mathrm{T}}B)s^{\mathrm{T}}s$。

由定理 4.3 可知，当 $\tau \geqslant 0.78\mu^{1/4}$ 时，系统(4.30)和(4.31)关于脉冲时间序列 $\{t_k\} \in \mathcal{F}_\tau$ 是有限时间输入-状态稳定的。特别地，若 $\omega_i(t) = 0.5(1 + \cos t)$，$i = 1, 2, 3$，$\vartheta = 2$，$t_k = 0.94k$，$k \in \mathbb{Z}_0$，则系统分别以 $x_0 = (-1.2, 0, 0.1)^{\mathrm{T}}$、$x_0 = (1.1, 0.1, -0.4)^{\mathrm{T}}$、$x_0 = (0.3, 0.4, 1.5)^{\mathrm{T}}$，以及 $x_0 = (-0.4, 1.1, 1.5)^{\mathrm{T}}$ 为初始状态的轨迹如图 4.5 所示。

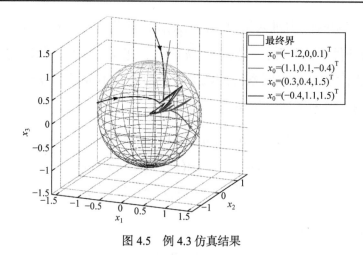

图 4.5　例 4.3 仿真结果

4.4　延展：时变系统的有限时间稳定与停息时间估计

本章前 3 节主要研究脉冲系统的有限时间稳定与停息时间估计，以及有限时间输入-状态稳定问题。抛开脉冲信号的影响，本节介绍具有时变结构的连续时间系统的有限时间稳定概念，建立局部和全局有限时间稳定的充分条件和停息时间估计，然后给出一类受时变扰动的 Brockett 积分器的有限时间控制器设计。

4.4.1　系统描述

考虑下述系统，即

$$\dot{x}(t) = f(t, x(t)), \quad x(0) = x_0, \quad t \geqslant 0 \tag{4.32}$$

其中，$x \in \mathbb{R}^n$ 为系统状态；$f : \mathbb{R}_+ \times \mathbb{R}^n \to \mathbb{R}^n$ 为连续函数，对于所有的 $t \in \mathbb{R}_+$，满足 $f(t, 0) = 0$。

假设系统(4.32)在相应区间有前向唯一解，记 $x(t, x_0)$ 为其过 $(0, x_0)$ 的解。

定义 4.4[13]　设 $U \subseteq \mathbb{R}^n$ 为包含原点的开区域，若存在函数 $T(x) : U \to \mathbb{R}_+$，使对于任意 $x_0 \in U$，系统(4.32)的解 $x(t, x_0)$ 在 $[0, T(x_0))$ 上均有定义，且 $\lim_{t \to T(x_0)} x(t, x_0) = 0$，则称系统(4.32)关于 U 是局部有限时间收敛的，其中 $T(x)$ 称为系统(4.32)的停息时间函数。若 $U = \mathbb{R}^n$，则称系统(4.32)是全局

有限时间收敛的。如果系统(4.32)关于 U 是局部有限时间收敛的，并且是 Lyapunov 稳定的，则称系统(4.32)关于 U 是局部有限时间稳定的。此外，若 $U = \mathbb{R}^n$，则称系统(4.32)是全局有限时间稳定的。

引理 4.1 已经给出系统有限时间稳定的理论判据，但该结果只适用于具有时不变结构或较为特殊时变结构的系统[34]，使对于一般时变情形(甚至是较为简单的情形)，这些结果不再适用。这一论断可以由下述例子说明。

考虑时变系统，即

$$\dot{x}(t) = \frac{\sin t - 1}{1 + t^2} x^{\frac{1}{3}}(t), \quad x(0) = x_0, \quad t \geqslant 0 \tag{4.33}$$

其中，$x_0 \in \mathbb{R}$。

取 $V(x) = x^2$，则有

$$\dot{V} = \frac{2(\sin t - 1)}{1 + t^2} V^{\frac{2}{3}}$$

此时很难找到一个正实数 α 使式(4.2)成立。换言之，引理 4.1 的条件很难得到验证。此时如何确定系统(4.33)的动态？它是否是有限时间稳定的？如果是有限时间稳定的，如何估计相应的吸引域和停息时间？

受上述问题的启发，下面针对时变系统(4.32)，基于 Lyapunov 方法建立其有限时间稳定的若干充分条件。与文献[34]的结果相比，系统将有效弱化对于 Lyapunov 函数导数的限制。此外，理论结果表明，时变系统停息时间的上界不仅依赖其初始状态，也依赖系统的时变结构。

4.4.2　时变系统的有限时间稳定分析

下面给出保证系统局部有限时间稳定，以及全局有限时间稳定的 Lyapunov 充分条件。

定理 4.5 (局部有限时间稳定)　如果存在函数 α_1、$\alpha_2 \in \mathcal{K}_\infty$，常数 $\beta \in (0,1)$，以及可微函数 $V : \mathbb{R}_+ \times \mathbb{R}^n \to \mathbb{R}_+$，使对于所有 $t \in \mathbb{R}_+$。

(1) $\alpha_1(|x|) \leqslant V(t,x) \leqslant \alpha_2(|x|)$，$\forall x \in \mathbb{R}^n$。

(2) $D^+V[t,x(t)] \leqslant -c(t)V^\beta(t,x(t))$，其中 $x(t) = x(t,x_0)$ 为系统(4.32)满足

$x_0 \in U_\gamma$ 的解，$c: \mathbb{R}_+ \to \mathbb{R}_+$，满足

$$\lim_{t \to +\infty} \int_0^t c(s)\mathrm{d}s := M < +\infty \tag{4.34}$$

的分段连续函数，则系统(4.32)关于 U_γ 是局部有限时间稳定的，其中 $\gamma = \alpha_2^{-1}([(1-\beta)M]^{1/(1-\beta)})$。系统依赖初始状态 $x_0 \in U_\gamma$ 的停息时间函数满足

$$T(x_0) \leqslant \inf\left\{t \in \mathbb{R}_+ \mid \int_0^t c(s)\mathrm{d}s = \frac{V^{1-\beta}(0, x_0)}{1-\beta}\right\} \tag{4.35}$$

证明　设 $x(t) = x(t, x_0)$ 为系统(4.32)过 $(0, x_0)$ 的解，其中 $x_0 \in U_\gamma$。为了便于说明，定义 $V(t) = V(t, x(t))$，易得

$$\frac{V^{1-\beta}(0)}{1-\beta} \leqslant M \tag{4.36}$$

定义

$$T_*(x_0) := \inf\left\{t \in \mathbb{R}_+ \mid \int_0^t c(s)\mathrm{d}s = \frac{V^{1-\beta}(0)}{1-\beta}\right\}$$

由式(4.34)和式(4.36)可知，$T_*(x_0)$ 有意义。由条件(1)和(2)可得，沿 $x(t)$ 对任意的 $t \in [0, T_*(x_0))$，有

$$V^{1-\beta}(t) \leqslant V^{1-\beta}(0) - (1-\beta)\int_0^t c(s)\mathrm{d}s$$

同时，$\lim_{t \to T_*(x_0)} V(t) = 0$。注意到，$c(t)$ 在 $\mathbb{R}_+$ 上是非负的，则根据条件(2)推得 V 在 $\mathbb{R}_+$ 上单调不增。因此，在 $\mathbb{R}_+$ 上恒有 $V(t) \leqslant V(0)$，且当 $t \geqslant T_*(x_0)$ 时，$V(t) \equiv 0$。所以，系统(4.32)关于 U_γ 是局部有限时间稳定的。　∎

注 4.8　定理 4.5 给出系统(4.32)局部有限时间稳定的充分条件及其吸引域估计。从吸引域估计可知，对于给定的 $\mathcal{K}_\infty$ 类函数 α_2，吸引域参数 γ 将依赖 M 及 β。确切而言，若将 γ 视为关于 β 的函数，当 $M > e$ 时，γ 的最大值为 $\gamma_{\max} = \alpha_2^{-1}(\exp(M/e))$；当 $M \leqslant e$ 时，随 β 在区间 $(0,1)$ 逐渐递增，γ 的值将逐渐减小。$\alpha_2(s) = s$ 时，γ 随 β 的变化情况如图 4.6 所示。

注 4.9　若 $M = +\infty$，根据定理 4.5 的证明可得 $U_\gamma = \mathbb{R}^n$，从而得到系统(4.32)全局有限时间稳定的结果。

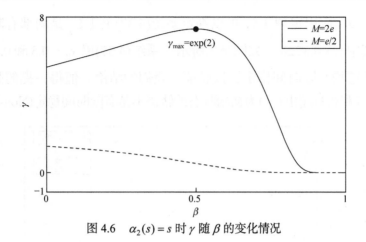

图 4.6　$\alpha_2(s) = s$ 时 γ 随 β 的变化情况

定理 4.6 (全局有限时间稳定)　假设定理 4.5 的条件(1)和(2)成立，其中

$$\lim_{t \to +\infty} \int_0^t c(s)\mathrm{d}s = +\infty$$

则系统(4.32)是全局有限时间稳定的，并且系统依赖初始状态 $x_0 \in \mathbb{R}^n$ 的停息时间函数满足式(4.35)。

注 4.10　与文献[7]，[15]中经典的 Lyapunov 结果相比，定理 4.5 和定理 4.6 给出的结果不但可以用于时变系统的有限时间稳定分析，而且条件(1)中 $c(t)$ 的下界允许为 0。尽管文献[11]将文献[10]的结果推广至 $c(t)$ 几乎处处为正的情形，但是仍然排除了某些区间上 $c(t) = 0$ 的可能性。同时，由文献[11]的结果很难得到系统有限时间稳定的吸引域和停息时间估计。为了进一步研究时变系统的有限时间稳定问题，定理 4.5 和定理 4.6 分别建立时变系统局部有限时间稳定和全局有限时间稳定的 Lyapunov 充分条件，所得结果适用于更为一般的时变情形，相应的吸引域及停息时间也更容易估计。为了便于理解，考虑系统，即

$$\dot{x}(t) = -\frac{\lambda(t)}{1+t^2} x^{\frac{1}{3}}(t), \quad x(0) = x_0, \quad t \geqslant 0 \tag{4.37}$$

其中，$\lambda(t) = \sin t \vee 0$，$x_0 \in \mathbb{R}$。

对于系统(4.37)，由于 $\lambda(t)$ 时变且在一定区间上为 0，文献[10]，[11]，[15]的结果很难用于有限时间稳定分析。这种情况下，若取 $V(x) = x^2$，可以验证定理 4.5 的条件成立，其中 $\beta = 2/3$、$c(t) = 2(\sin t \vee 0)/(1+t^2)$、

$M \approx 1.5539$。应用定理 4.5，可以判定系统(4.37)关于 U_γ 是局部有限时间稳定的，其中 $\gamma \approx 0.3728$。如图 4.7 所示，系统(4.37)以 $x_0 = 0.3$ 和 0.2 为初始状态的轨迹均有限时间稳定，这验证了我们的结论。值得一提的是，系统以 $x_0 = 0.5$ 和 0.4 (超出 U_γ)为初始状态的轨迹不是有限时间稳定(Non-FTS)的。

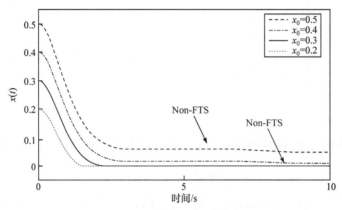

图 4.7　不同初始状态下系统(4.37)的轨迹

注 4.11　需要注意的是，尽管定理 4.5 和定理 4.6 推广了文献[13]和[34]的结果，但是仍然要求存在满足条件(2)的非负时变函数 $c(t)$。因此，沿系统(4.32)的解，Lyapunov 函数的导数始终是半负定的，从而保证了系统是 Lyapunov 稳定的。若将条件(2)改为 $c(t)$ 在某些区间上负定，则系统(4.32)可能不稳定，不可能做到有限时间稳定。因此，尽管要求 $c(t)$ 非负会带来一定的保守性，但是对于保证系统有限时间稳定是至关重要的。

4.4.3　时变系统的有限时间控制器设计

考虑下述系统，即

$$\dot{x} = G(x)u \tag{4.38}$$

其中，$x \in \mathbb{R}^n$ 为系统状态；$u \in \mathbb{R}^m$ ($m < n$)为控制输入；$G(x)$ 为合适维数的状态矩阵。

过去几十年，此类系统在控制输入下的渐近稳定得到广泛关注。文献[35]指出，系统(4.38)不能被连续可微的状态反馈控制镇定。下面考虑系统(4.38)的一个典型范例——Brockett 积分器[36]在外部干扰下的有限时间控制问题。

考虑外部干扰下的 Brockett 系统，即

$$\begin{cases} \dot{x}_1(t) = u_1 \\ \dot{x}_2(t) = u_2 \\ \dot{x}_3(t) = w_1(t)x_1u_2 - w_2(t)x_2u_1 \end{cases} \tag{4.39}$$

其中，$t \geqslant 0$；$x(t) = (x_1(t), x_2(t), x_3(t))^{\mathrm{T}}$ 表示系统状态，$x_i(t): \mathbb{R}_+ \to \mathbb{R}$，$i = 1,2,3$，为状态分量；$u = (u_1, u_2)^{\mathrm{T}}$ 为控制输入，$u_j(t): \mathbb{R}_+ \to \mathbb{R}$，$j = 1,2$，为控制输入分量；$w_j(t): \mathbb{R}_+ \to \mathbb{R}$，$j = 1,2$，为外部干扰项的连续函数。

对于任意可积函数 $\rho(t): \mathbb{R}_+ \to \mathbb{R}$，我们引入集合 $\mathcal{F}$ 的概念，即

$$\mathcal{F} = \left\{ \rho(t) \in \mathbb{R} \mid \int_0^t \rho(s)\mathrm{d}s \to +\infty, t \to +\infty \right\}$$

定义 4.5　给定包含原点的集合 $\mathcal{O} \in \mathbb{R}^3$，若对任意的 $\epsilon > 0$，存在相应的 $\delta(\epsilon) > 0$，使对所有的 $x_0 \in \mathcal{O} \bigcap B_\delta$，$x(t) \in B_\epsilon$ 对任意 $t \geqslant 0$ 都成立，且当 $t \to +\infty$ 时，$x(t) \to 0$，则称系统(4.39)关于集合 $\mathcal{O}$ 是相对渐近稳定的，其中 B_δ 和 B_ϵ 分别表示以 δ 和 ϵ 为半径的内部包含原点的开球域。

假设 4.1　存在连续函数 $\eta(t): \mathbb{R}_+ \to \mathbb{R}$，使对任意 $t \geqslant 0$，都有 $\eta(t)w_1(t) \geqslant 0$ 成立，并且反常积分，即

$$\int_0^{+\infty} \eta(s)w_1(s)\mathrm{d}s = +\infty$$

假设 4.2　存在两个连续函数 $\rho_1(t), \rho_2(t) \in \mathcal{F}$ 使如下等式关系对任意 $t \geqslant 0$ 都成立，即

$$w_1(t)\rho_2(t) = w_2(t)\rho_1(t)$$

定理 4.7　在假设 4.1 和 4.2 成立的前提下，若控制输入 u 设计为

$$u = \begin{bmatrix} u_1 \\ u_2 \end{bmatrix} = \begin{bmatrix} -\rho_1(t)x_1 \\ -\dfrac{\eta(t)x_3^{\frac{1}{3}}}{x_1} - \rho_2(t)x_2 \end{bmatrix} \tag{4.40}$$

则系统(4.39)关于集合 $\mathcal{O} \overset{\text{def}}{=\!=} \{x = (x_1, x_2, x_3)^{\mathrm{T}} \in \mathbb{R}^3 \mid x_3 = 0, x_1 \neq 0\}$ 是相对渐近

稳定的。

证明　首先验证系统(4.39)的吸引性。对于 $x_1(0) \neq 0$ 的情况，由控制输入(4.40)可得

$$\dot{x}_1(t) = -\rho_1(t)x_1$$

进而可得状态分量 $x_1(t)$ 的解，即

$$x_1(t) = x_1(0)\exp\int_0^t -\rho_1(s)\mathrm{d}s$$

注意到 $\rho_1(t) \in \mathcal{F}$，易知当 $t \to +\infty$ 时，$x_1(t) \to 0$，表明状态分量 $x_1(t)$ 渐近趋于零。此外，系统(4.39)的第三个状态分量在控制输入(4.40)下转化为

$$\dot{x}_3(t) = -\eta(t)w_1(t)x_3^{1/3}$$

结合假设 4.1 和定理 4.6 可知，$x_3(t)$ 是有限时间稳定的，且停息时间 T 的估计由式(4.35)给出。当 $t \geqslant T$ 时，$\dfrac{x_3^{1/3}}{x_1} \equiv 0$。此时，系统(4.39)的第二个状态分量在控制输入下转化为

$$\dot{x}_2 = -\rho_2(t)x_2$$

类似于上述分析过程，可知状态分量 $x_2(t)$ 渐近趋于零。对于 $x_1(0) = 0$ 的情况，我们可以采用开环控制方法引导系统状态到达 $x_1(t)$ 的非零值。综上，系统(4.39)的吸引性得证。

其次，验证系统(4.39)关于集合 $\mathcal{O}$ 的相对稳定性。当 $t \geqslant T$ 时，系统(4.39)转化为

$$\begin{cases} \dot{x}_1(t) = -\rho_1(t)x_1 \\ \dot{x}_2(t) = -\rho_2(t)x_2 \\ x_3(t) = 0 \end{cases}$$

这表明，系统状态从此刻进入集合 $\mathcal{O}$，同时 $x_1(t)$ 和 $x_2(t)$ 随 $t \to +\infty$ 收敛到原点。因此，当 $x_0 \in \mathcal{O}$ 时，$x_3(t) \equiv 0$，且当 $t \to +\infty$ 时，$x_1(t)$ 与 $x_2(t) \to 0$，因此系统(4.39)关于集合 $\mathcal{O}$ 是相对渐近稳定的。　∎

注 4.12　定理 4.7 给出外部干扰下 Brockett 积分器渐近镇定问题的一

种时变反馈控制方案。通过弱化稳定性条件，可以实现系统(4.39)的相对渐近稳定。此外，在控制输入 u 的设计过程中，我们采用切换有限时间控制器设计方法，实际上这也是一种不连续的控制手段。需要特别指出的是，函数 $\eta(t)$、$\rho_1(t)$、$\rho_2(t)$ 的设计至关重要，因为它们可以保证状态分量 $x_3(t)$ 的有限时间稳定。

4.4.4　数值仿真

例 4.4　考虑下述二维时变系统，即

$$\begin{cases} \dot{x}_1(t) = (\sin t - 1)x_1^{\frac{1}{3}} + \sin t\, x_2^{\,2} x_1 \\ \dot{x}_2(t) = (\cos t - 1)x_2^{\frac{1}{3}} - x_1^{\,2} x_2 \end{cases} \tag{4.41}$$

其中，$t \geqslant 0$。

取 Lyapunov 函数 $V(x) = x_1^{\,2} + x_2^{\,2}$，则 $V(x)$ 沿系统(4.41)的导数满足

$$\begin{aligned} D^+V(t) &= 2x_1\left[(\sin t - 1)x_1^{\frac{1}{3}} + \sin t\, x_2^{\,2} x_1\right] + 2x_2\left[(\cos t - 1)x_2^{\frac{1}{3}} - x_1^{\,2} x_2\right] \\ &= 2(\sin t - 1)x_1^{\frac{4}{3}} + 2(\cos t - 1)x_2^{\frac{4}{3}} + 2(\sin t - 1)x_1^{\,2} x_2^{\,2} \\ &\leqslant 2(\sin t - 1)x_1^{\frac{4}{3}} + 2(\cos t - 1)x_2^{\frac{4}{3}} \\ &\leqslant 2\left[(\sin t - 1) \vee (\cos t - 1)\right](x_1^{\frac{4}{3}} + x_2^{\frac{4}{3}}) \\ &\leqslant -c(t)V^{\frac{2}{3}}(t) \end{aligned}$$

其中，$c(t) = 2\left[1 - (\sin t \vee \cos t)\right]$。

验算可知，$c(t) \geqslant 0$ 在 $\mathbb{R}_+$ 上恒成立，因此系统(4.41)是 Lyapunov 稳定的。由于 $c(t)$ 在 $\mathbb{R}_+$ 上的最小值为 0，因此经典的有限时间稳定判据[7,10,15]不再适用。根据定理 4.6，$c(t)$ 满足条件(4.34)且 $M = +\infty$，因此系统(4.41)是有限时间稳定的。取系统(4.41)初始状态为 $x_0 = (3,4)^{\mathrm{T}}$，由式(4.35)可得系统的停息时间估计为 $T(x_0) \leqslant 6.82$。

例 4.5 考虑系统(4.39)与 $w_1(t) = t/20$、$w_2(t) = 1 - \cos(t/2)$，控制输入(4.40)设计为

$$u = \begin{bmatrix} u_1 \\ u_2 \end{bmatrix} = \begin{bmatrix} -\dfrac{t}{200}x_1 \\ -\dfrac{x_3^{\frac{1}{3}}}{x_1} - \dfrac{1}{10}\left(1 - \cos\dfrac{t}{2}\right)x_2 \end{bmatrix}$$

显然，$\eta(t)$、$\rho_1(t)$、$\rho_2(t)$ 的选取满足假设 4.1 和假设 4.2。因此，由定理 4.7 可得，系统(4.39)关于集合 $\mathcal{O} \overset{\text{def}}{=} \{x = (x_1, x_2, x_3)^{\mathrm{T}} \in \mathbb{R}^3 \mid x_3 = 0, x_1 \neq 0\}$ 是相对渐近稳定的。值得一提的是，由于系统(4.39)中扰动项的存在，基于文献[10]，经典的有限时间稳定判据会导致控制输入(4.40)在某一时刻趋于无穷大，这是不现实的[37]。

选择系统(4.39)初始状态为 $x_0 = (10, -4, 4)^{\mathrm{T}}$，相应的数值仿真结果如图4.8 和图 4.9 所示。在图 4.8 中，$x_3(t)$ 在有限时间内收敛到 0，然后 $x_1(t)$ 和 $x_2(t)$ 渐近收敛到 0。控制输入 u_1 和 u_2 随着时间的变化而变化，当 $x(t)$ 收敛到 0 时，控制输入 u_1 和 u_2 就变成了 0。在图 4.9 中，系统状态 $x(t)$ 在有限时间内进入集合 $\mathcal{O}$ 并最终渐近趋于原点。这些结果都与定理 4.7 的结论相对应，说明了有限时间控制器设计的有效性。

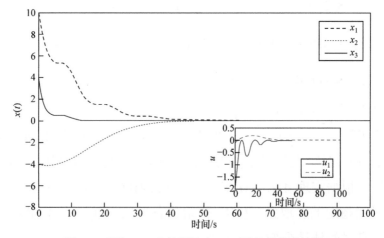

图 4.8 系统(4.39)和控制输入(4.40)的状态仿真结果

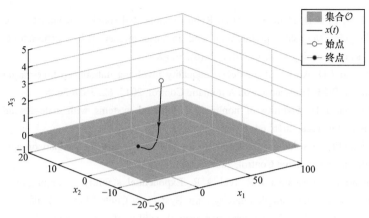

图 4.9　系统(4.39)的状态仿真结果

4.5　小　　结

本章考虑脉冲系统的有限时间稳定 II 与停息时间估计问题。首先，针对有限时间稳定的脉冲系统，揭示其停息时间不仅依赖初始状态，同时也依赖系统所受脉冲效应。对此，本章分别建立镇定性脉冲与破坏性脉冲影响下，系统有限时间稳定的 Lyapunov 理论判据，并估计相应的停息时间。其次，针对具有外部输入的脉冲系统，重点讨论其有限时间输入-状态稳定问题，通过构建脉冲频率、系统结构与外部输入之间的制约关系，得到脉冲干扰信号的约束条件，保证系统状态在有限时间内进入最终界域。作为有限时间稳定 II 理论结果的延展，本章探讨具有时变结构的非线性系统的有限时间稳定问题，分别建立时变系统局部和全局有限时间稳定的充分条件，给出相应的停息时间估计。进一步，基于该部分理论结果，针对一类受时变外部干扰的 Brockett 积分器，研究保证其有限时间稳定的控制器的设计问题。

参 考 文 献

[1] Guan Z H, Hu B, Chi M, et al. Guaranteed performance consensus in second-order multi-agent systems with hybrid impulsive control. Automatica, 2014, 50(9): 2415-2418.

[2] Ho D W C, Liang J L, Lam J. Global exponential stability of impulsive high-order BAM neural networks with time-varying delays. Neural Networks, 2006, 19(10): 1581-1590.

[3] Huang T W, Li C D, Duan S K, et al. Robust exponential stability of uncertain delayed neural networks with stochastic perturbation and impulse effects. IEEE Transactions on Neural Networks and Learning Systems, 2012, 23(6): 866-875.

[4] Li X D, Cao J D. An impulsive delay inequality involving unbounded time-varying delay and applications. IEEE Transactions on Automatic Control, 2017, 62: 3618-3625.

[5] Li X D, Wu J H. Stability of nonlinear differential systems with state-dependent delayed impulses. Automatica, 2016, 64: 63-69.

[6] Liu B. Stability of solutions for stochastic impulsive systems via comparison approach. IEEE Transactions on Automatic Control, 2008, 53: 2128-2133.

[7] Naghshtabrizi P, Hespanha J P, Teel A R. Exponential stability of impulsive systems with application to uncertain sampled-data systems. Systems & Control Letters, 2008, 57(5): 378-385.

[8] Stamova I, Stamov T, Li X D. Global exponential stability of a class of impulsive cellular neural networks with supremums. International Journal of Adaptive Control and Signal Processing, 2014, 28(11): 1227-1239.

[9] Suo J H, Sun J T. Asymptotic stability of differential systems with impulsive effects suffered by logic choice. Automatica, 2015, 51: 302-307.

[10] Galicki M. Finite-time control of robotic manipulators. Automatica, 2015, 51: 49-54.

[11] Hong Y G, Xu Y S, Huang J. Finite-time control for robot manipulators. Systems & Control Letters, 2002, 46(4): 243-253.

[12] Bhat S P, Bernstein D S. Continuous finite-time stabilization of the transitional and rotational double integrator. IEEE Transactions on Automatic Control, 1998, 43(5): 678-682.

[13] Bhat S P, Bernstein D S. Finite-time stability of continuous autonomous systems. SIAM Journal on Control and Optimization, 2000, 38(3): 751-766.

[14] Moulay E, Perruquetti W. Finite time stability and stabilization of a class of continuous systems. Journal of Mathematical Analysis and Applications, 2006, 323(2): 1430-1443.

[15] Moulay E, Dambrine M, Yeganefar N, et al. Finite-time stability and stabilization of time-delay systems. Systems & Control Letters, 2008, 57(7): 561-566.

[16] Chen W S, Jiao L C. Finite-time stability theorem of stochastic nonlinear systems. Automatica, 2010, 46(12): 2105-2108.

[17] Yin J L, Khoo S, Man Z H, et al. Finite-time stability and instability of stochastic nonlinear systems. Automatica, 2011, 47(12): 2671-2677.

[18] Hong Y, Jiang Z P, Feng G. Finite-time input-to-state stability and applications to finite-time control design. SIAM Journal on Control and Optimization, 2010, 48(7): 4395-4418.

[19] Haddad W M, L'Afflitto A. Finite-time stabilization and optimal feedback control. IEEE Transactions on Automatic Control, 2015, 61(4): 1069-1074.

[20] Huang X Q, Lin W, Yang B. Global finite-time stabilization of a class of uncertain nonlinear systems. Automatica, 2005, 41(5): 881-888.

[21] Liu X Y, Ho D W C, Yu W W, et al. A new switching design to finite-time stabilization of nonlinear systems with applications to neural networks. Neural Networks, 2014, 57: 94-102.

[22] Nersesov S G, Haddad W M. Finite-time stabilization of nonlinear impulsive dynamical

systems. Nonlinear Analysis: Hybrid Systems, 2008, 2(3): 832-845.

[23] Li X D, Ho D W C, Cao J D. Finite-time stability and settling-time estimation of nonlinear impulsive systems. Automatica, 2019, 99: 361-368.

[24] He X Y, Li X D, Song S J. Finite-time input-to-state stability of nonlinear impulsive systems. Automatica, 2022, 135: 109994.

[25] He X Y, Li X D, Nieto J J. Finite-time stability and stabilization for time-varying systems. Chaos, Solitons & Fractals, 2021, 148: 111076.

[26] Haddad W M, Chellaboina V S, Nersesov S G. Impulsive and Hybrid Dynamical Systems. Princeton: Princeton University Press, 2014.

[27] Yang T. Impulsive Control Theory. Berlin: Springer, 2001.

[28] Efimov D, Polyakov A, Fridman E, et al. Comments on finite-time stability of time-delay systems. Automatica, 2014, 50(7): 1944-1947.

[29] Wang L M, Shen Y, Ding Z X. Finite time stabilization of delayed neural networks. Neural Networks, 2015, 70: 74-80.

[30] Orlov Y. Finite time stability and robust control synthesis of uncertain switched systems. SIAM Journal on Control and Optimization, 2004, 43(4): 1253-1271.

[31] Moulay E, Perruquetti W. Finite time stability of differential inclusions. IMA Journal of Mathematical Control and Information, 2005, 22(4): 465-475.

[32] Addi K, Adly S, Saoud H. Finite-time Lyapunov stability analysis of evolution variational inequalities. Discrete & Continuous Dynamical Systems, 2011, 31(4): 1023-1038.

[33] Hespanha J P, Liberzon D, Teel A R. Lyapunov conditions for input-to-state stability of impulsive systems. Automatica, 2008, 44(11): 2735-2744.

[34] Haddad W M, Nersesov S G, Du L. Finite-time stability for time-varying nonlinear dynamical systems// Proceedings of 2008 American Control Conference, 2008: 4135-4139.

[35] Brockett R W. Asymptotic stability and feedback stabilization. Differential Geometric Control Theory, 1983, 27(1): 181-191.

[36] Astolfi A. Discontinuous control of the Brockett integrator. European Journal of Control, 1998, 4(1): 49-63.

[37] Banavar R N, Sankaranarayanan V. Switched Finite Time Control of a Class of Underactuated Systems. Berlin: Springer, 2006.

第5章　脉冲系统的滑模控制

5.1　引　　言

滑模控制是一类特殊的变结构控制方法，其主要思想是通过控制设计，使系统从状态空间任意位置出发的轨线能够在有限时间内到达预设的滑模面(到达阶段)，并且一直保持在滑模面上渐近地趋于平衡状态(滑动阶段)。滑模控制以其对匹配不确定性的不变性、设计方法简单且易实现、对系统动态的快速反应等优点受到越来越多学者的关注，也被应用于众多控制领域，如机械臂控制、水下机器人操作、船舶轨迹跟踪、卫星姿态控制等[1~4]。此外，关于滑模控制的大量优秀研究结果可见文献[5]～[15]。其中，文献[5]针对一类具有匹配扰动的线性系统，给出滑模控制的一些基本知识和理论结果，为滑模控制理论的发展奠定了坚实的基础。文献[7]研究了一类具有不匹配不确定性的非线性系统，提出非线性积分滑模面的概念。然而，针对不匹配不确定性未知或不可测的情形，文献[8]通过设计扰动观测器来获取未知不确定性的信息，提出一种基于扰动观测的滑模控制方法。文献[11]设计了一种基于扰动观测的积分滑模控制策略，应用于研究一类异构延迟网络的同步问题。然而，上述结果只能实现系统状态在滑模面上渐近地趋于平衡状态。在一些实际问题中，要求被控对象在有限时间内达到控制效果，例如在导弹制导中，考虑导弹燃料有限和目标机动逃逸等因素，往往要求在非常短的时间内实现对攻击目标的精准打击。对此，文献[16]提出的终端滑模控制方法不但对系统参数变化和外部干扰展现出良好的鲁棒性，而且能够实现有限时间收敛。随着研究的深入，多种具有不同收敛特性的终端滑模面被提出，如全局快速终端滑模面、指数型快速终端滑模面和对数型快速终端滑模面等[17~20]。然而，上述有关滑模控制的研究并没有考虑脉冲效应对滑模面设计，以及系统稳定性带来的影响。实际上，当系统状态在某些时刻发生突变时，可能会破坏滑模函数的连续性。此时，滑模控制的设计可能面临两个难题，即系统状态无法在有限时间内到达滑模面；即使系统状态到达滑模面，在脉冲效应的影响下也可能逃离滑模面。因此，围绕上述问题，基于第 4 章中脉冲系统的有限时间稳定 II 的结果，本章重点研究脉冲干扰下线性系统的滑模控制。

5.2 节[21]针对一类具有匹配干扰的线性脉冲系统，设计了一类线性滑模控制策略。基于脉冲系统的有限时间控制理论和 ADT 方法，给出系统指数稳定的充分条件。5.3 节[22]针对一类具有不确定项的线性脉冲系统，设计了一类积分滑模控制策略。通过构造辅助函数和分段的 Lyapunov 函数，给出系统指数稳定的 LMI 判据。5.4 节对本章工作进行总结。

5.2　脉冲系统的线性滑模控制

本节利用线性滑模控制方法分析在连续干扰和脉冲干扰下线性系统的稳定性。下面首先给出系统描述。

5.2.1　系统描述

考虑如下线性脉冲系统，即

$$\begin{cases} \dot{x}(t) = Ax(t) + B(u(t) + \omega(t,x)), & t \neq t_k \\ x(t) = Fx(t^-), & t = t_k, k \in \mathbb{Z}_+ \\ x(0) = x_0 \end{cases} \tag{5.1}$$

其中，$x \in \mathbb{R}^n$ 为系统的状态向量；$\dot{x}$ 为 x 的右导数；$u(t)$ 为控制输入；$A \in \mathbb{R}^{n \times n}$、$B \in \mathbb{R}^{n \times m}$ 为已知常矩阵，满足 $\mathrm{rank}\,B = m$，并且矩阵对 (A,B) 可控；$F \in \mathbb{R}^{n \times n}$ 为脉冲权重矩阵；$\omega(t,x)$ 为有界的外部干扰，且满足 $|\omega(t,x)| \leqslant \omega^*$，$\forall t \in \mathbb{R}_+$，$x \in \mathbb{R}^n$，$\omega^* > 0$ 为常数；脉冲时间序列 $\{t_k\}_{k \in \mathbb{Z}_+}$（简写为 $\{t_k\}$）是定义在 $\mathbb{R}_+$ 上的严格递增序列，记为 Ω。

为方便滑模控制设计，现将系统(5.1)转化成一类标准形式。由文献[23]可知，存在一个非奇异矩阵 H，通过线性变换 $z = Hx$ 可以将系统(5.1)转化

成如下标准形式，即

$$\begin{cases} \dot{z}(t) = \bar{A}z(t) + \bar{B}(u(t) + \bar{\omega}(t,z)), & t \neq t_k \\ z(t) = \bar{F}z(t^-), & t = t_k, k \in \mathbb{Z}_+ \\ z(0) = z_0 \end{cases} \tag{5.2}$$

其中，$\bar{A} = HAH^{-1} = \begin{bmatrix} A_{11} & A_{12} \\ A_{21} & A_{22} \end{bmatrix}$；$\bar{B} = HB = \begin{bmatrix} 0 \\ B_2 \end{bmatrix}$；$\bar{F} = HFH^{-1}$；$\bar{\omega}(t,z) = \omega(t,x)$。

令

$$\bar{F} = \begin{bmatrix} F_{11} & F_{12} \\ F_{21} & F_{22} \end{bmatrix}$$

则系统(5.2)可以分解为如下两个子系统，即

$$\begin{cases} \dot{z}_1(t) = A_{11}z_1(t) + A_{12}z_2(t), & t \neq t_k \\ z_1(t) = F_{11}z_1(t^-) + F_{12}z_2(t^-), & t = t_k, k \in \mathbb{Z}_+ \end{cases} \tag{5.3}$$

和

$$\begin{cases} \dot{z}_2(t) = A_{21}z_1(t) + A_{22}z_2(t) + B_2(u(t) + \bar{\omega}(t,z)), & t \neq t_k \\ z_2(t) = F_{21}z_1(t^-) + F_{22}z_2(t^-), & t = t_k, k \in \mathbb{Z}_+ \end{cases} \tag{5.4}$$

其中，A_{11}、$F_{11} \in \mathbb{R}^{(n-m)\times(n-m)}$，$A_{12}$、$F_{12} \in \mathbb{R}^{(n-m)\times m}$，$A_{21}$、$F_{21} \in \mathbb{R}^{m\times(n-m)}$，$A_{22}$、$F_{22} \in \mathbb{R}^{m\times m}$为常矩阵；$B_2 \in \mathbb{R}^{m\times m}$为非奇异矩阵。

注 5.1　由文献[5]可知，矩阵对(A,B)可控等价于(A_{11},A_{12})可控，则可以找到一个矩阵C_1使$A_{11} - A_{12}C_1$为 Hurwitz 矩阵。

考虑如下线性滑模函数，即

$$S(t) = Cz(t) = [C_1 \ I]z(t) = C_1z_1(t) + z_2(t) \tag{5.5}$$

5.2.2　线性滑模控制策略

基于脉冲系统的有限时间稳定 II 的理论结果，下面给出保证滑模面$S(t) = 0$有限时间可达性的充分条件。

定理 5.1　定义集合$U_\sigma^1 = \{y \in \mathbb{R}^n : |Cy| \leqslant \sigma\}$，$\sigma > 0$是给定的标量。若下列条件成立：

(1) 存在常数 $\beta \geqslant 1$ 满足矩阵不等式，即

$$\bar{F}^{\mathrm{T}} C^{\mathrm{T}} C \bar{F} \leqslant \beta^2 C^{\mathrm{T}} C$$

(2) 设计控制器，即

$$u(t) = -B_2^{-1}(A_1 z_1(t) + A_2 z_2(t) + \rho \mathrm{sign}(S(t))) \tag{5.6}$$

其中，$A_1 = C_1 A_{11} + A_{21}$；$A_2 = C_1 A_{12} + A_{22}$；$\rho > \omega^* |B_2|$。

(3) 脉冲时间序列 $\{t_k\} \in \Omega_1 \subset \Omega$ 满足

$$\min\left\{ j \in \mathbb{Z}_+ : \frac{t_j}{\beta^{j-1}} \geqslant \frac{\sigma}{\rho - \omega^* |B_2|} \right\} := N_0 < +\infty$$

则对于 $z_0 \in U_\sigma^1$，系统(5.2)有限时间到达滑模面，且一直保持在滑模面上滑动。此外，依赖初始状态 $z_0 \in U_\sigma^1$，控制增益 ρ 和脉冲时间序列 $\{t_k\} \in \Omega_1$ 的到面时间满足

$$T(z_0, \{t_k\}, \rho) \leqslant \frac{\beta^{N_0 - 1} \sigma}{\rho - \omega^* |B_2|}, \quad z_0 \in U_\sigma^1, \{t_k\} \in \Omega_1 \tag{5.7}$$

证明　对任意给定的初值 $z_0 \in U_\sigma^1$ 和脉冲时间序列 $\{t_k\} \in \Omega_1$，设 $z(t) = z(t, z_0)$ 为系统(5.2)过 $(0, z_0)$ 的解。不失一般性，假设初值 $z_0 \neq 0$。首先证明在控制器(5.6)的作用下，系统(5.2)的解 $z(t)$ 有限时间到达滑模面。构造 Lyapunov 函数 $V(t) = \frac{1}{2} S^{\mathrm{T}}(t) S(t)$。

当 $t = t_k$，$k \in \mathbb{Z}_+$，由条件(1)可知

$$\begin{aligned}
V(t_k) &= \frac{1}{2} z^{\mathrm{T}}(t_k) C^{\mathrm{T}} C z(t_k) \\
&= \frac{1}{2} z^{\mathrm{T}}(t_k^-) \bar{F}^{\mathrm{T}} C^{\mathrm{T}} C \bar{F} z(t_k^-) \\
&\leqslant \frac{1}{2} \beta^2 z^{\mathrm{T}}(t_k^-) C^{\mathrm{T}} C z(t_k^-) \\
&= \beta^2 V(t_k^-)
\end{aligned} \tag{5.8}$$

当 $t \neq t_k$，$k \in \mathbb{Z}_+$ 时，对函数 $V(t)$ 沿着系统(5.3)和(5.4)求导可得

$$D^+V(t) = S^T(t)[A_1 z_1(t) + A_2 z_2(t) + B_2(u(t) + \bar{\omega}(t,z))]$$
$$= S^T(t)(B_2 \bar{\omega}(t,z) - \rho \operatorname{sign}(S(t)))$$
$$\leqslant -(\rho - \omega^* | B_2 |) | S |$$
$$= -\sqrt{2}(\rho - \omega^* | B_2 |)V^{\frac{1}{2}}(t) \tag{5.9}$$

为方便，定义 $\delta := \rho - \omega^* | B_2 | > 0$ 和 $\varXi := \sigma / \delta$，由式(5.9)可得

$$V^{\frac{1}{2}}(t) \leqslant V^{\frac{1}{2}}(0) - \frac{\sqrt{2}}{2}\delta t, \quad t \in [0, t_1 \wedge \varXi) \tag{5.10}$$

一方面，若 $t_1 \geqslant \varXi\,(N_0 = 1)$，则由式(5.10)得，对任意的 $t \in [0, \varXi)$，有 $V(t) \leqslant V(0)$；对任意的 $t \geqslant \varXi$，有 $V(t) \equiv 0$，那么系统(5.2)的解 $z(t)$ 在有限时间到达滑模面。另一方面，若 $t_1 < \varXi\,(N_0 \geqslant 2)$，则由式(5.8)~式(5.10)可知

$$V^{\frac{1}{2}}(t) \leqslant V^{\frac{1}{2}}(t_1) - \frac{\sqrt{2}}{2}\delta(t - t_1)$$
$$\leqslant \beta V^{\frac{1}{2}}(t_1^-) - \frac{\sqrt{2}}{2}\delta(t - t_1)$$
$$\leqslant \beta\left(V^{\frac{1}{2}}(0) - \frac{\sqrt{2}}{2}\delta t_1\right) - \frac{\sqrt{2}}{2}\delta(t - t_1)$$
$$\leqslant \beta\frac{\sqrt{2}}{2}\sigma - \frac{\sqrt{2}}{2}\delta t, \quad t \in [t_1, t_2 \wedge \beta\varXi)$$

类似地，若 $t_2 \geqslant \beta\varXi\,(N_0 = 2)$，则系统(5.2)的解 $z(t)$ 在有限时间到达滑模面；否则，$N_0 \geqslant 3$。由条件(3)可知，$t_j < \beta^{j-1}\varXi\,(j = 1, 2, \cdots, N_0 - 1)$ 且 $t_{N_0} \geqslant \beta^{N_0 - 1}\varXi$。因此

$$V^{\frac{1}{2}}(t) \leqslant \beta^{N_0 - 1}\frac{\sqrt{2}}{2}\sigma - \frac{\sqrt{2}}{2}\delta t, \quad t \in [t_{N_0 - 1}, \beta^{N_0 - 1}\varXi)$$

则对任意的 $t \in [0, \beta^{N_0 - 1}\varXi]$，有 $V(t) \leqslant 0.5\beta^{2(N_0 - 1)}\sigma^2$；对任意的 $t \geqslant \beta^{N_0 - 1}\varXi$，有 $V(t) \equiv 0$。

综上所述，在控制器(5.6)的作用下，系统(5.2)的解 $z(t)$ 有限时间到达滑模面。此外，到达时间 $T(z_0, \{t_k\}, \rho)$，简记为 T_0（满足式(5.7)）。

下面证明即使在脉冲干扰的影响下，系统(5.2)的解 $z(t)$ 依然保持在滑模面上滑动，即对任意的 $t \geqslant T_0$，有 $S(t) \equiv 0$。首先，假设时刻 $t_l > T_0$ 是系统(5.2)

的解 $z(t)$ 到达滑模面后的第一个脉冲点，其中 $l \geqslant 1$ 为常数。那么，由式(5.9)可知对任意的 $t \in [T_0, t_l)$，有 $S(t) \equiv 0$，即对任意的 $t \in [T_0, t_l)$，有 $V(t) \equiv 0$。由式(5.8)可知，$V(t_l) \leqslant \beta^2 V(t_l^-) = 0$，则 $V(t_l) = 0$。因此，对任意的 $t \in [T_0, t_l]$，有 $V(t) \equiv 0$。类似地，对任意的 $t \in [t_{l+i-1}, t_{l+i}]$，$i \in \mathbb{Z}_+$，有 $V(t) \equiv 0$。综上，当 $t \geqslant T_0$ 时，$V(t) \equiv 0$，即 $S(t) \equiv 0$。因此，系统(5.2)的解 $z(t)$ 到达滑模面以后将一直保持在滑模面上滑动。　■

　　注 5.2　当系统遭受到脉冲干扰时，系统状态是不连续的。为此，定理 5.1 提出一类包含滑模函数(5.5)、控制器(5.6)和脉冲集合 Ω 的滑模控制策略。在这种控制策略的作用下，系统(5.2)的状态不仅能够限时间到达滑模面，而且会一直保持在面上滑动。此外，到面时间不仅依赖初始状态 z_0 和控制增益 ρ，还依赖脉冲集合 Ω。

　　当系统(5.2)保持在滑模面上滑动，满足关系 $z_2(t) = -C_1 z_1(t)$，则有如下降阶滑动模态，即

$$\begin{cases} \dot{z}_1(t) = A_0 z_1(t), & t \neq t_k \\ z_1(t) = F_1 z_1(t^-), & t = t_k, k \in \mathbb{Z}_+ \end{cases} \tag{5.11}$$

其中，$A_0 = A_{11} - A_{12}C_1$；$F_1 = F_{11} - F_{12}C_1$。

　　下面讨论滑动模态(5.11)的稳定性。

　　定理 5.2　滑动模态(5.11)是指数稳定的，若有下列条件成立。

　　(1) 存在矩阵 $P > 0$ 和常数 $\mu \geqslant 1$、$\alpha > 0$，满足

$$PA_0 + A_0^{\mathrm{T}}P \leqslant -\alpha P \tag{5.12}$$

$$F_1^{\mathrm{T}}PF_1 \leqslant \mu P \tag{5.13}$$

　　(2) 存在脉冲时间序列 $\{t_k\} \in \Omega_2 \subset \Omega$ 满足 ADT 条件，即

$$n_{(T_0, t]} \leqslant N_1 + \frac{t - T_0}{\tau}, \quad t \geqslant T_0 \geqslant 0 \tag{5.14}$$

其中，常数 $N_1 > 0$；ADT 常数 $\tau > \ln\mu / \alpha$；$n_{(T_0, t]}$ 为区间 $(T_0, t]$ 脉冲点的个数。

　　证明　考虑 Lyapunov 函数 $V(t) = z_1^{\mathrm{T}}(t)Pz_1(t)$，记 T_0 表示滑模面 $S(t) = 0$ 的到达时间。假设时刻 $t_l > T_0$ 是系统(5.2)到达滑模面后的第一个脉冲点，

其中 $l \geqslant 1$ 为常数。当 $t \neq t_{l+i-1}$ ，$i \in \mathbb{Z}_+$ 时，求 $V(t)$ 的导数有 $D^+V(t) = z_1^T(t)$ $(PA_0 + A_0^T P)z_1(t)$ 。由式(5.12)可得

$$D^+V(t) \leqslant -\alpha z_1^T(t)Pz_1(t) = -\alpha V(t) \tag{5.15}$$

由式(5.13)可得

$$
\begin{aligned}
V(t_{l+i-1}) &= z_1^T(t_{l+i-1})Pz_1(t_{l+i-1}) \\
&= z_1^T(t_{l+i-1}^-)F_1^T PF_1 z_1(t_{l+i-1}^-) \\
&\leqslant \mu z_1^T(t_{l+i-1}^-)Pz_1(t_{l+i-1}^-) \\
&= \mu V(t_{l+i-1}^-), \quad i \in \mathbb{Z}_+
\end{aligned}
\tag{5.16}
$$

对任意的 $t \in [T_0, t_l)$ ，将式(5.15)两边从 T_0 到 t 积分，可得

$$V(t) \leqslant \exp(-\alpha(t - T_0)) \cdot V(T_0)$$

则

$$|z_1(t)| \leqslant (\lambda_{\max}(P)/\lambda_{\min}(P))^{0.5} \exp(-0.5\alpha(t - T_0))|z_1(T_0)| \tag{5.17}$$

此外，结合式(5.15)和式(5.16)对任意的 $t \in [t_{l+i-1}, t_{l+i})$ ，$i \in \mathbb{Z}_+$ ，可知

$$
\begin{aligned}
V(t) &\leqslant \exp(-\alpha(t - t_{l+i-1}))e \cdot V(t_{l+i-1}) \\
&\leqslant \exp(-\alpha(t - t_{l+i-1})) \cdot \mu \exp(-\alpha(t_{l+i-1} - t_{l+i-2}))V(t_{l+i-2}) \\
&\quad \cdots \\
&\leqslant \mu^i \exp(-\alpha(t - T_0))V(T_0)
\end{aligned}
$$

因此，再由式(5.14)可知对任意的 $t \geqslant t_l$ ，有

$$
\begin{aligned}
V(t) &\leqslant \mu^{n_{(T_0, t]}} \exp(-\alpha(t - T_0))V(T_0) \\
&\leqslant \exp\left(\left(\frac{t - T_0}{\tau} + N_1\right)\ln\mu - \alpha(t - T_0)\right)V(T_0) \\
&= \exp\left(N_1 \ln\mu + \left(\frac{\ln\mu}{\tau} - \alpha\right)(t - T_0)\right)V(T_0)
\end{aligned}
$$

即

$$|z_1(t)| \leqslant \kappa \exp(-c(t - T_0))|z_1(T_0)|, \quad t \geqslant t_l \tag{5.18}$$

其中，$\kappa = [\exp(N_1 \ln\mu)\lambda_{\max}(P)/\lambda_{\min}(P)]^{0.5}$ ；$c = 0.5(\alpha - \ln\mu/\tau)$ 。

因此，结合式(5.17)和式(5.18)可知滑动模态(5.11)关于脉冲集合 Ω_2 是全局指数稳定的。 ∎

注 5.3 在定理 5.2 中，参数 α 和 μ 的选择涉及 LMI 求解问题。一方面，参数 α 描述的是函数 $V(t)$ 的收敛速度，一般希望获得使 $-\alpha V(t)$ 充分接近 $D^+V(t)$ 的最大 α。因为 $A_0 = A_{11} - A_{12}C_1$ 是 Hurwitz 矩阵，所以存在一个适当小的常数 $\alpha > 0$，使 $A_0 + 0.5\alpha I$ 仍然是 Hurwitz 矩阵。由矩阵理论可知，可以找到一个可行矩阵 $P > 0$ 满足 $P(A_0 + 0.5\alpha I) + (A_0 + 0.5\alpha I)^{\mathrm{T}}P \leqslant 0$。进一步，可以通过对参数 α 进行适当调整，得到满足条件(5.12)的最大的 α。另一方面，参数 μ 描述的是函数 $V(t)$ 在脉冲时刻可能的跳跃强度，一般希望获得使 $\mu V(t_{l+i-1}^-)$ 充分接近 $V(t_{l+i-1})$ 的最小的 μ。对于固定的矩阵 P，容易找到满足条件(5.13)的最小参数 $\mu \geqslant 1$。此时，通过选择最大的 α 和最小的 μ，可以放宽对 ADT 常数 τ 下界的限制。

5.2.3 数值仿真

例 5.1 考虑二维系统，即

$$\begin{bmatrix} \dot{x}_1(t) \\ \dot{x}_2(t) \end{bmatrix} = \begin{bmatrix} 0 & 1 \\ 0 & 0 \end{bmatrix} \begin{bmatrix} x_1(t) \\ x_2(t) \end{bmatrix} + \begin{bmatrix} 0 \\ 1 \end{bmatrix}(u(t) + \sin(2t)) \tag{5.19}$$

和脉冲干扰，即

$$\begin{bmatrix} \Delta x_1(t) \\ \Delta x_2(t) \end{bmatrix} = \begin{bmatrix} 0.1 & -0.34 \\ -2.48 & 0.3 \end{bmatrix} \begin{bmatrix} x_1(t^-) \\ x_2(t^-) \end{bmatrix}, \quad t = t_k, \ k \in \mathbb{Z}_+ \tag{5.20}$$

首先，若不考虑脉冲干扰的影响，则文献[1]设计的滑模控制器 $u(t) = -1.5x_2(t) - 2\mathrm{sign}(S(t))$ 可以保证滑模面 $S(t) = 1.5x_1(t) + x_2(t) = 0$ 的有限时间可达性和系统(5.19)的渐近稳定，如图 5.1(a)所示。在脉冲干扰(5.20)的影响下，如 $t_k = 0.2k$，$k \in \mathbb{Z}_+$，则文献[4]中的滑模控制策略将不再适用，如图 5.1(b)所示。

由定理 5.1 和定理 5.2，设计如下滑模控制策略。

(1) 滑模函数

$$S(t) = 3x_1(t) + x_2(t)$$

(2) 控制器

$$u(t) = -3x_2(t) - 1.3\text{sign}(S(t))$$

(3) 脉冲时间序列

$$\begin{cases} t_k = 0.2k, & k \leqslant 5 \\ t_k \in (1.6, +\infty): n_{(s,s+1.2]} \leqslant 4, & s \geqslant 1.6, \ k \geqslant 6, \ k \in \mathbb{Z}_+ \end{cases}$$

记 $U_\sigma^2 = \{y \in \mathbb{R}^2 : |CHy| \leqslant \sigma\}$，$H = I$。若取 $\alpha = 6$、$\beta = 1$、$P = 1$、$\mu = 4.4944$、$\sigma = 0.5$，则对 $x_0 = (0.1, 0.2)^{\mathrm{T}} \in U_\sigma^2$ 或 $x_0 = (0.2, -0.1)^{\mathrm{T}} \in U_\sigma^2$，系统(5.19)和(5.20)有限时间到达滑模面，并在滑模面上趋向于平衡状态，如图 5.2(a)所示。若考虑 $t_k = 0.25k$，$k \in \mathbb{Z}_+$(不满足定理 5.2 的条件)，则系统(5.19)和(5.20)是不稳定的，如图 5.2(b)所示。

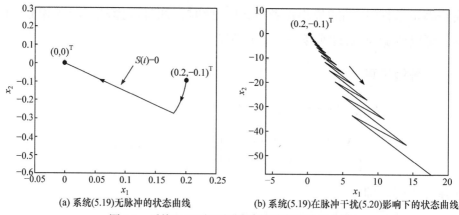

(a) 系统(5.19)无脉冲的状态曲线　　　　(b) 系统(5.19)在脉冲干扰(5.20)影响下的状态曲线

图 5.1　系统(5.19)在不同脉冲情况下的状态曲线

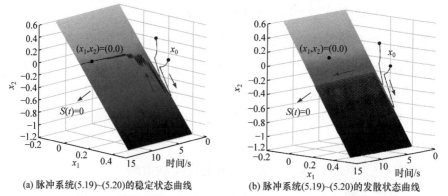

(a) 脉冲系统(5.19)~(5.20)的稳定状态曲线　　　(b) 脉冲系统(5.19)~(5.20)的发散状态曲线

图 5.2　脉冲系统(5.20)在不同脉冲时间序列下的状态曲线

例 5.2　考虑倒立摆模型[12]，即

$$\dot{x}(t) = \begin{bmatrix} 0 & 1 & 0 & 0 \\ 0 & -1.9872 & -1.9333 & 0.0091 \\ 0 & 0 & 0 & 1 \\ 0 & 6.2589 & 36.9771 & -0.1738 \end{bmatrix} x(t) + \begin{bmatrix} 0 \\ 0.3205 \\ 0 \\ -1.0095 \end{bmatrix} (u(t) + \omega(t))$$

$$(5.21)$$

其中，$x(t) = [r(t)\ \dot{r}(t)\ \theta(t)\ \dot{\theta}(t)]^T$，$r(t)$ 为小车的位置，$\theta(t)$ 为倒立摆的角位移，$\dot{r}(t)$ 和 $\dot{\theta}(t)$ 为小车速度和倒立摆速度；$\omega(t)$ 为摩擦力。

　　然而，由于小车实验地面的不规则性，小车可能会遭受瞬间的干扰，如图 5.3 所示。

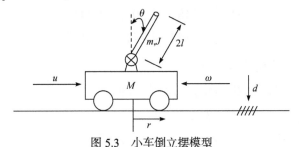

图 5.3　小车倒立摆模型

　　考虑如下脉冲干扰，即

$$\Delta x(t) = \begin{bmatrix} 0 & 0 & 0 & 0 \\ 0 & 0.8901 & 0 & -0.5 \\ 0 & 0 & 0 & 0 \\ 0 & -1 & 0 & 0.5617 \end{bmatrix} x(t^-), \quad t = t_k, \quad k \in \mathbb{Z}_+ \quad (5.22)$$

通过线性变换，即

$$H = \begin{bmatrix} 1 & 0 & 0 & 0 \\ 0 & 1 & 0 & 0.3175 \\ 0 & 0 & 1 & 0 \\ 0 & 6.2699 & 0 & 1 \end{bmatrix}$$

将系统(5.21)和(5.22)转化成标准形式，即

$$\dot{z}(t) = \begin{bmatrix} 0 & -1.0094 & 0 & 0.3205 \\ 0 & -0.2916 & 9.8069 & 0.0465 \\ 0 & 6.3288 & 0 & -1.0094 \\ 0 & 5.52 & 24.8555 & -1.8694 \end{bmatrix} z(t) + \begin{bmatrix} 0 \\ 0 \\ 0 \\ 1 \end{bmatrix} (u(t) + \omega(t)), \quad t \neq t_k$$

$$z(t) = \begin{bmatrix} 1 & 0 & 0 & 0 \\ 0 & -1.6137 & 0 & 0.5082 \\ 0 & 0 & 1 & 0 \\ 0 & -20.9095 & 0 & 5.0655 \end{bmatrix} z(t^-), \quad t = t_k, k \in \mathbb{Z}_+$$

考虑摩擦力 $\omega(t) = 1.5\sin(\pi t / 3) + 2\cos t$，设计滑模函数和控制器，即

$$S(t) = -2z_1(t) - 8z_2(t) - 4z_3(t) + z_4(t)$$

$$u(t) = 15.444z_2(t) + 53.6z_3(t) - 1.1552z_4(t) - 5\text{sign}(S(t))$$

若取参数 $\alpha = 1.9376$、$\mu = 6.8$，则可行解为

$$P = \begin{bmatrix} 8.6315 & 3.5484 & 8.0744 \\ 3.5484 & 2.5963 & 4.7417 \\ 8.0744 & 4.7417 & 19.499 \end{bmatrix}$$

记 $U_\sigma^2 = \{y \in \mathbb{R}^4 : |CHy| \leqslant 2.2\}$。

令 $\beta = 1.1$，若考虑脉冲时间序列，即

$$\begin{cases} t_k = 0.5k, & k \leqslant 4 \\ t_k \in (2, +\infty) : n_{(s,s+3]} \leqslant 3, & s \geqslant 2, k \geqslant 5, k \in \mathbb{Z}_+ \end{cases}$$

则对初值 $x(0) = (-5.2, 0, \pi, 0)^T \in U_\sigma^2$，倒立摆的位移 θ 和角速度 $\dot{\theta}$ 是指数稳定的，如图 5.4(a)所示。

另外，若取不符合条件的脉冲时间序列，如 $t_k = 0.9k \notin \Omega_2$，则 θ 和 $\dot{\theta}$ 都是不稳定的，如图 5.4(b)所示。

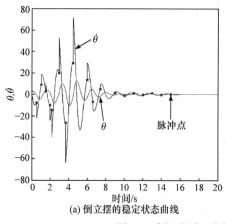

(a) 倒立摆的稳定状态曲线

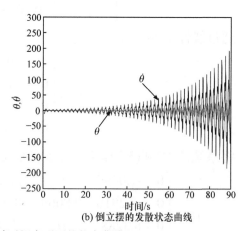

(b) 倒立摆的发散状态曲线

图 5.4　倒立摆在不同脉冲时间序列下的状态曲线

5.3　脉冲系统的积分滑模控制

本节针对一类具有不确定性的线性脉冲系统，给出另外一种滑模控制方法——积分滑模控制。通过设计分段的积分型滑模函数，保证积分滑模函数的连续性；设计切换反馈增益，保证滑动模态的存在性；通过构造分段 Lyapunov 函数，利用 LMI 技巧给出稳定性判据[22]。

5.3.1　系统描述

考虑如下具有不确定性的线性脉冲系统，即

$$\begin{cases} \dot{x}(t) = (A + \Delta A(t))x(t) + B(u(t) + f(t,x)), & t \neq t_k \\ x(t) = Fx(t^-), & t = t_k, k \in \mathbb{Z}_+ \\ x(0) = x_0 \end{cases} \tag{5.23}$$

其中，$x \in \mathbb{R}^n$ 为系统的状态向量；$\dot{x}$ 为 x 的右导数；$u(t)$ 为控制输入；$A \in \mathbb{R}^{n \times n}$、$B \in \mathbb{R}^{n \times m}$ 为已知常矩阵，且 $\text{rank}\, B = m$；$F \in \mathbb{R}^{n \times n}$ 为脉冲权重矩阵；矩阵函数 $\Delta A(t)$ 为未知的参数不确定项；函数 $f(t,x) \in \mathcal{C}(\mathbb{R}_+ \times \mathbb{R}^n, \mathbb{R}^m)$ 为非线性不确定项；脉冲时间序列 $\{t_k\}_{k \in \mathbb{Z}_+}$（简写为 $\{t_k\}$）满足对标量 $0 < \sigma_0 \leqslant \sigma_1$，有 $\sigma_0 \leqslant T_k := t_k - t_{k-1} \leqslant \sigma_1$。

假设 5.1　存在常矩阵 E 和 J，使不确定矩阵函数 $\Delta A(t)$ 满足 $\Delta A(t) = EF(t)J$，其中 $F(t)$ 是未知的勒贝格可测函数，并且对所有 $t \geqslant 0$，有 $|F(t)| \leqslant 1$。

假设 5.2　对所有的 $t \in \mathbb{R}_+$，$x \in \mathbb{R}^n$，存在一个标量函数 $f_0(t,x)$，使非线性不确定项 $f(t,x)$ 满足 $|f(t,x)| \leqslant f_0(t,x)$。

引理 5.1　对给定矩阵 $0 < P \in \mathbb{R}^{m \times m}$、$S \in \mathbb{R}^{n \times m}$、$H \in \mathbb{R}^{q \times m}$、$E_i \in \mathbb{R}^{n \times p}$，$i = 1,2$，$0 < X \in \mathbb{R}^{n \times n}$，若存在一个标量 $\varepsilon > 0$ 满足矩阵不等式，即

$$\begin{bmatrix} -P & S^{\mathrm{T}} \\ * & -X^{-1} \end{bmatrix} + \varepsilon^{-1} \bar{E}\bar{E}^{\mathrm{T}} + \varepsilon \bar{H}^{\mathrm{T}} \bar{H} < 0$$

其中，$\bar{E}^{\mathrm{T}} = [E_1^{\mathrm{T}} \quad E_2^{\mathrm{T}}]$；$\bar{H} = [H \quad 0]$。

则如下矩阵不等式成立，即

$$-P + E_1 RH + (E_1 RH)^T + (S + E_2 RH)^T X (S + E_2 RH) < -\delta I$$

其中，$\delta > 0$ 为常数；矩阵 $R \in \mathbb{R}^{p \times q}$ 满足 $|R| \leqslant 1$。

证明　由 Schur 补引理和 Young 不等式即可得证。　　　　　■

引理 5.2　对给定矩阵 $\Xi = \Xi^T \in \mathbb{R}^{n \times n}$、$U \in \mathbb{R}^{m \times n}$、$Y \in \mathbb{R}^{n \times m}$、$G \in \mathbb{R}^{m \times m}$，存在矩阵 $X_c, L \in \mathbb{R}^{m \times m}$，使

$$\begin{bmatrix} \Xi + YX_c U + (YX_c U)^T & [(G - X_c)U]^T + YL \\ * & -L - L^T \end{bmatrix} < 0 \tag{5.24}$$

当且仅当

$$\Xi + YGU + (YGU)^T < 0 \tag{5.25}$$

证明　式(5.25) $\Rightarrow$ 式(5.24)：取足够小的常数 $\varepsilon > 0$，令 $X_c = G$、$L = \varepsilon I_m$ 即可。

式(5.24) $\Rightarrow$ 式(5.25)：对式(5.24)左乘 $\begin{bmatrix} I & Y \end{bmatrix}$ 和右乘 $\begin{bmatrix} I & Y \end{bmatrix}^T$ 即可。　　　■

定义辅助函数，即

$$\varphi(t) = \begin{cases} \dfrac{1}{\sigma_0}(t_{sk} - t), & t \in [t_k, t_{sk}) \\ 0, & t \in [t_{sk}, t_{k+1}) \end{cases}$$

$$\chi(t) = \begin{cases} 1, & t \in [t_k, t_{sk}) \\ 0, & t \in [t_{sk}, t_{k+1}) \end{cases}$$

$$x_d(t) = x(t_k^-), \quad t \in [t_k, t_{k+1})$$

其中，$t_{sk} = t_k + \sigma_0$。

下面通过这些辅助函数构建连续滑模函数与脉冲之间的关系。设计如下分段积分滑模函数，即

$$S(t) = Cx(t) + \varphi(t)C_1 x_d(t) - \int_0^t C(A + BK(\tau))x(\tau)d\tau \tag{5.26}$$

其中，$C = B^T Q$，$Q > 0$；$C_1 = C(I - F)$；$K : \mathbb{R}_+ \to \mathbb{R}^{m \times n}$ 为需要设计的分段连续增益函数。

接着，给出引理 5.3 证明滑模函数(5.26)在区间 $(0,\infty)$ 上是连续的。

引理 5.3 针对系统(5.23)，积分滑模函数 $S(t)$ 是区间 $(0,\infty)$ 上的连续函数。

证明 显然，积分滑模函数 $S(t)$ 在脉冲区间 $(t_k,t_{k+1})_{k\in\mathbb{Z}_+}$ 是连续的。在脉冲时刻 $t = t_k$，因为 $\varphi(t_k)=1$、$\varphi(t_k^-)=0$，且 $CF+C_1=C$，所以

$$S(t_k) = (CF+C_1)x(t_k^-) - \int_0^{t_k} C(A+BK(\tau))x(\tau)\mathrm{d}\tau = S(t_k^-), \quad k\in\mathbb{Z}_+$$

因此，积分滑模函数 $S(t)$ 在脉冲时刻 t_k，$k\in\mathbb{Z}_+$，也是连续的。∎

注 5.4 与传统的滑模函数相比较，积分滑模函数(5.26)多 $\varphi(t)C_1 x_d(t)$ 一项。正是这一项的存在保证了(5.26)即使在脉冲环境下仍然是连续的。积分滑模函数(5.26)的连续性对于降低稳定性判据的保守性具有重要作用。

5.3.2 积分滑模控制策略

基于连续的积分滑模函数，下面通过设计滑模控制器保证滑模面有限时间的可达性。

定理 5.3 滑模面 $S(t)=0$ 是有限时间 $T^* > 0$ 可达的，若假设 5.1 和假设 5.2 成立，设计滑模控制器，即

$$u(t) = K(t)x(t) - \rho(t)\mathrm{sign}(S(t)) \tag{5.27}$$

其中，$\rho(t) = \rho_0 + \left|(CB)^{-1}CE\right|\|Jx(t)\| + f_0(t,x) + \dfrac{1}{\sigma_0}\chi(t)\left|(CB)^{-1}C(I-F)x_d(t)\right|$，

$\rho_0 > 0$。

证明 对任意的 $t\in[t_k,t_{k+1})$，$k\in\mathbb{Z}_+$，由 $D^+\varphi(t) = -\dfrac{1}{\sigma_0}\chi(t)$，求 $S(t)$ 的导数可得

$$D^+S(t) = C[(\Delta A(t) - BK(t))x(t) + B(u(t)+f(t,x))] - \frac{1}{\sigma_0}\chi(t)C_1 x(t_k^-)$$

$$\tag{5.28}$$

将式(5.27)代入式(5.28)得

$$D^+S(t) = C\Delta A(t)x(t) + CB(-\rho(t)\mathrm{sign}(S(t)) + f(t,x)) - \frac{1}{\sigma_0}\chi(t)C_1x(t_k^-)$$

(5.29)

构造 Lyapunov 函数，即

$$V(t) = \frac{1}{2}S^{\mathrm{T}}(t)(CB)^{-1}S(t)$$

由式(5.29)可知，函数$V(t)$的导数为

$$
\begin{aligned}
D^+V(t) &= S^{\mathrm{T}}(t)(CB)^{-1}C\Delta A(t)x(t) - \rho(t)\big|S(t)\big|_1 \\
&\quad + S^{\mathrm{T}}(t)[f(t,x) - (1/\sigma_0)\chi(t)(CB)^{-1}x(t_k^-)] \\
&\leq -|S(t)|[\rho(t) - |(CB)^{-1}CE\,\|\,Jx(t)| \\
&\quad - f_0(t,x) - (1/\sigma_0)\chi(t)|(CB)^{-1}C_1x(t_k^-)|] \\
&\leq -\rho_0\,|S(t)| \\
&\leq -(\rho_0\rho_1)V^{\frac{1}{2}}(t)
\end{aligned}
$$

其中，$\rho_1 = \sqrt{2\lambda_{\min}(CB)}$。

因为$S(t)$在$(0,\infty)$上是连续的，所以当$t \geq T^*$时，有$V(t) = 0$，其中$T^* = [2/(\rho_0\rho_1)]\sqrt{V(0^+)}$。因此，当$t \geq T^*$时，有$S(t) = 0$。　■

由定理 5.3 可知，系统(5.23)的状态在有限时间T^*到达滑模面且不会离开滑模面，即当$t \geq T^*$时，有$S(t) = D^+S(t) = 0$。由此(5.28)可得等效控制，即

$$u_{\mathrm{eq}}(t) = -(CB)^{-1}C(\Delta A(t) - BK(t))x(t) - f(t,x) + \frac{1}{\sigma_0}\chi(t)(CB)^{-1}C_1x_d(t), \quad t \geq T^*$$

将等效控制$u_{\mathrm{eq}}(t)$代入系统(5.23)，可得滑动模态，即

$$
\begin{cases}
\dot{x}(t) = (A + BK(t))x(t) + (I - \bar{B})\Delta A(t)x(t) + \dfrac{1}{\sigma_0}\chi(t)\bar{B}(I - F)x_d(t), & t \neq t_k \\
x(t) = Fx(t^-), & t = t_k,\ k \in \mathbb{Z}_+
\end{cases}
$$

其中，$\bar{B} = B(B^{\mathrm{T}}QB)^{-1}B^{\mathrm{T}}Q$。

将$x(t)$与$x_d(t)$耦合，可得

$$\begin{cases} \dot{\xi}(t) = \xi^{\mathrm{T}}(t)\left[\bar{I}_1^{\mathrm{T}}(A+BK(t)+(I-\bar{B})\Delta A(t))\bar{I}_1 + \dfrac{1}{\sigma_0}\chi(t)\bar{I}_1^{\mathrm{T}}\bar{B}(I-F)\bar{I}_2\right]\xi(t), & t \neq t_k \\ \xi(t) = \tilde{F}\xi(t^-), & t = t_k,\ k\in\mathbb{Z}_+ \end{cases}$$

(5.30)

其中，$\xi(t)=(x^{\mathrm{T}}(t),x_d^{\mathrm{T}}(t))^{\mathrm{T}}$；$\bar{I}_1=[I_n\ 0_n]$；$\bar{I}_2=[0_n\ I_n]$；$\tilde{F}=\bar{I}_1^{\mathrm{T}}F\bar{I}_1+\bar{I}_2^{\mathrm{T}}\bar{I}_1$。

事实上，系统(5.30)的连续动态由两个子模块组成。基于此，设计增益函数 $K(t)$ 为如下分段函数，即

$$K(t)=\begin{cases} K_l, & t\in[t_{k,l-1},t_{kl}),\quad l\in\overline{1,N}:=1,2,\cdots,N \\ K_0, & t\in[t_{sk},t_{k+1}),\quad k\in\mathbb{Z}_+ \end{cases}$$

(5.31)

其中，N 为给定的正整数；$t_{k0}=t_k$；$t_{kl}=t_k+\dfrac{l}{N}\sigma_0$；$t_{sk}=t_{kN}$。

相应地，考虑如下分段 Lyapunov 函数，即

$$V_{\chi(t)}(t)=\begin{cases} V_1(t)=\mu^{l-1+\rho_{l0}(t)}\xi^{\mathrm{T}}(t)\big(\rho_{l1}(t)P_{l-1}+\rho_{l0}(t)P_l\big)\xi(t), & t\in[t_{k,l-1},t_{kl}),\ l\in\overline{1,N} \\ V_2(t)=\mu^N\mu_0^{\rho_0(t)}\xi^{\mathrm{T}}(t)P_N\xi(t), & t\in[t_{sk},t_{k+1}) \end{cases}$$

其中，$\rho_{l0}(t)=\dfrac{\sigma_0}{N}(t-t_{k,l-1})$；$\rho_{l1}(t)=1-\rho_{l0}(t)$；$\rho_0(t)=\dfrac{t-t_{sk}}{t_{k+1}-t_{sk}}$，$k\in\mathbb{Z}_+$。

不难看出，$V_{\chi(t)}(t)$ 在开区间 (t_k,t_{k+1}) 是连续的，在脉冲点处有

$$V_{\chi(t)}(t_k)=\xi^{\mathrm{T}}(t_k^-)\tilde{F}^{\mathrm{T}}P_0\tilde{F}\xi(t_k^-)$$

$$V_{\chi(t)}(t_k^-)=\begin{cases} \mu^N\xi^{\mathrm{T}}(t_k^-)P_N\xi(t_k^-), & t_k=t_{s,k-1} \\ \mu_0\mu^N\xi^{\mathrm{T}}(t_k^-)P_N\xi(t_k^-), & t_k>t_{s,k-1} \end{cases}$$

(5.32)

定理 5.4 考虑滑动模态式(5.30)，其中 $K(t)$ 由式(5.31)给出。

(1) 假设 $\sigma_1=\sigma_0$，给定正整数 N，如果存在矩阵 $P_l=P_l^{\mathrm{T}}\in\mathbb{R}^{2n\times 2n}$ ($l\in\overline{0,N}$)，$P_N>0$，正定矩阵 $X\in\mathbb{R}^{n\times n}$，标量 $\varepsilon_{li}>0$，$l\in\overline{0,N}$，$i=0,1$ 和 $\mu>0$ 满足如下的矩阵不等式，即

$$\begin{bmatrix} \Xi_{1li} & \dfrac{1}{\sigma_0}\bar{I}_2^{\mathrm{T}}(I-F)^{\mathrm{T}} \\ * & -X^{-1} \end{bmatrix} + \varepsilon_{li}\begin{bmatrix} P_{l-i}\bar{I}_1^{\mathrm{T}}E \\ -E \end{bmatrix}\begin{bmatrix} P_{l-i}\bar{I}_1^{\mathrm{T}}E \\ -E \end{bmatrix}^{\mathrm{T}} + \varepsilon_{li}^{-1}\begin{bmatrix} \bar{I}_1^{\mathrm{T}}J^{\mathrm{T}} \\ 0 \end{bmatrix}\begin{bmatrix} J\bar{I}_1 & 0 \end{bmatrix} < 0$$

(5.33)

$$\tilde{F}^{\mathrm{T}}P_0\tilde{F} \leqslant \mu^N P_N \tag{5.34}$$

其中，$\varXi_{1li} = \varXi_{0li} + P_{l-1}\overline{I}_1^{\mathrm{T}}B(B^{\mathrm{T}}XB)^{-1}B^{\mathrm{T}}\overline{I}_1 P_{l-i}$；$\varXi_{0li} = \dfrac{N}{\sigma_0}(\ln\mu P_{l-i} + P_l - P_{l-1}) + \varGamma + \varGamma^{\mathrm{T}}$；$\varGamma = P_{l-i}[\overline{I}_1^{\mathrm{T}}(A+BK_l)\overline{I}_1]$，则滑动模态(5.30)是指数稳定的。

(2) 假设 $\sigma_1 > \sigma_0$，给定正整数 N，如果存在矩阵 $P_l = P_l^{\mathrm{T}} \in \mathbb{R}^{2n\times 2n}$（$l \in \overline{0,N}$），$P_N > 0$，正定矩阵 $X \in \mathbb{R}^{n\times n}$，标量 $\varepsilon_{li} > 0$，$l \in \overline{0,N}$，$i = 0,1$，$\varepsilon_0 > 0$，$\mu > 0$ 和 $\mu_0 \in (0,1)$ 满足矩阵不等式(5.33)，以及

$$\begin{bmatrix} \varXi_s & 0 \\ * & -X^{-1} \end{bmatrix} + \varepsilon_0 \begin{bmatrix} P_N\overline{I}_1^{\mathrm{T}}E \\ E \end{bmatrix} [E^{\mathrm{T}}\overline{I}_1 P_N \quad E^{\mathrm{T}}] + \varepsilon_0^{-1} \begin{bmatrix} \overline{I}_1^{\mathrm{T}}J \\ 0 \end{bmatrix} [J\overline{I}_1 \quad 0] < 0$$

$$\tag{5.35}$$

$$\tilde{F}^{\mathrm{T}}P_0\tilde{F} \leqslant \mu_0\mu^N P_N \tag{5.36}$$

其中，$\varXi_s = \dfrac{\ln\mu_0}{\sigma_1-\sigma_0}P_N + P_N\overline{I}_1^{\mathrm{T}}B(B^{\mathrm{T}}XB)^{-1}B^{\mathrm{T}}\overline{I}_1 P_N + \varGamma_1 + \varGamma_1^{\mathrm{T}}$；$\varGamma_1 = P_N\overline{I}_1^{\mathrm{T}}(A+BK_0)$，则滑动模态(5.30)是指数稳定的。

证明　对任意的 $t \in [t_{k,l-1}, t_{kl})$，给定 $(k,l) \in N_0 \times \overline{1,N}$，求 $V_1(t)$ 的导数可得

$$D^+V_1(t) = \mu^{l-1+\rho_{l0}(t)}\xi^{\mathrm{T}}(t)\left[\sum_{i=0}^{1}\rho_{li}(t)(\varXi_{0li} + \varGamma_2 + \varGamma_2^{\mathrm{T}})\right]\xi(t) \tag{5.37}$$

其中，$\varGamma_2 = P_{l-i}\overline{I}_1^{\mathrm{T}}\left(\Delta A(t)\overline{I}_1 + \overline{B}\Delta A_1(t)\right)$；$\Delta A_1(t) = \dfrac{1}{\sigma_0}(I-F)\overline{I}_2 - \Delta A(t)\overline{I}_1$。

然后，利用 Young 不等式和关系 $\overline{B}X^{-1}\overline{B}^{\mathrm{T}} = B(B^{\mathrm{T}}XB)^{-1}B^{\mathrm{T}}$，可得

$$2P_{l-i}\overline{I}_1^{\mathrm{T}}\overline{B}\Delta A_1(t) \leqslant P_{l-i}\overline{I}_1^{\mathrm{T}}B(B^{\mathrm{T}}XB)^{-1}B^{\mathrm{T}}\overline{I}_1 P_{l-i} + \Delta A_1^{\mathrm{T}}(t)X\Delta A_1(t) \tag{5.38}$$

将式(5.38)代入式(5.37)可得

$$D^+V_1(t) \leqslant \mu^{l-1+\rho_{l0}(t)}\xi^{\mathrm{T}}(t)\left[\sum_{i=0}^{1}\rho_{li}(t)(\varXi_{1li} + 2P_{l-i}\overline{I}_1^{\mathrm{T}}(\Delta A(t)\overline{I}_1) + \Delta A_1^{\mathrm{T}}(t)X\Delta A_1(t))\right]\xi(t)$$

由引理 5.1 和条件(5.33)可知，存在一个标量 $\delta_1 > 0$，满足

$$D^+V_1(t) \leqslant -\delta_1\mu^{l-1+\rho_{l0}(t)}|\xi(t)|^2, \quad t \in [t_{k,l-1}, t_{kl}) \tag{5.39}$$

特别地，当 $\sigma_1 > \sigma_0$，对任意的 $t \in [t_{sk}, t_{k+1})$，对 $V_0(t)$ 求导可得

$$D^+V_0(t) = \mu^N \mu_0^{\rho_0(t)} \xi^{\mathrm{T}}(t) \left\{ \frac{\ln \mu_0}{t_{k+1} - t_{sk}} P_N + 2P_N \overline{I}_1^{\mathrm{T}}[A + BK_0 + (I - \overline{B})\Delta A(t)]\overline{I}_1 \right\} \xi(t)$$

$$\leqslant \mu^N \mu_0^{\rho_0(t)} \xi^{\mathrm{T}}(t)(\varXi_s + 2P_N \overline{I}_1^{\mathrm{T}}\Delta A(t)\overline{I}_1 + \overline{I}_1^{\mathrm{T}}\Delta A^{\mathrm{T}}(t)X\Delta A(t)\overline{I}_1)\xi(t)$$

由引理 5.1 和条件(5.35)可知，存在一个标量 $\delta_0 > 0$，满足

$$D^+V_0(t) \leqslant -\delta_0 \mu_0^{\rho_0(t)}|\xi(t)|^2, \quad t \in [t_{sk}, t_{k+1})$$

那么，结合式(5.39)可知存在标量 $\gamma > 0$，满足

$$D^+V_{\chi(t)}(t) \leqslant -\gamma|\xi(t)|^2, \quad t \geqslant t_0 \tag{5.40}$$

另外，由 $V_{\chi(t)}(t)$ 的定义可知，存在标量 $\alpha > 0$，满足 $V_{\chi(t)}(t) \leqslant \alpha|\xi(t)|^2$，$\forall t \geqslant t_0$。若选择标量 $\gamma_0 > 0$ 满足 $2\gamma_0\alpha < \gamma$，则由式(5.40)可得

$$D^+(e^{2\gamma_0 t}V_{\chi(t)}(t)) \leqslant (2\gamma_0\alpha - \gamma)\exp(2\gamma_0 t)|\xi(t)|^2 \leqslant 0, \quad t \geqslant t_0 \tag{5.41}$$

当 $t = t_k$ 时，由条件(5.34)和(5.36)可得 $V_{\chi(t)}(t_k) \leqslant V_{\chi(t)}(t_k^-)$。再由式(5.41)可知

$$V_{\chi(t)}(t) \leqslant V_{\chi(t)}(t_0)\exp(-2\gamma_0(t - t_0)), \quad t \geqslant t_0$$

考虑到式(5.32)和 $P_N > 0$，不难找到一个标量 $\alpha_1 > 1$，满足

$$|\xi(t_k^-)| \leqslant \alpha_1|\xi(t_0)|\exp(-\gamma_0(t_k - t_0)) \tag{5.42}$$

然后，对任意的 $t \in [t_k, t_{k+1})$，由式(5.30)的连续动态不难找到一个标量 $\alpha_2 > 0$ 对所有的 $k \in \mathbb{Z}_+$ 满足 $|\xi(t)| \leqslant \alpha_2|\xi(t_k^-)|$，$\forall t \in [t_k, t_{k+1})$。最后结合式(5.42)可得

$$|\xi(t)| \leqslant \alpha_1\alpha_2 \exp(\gamma_0\sigma_1)\exp(-\gamma_0(t - t_0)), \quad t \geqslant t_0$$

综上，滑动模态(5.30)是指数稳定的。 ∎

接下来，基于定理 5.4，给出切换增益函数 $K(t)$ 基于 LMI 的设计准则。

定理 5.5 考虑系统(5.23)和滑动模态(5.30)，其中 $K(t)$ 由式(5.31)给出。

(1) 假设 $\sigma_1 = \sigma_0$，给定正整数 N，对已知正常数 μ、ν、α、β 和标量 κ，如果存在正定矩阵 $X \in \mathbb{R}^{n \times n}$，$X_l = \begin{bmatrix} X_{l,1} & \kappa X_{l,1} \\ * & X_{l,2} \end{bmatrix}$，$l \in \overline{0, N}$，常矩阵

$X_{cl} \in \mathbb{R}^{n \times n}$ 和 $\bar{K}_l \in \mathbb{R}^{m \times n}$，$l \in \overline{1, N}$，标量 $\varepsilon_{li} > 0$，$l \in \overline{1, N}$，$i = 0, 1$，满足如下矩阵不等式，即

$$\Upsilon_{l0} < 0, \quad \begin{bmatrix} \Upsilon_{l1} & \sqrt{N/\sigma_0} \tilde{I}^{\mathrm{T}} X_{l-1} \\ * & -X_l \end{bmatrix} < 0, \quad l \in \overline{1, N} \tag{5.43}$$

$$\begin{bmatrix} -\mu^N X_N & X_N \tilde{C}^{\mathrm{T}} \\ * & -X_0 \end{bmatrix} \leqslant 0, \quad l \in \overline{1, N} \tag{5.44}$$

其中

$$\tilde{I} = [I_{2n} \ \ 0 \ \ 0 \ \ 0 \ \ 0 \ \ 0]$$

$$\Upsilon_{li} = \begin{bmatrix} \Omega_{li}^1 + \Omega_{li}^2 & \Phi_{li}^{(1)} & \Phi_{li}^{(2)} & \bar{I}_1^{\mathrm{T}} B & \Phi_{li}^{(3)} & \Phi_{li}^{(4)} \\ * & \tilde{\Phi}_{1l} & 0 & 0 & 0 & 0 \\ * & * & \tilde{\Phi}_2 & 0 & 0 & -\varepsilon_{li} E \\ * & * & * & \tilde{\Phi}_3 & 0 & 0 \\ * & * & * & * & -\varepsilon_{li} I & 0 \\ * & * & * & * & * & -\varepsilon_{li} I \end{bmatrix}, \quad i = 0, 1$$

其中

$$\Omega_{l1}^1 = \frac{N}{\sigma_0} (\ln \mu - 1) X_{l-1}, \quad \Omega_{li}^2 = 2(\bar{I}_1^{\mathrm{T}} A X_{l-i,1} \bar{I}_3) + 2(\bar{I}_1^{\mathrm{T}} B \tilde{K}_l \bar{I}_3)$$

$$\Phi_{li}^{(1)} = [(X_{l-i,1} - X_{cl}) \bar{I}_3]^{\mathrm{T}} + \beta \bar{I}_1^{\mathrm{T}} B \tilde{K}_1, \quad \Phi_{li}^{(2)} = \frac{1}{\sigma_0} X_{l-i} \bar{I}_2^{\mathrm{T}} (I - F)^{\mathrm{T}}$$

$$\Phi_{li}^{(3)} = X_{l-i} \bar{I}_1^{\mathrm{T}} J^{\mathrm{T}}, \quad \Phi_{li}^{(4)} = \varepsilon_{li} \bar{I}_1^{\mathrm{T}} E, \quad \tilde{\Phi}_{1l} = -\beta(X_{cl} + X_{cl}^{\mathrm{T}})$$

$$\tilde{\Phi}_2 = -2\alpha I + \alpha^2 X, \quad \tilde{\Phi}_3 = -B^{\mathrm{T}} X B, \quad \bar{I}_3 = [I_n \ \ \kappa I_n]$$

$$\Omega_{l0}^1 = \frac{N}{\sigma_0} [(\ln \mu + 1 - 2\nu) X_l + \nu^2 X_{l-1}]$$

此外，$K_l = \bar{K}_l X_{cl}^{-1}$，$l \in \overline{1, N}$，则脉冲系统(5.23)是指数稳定的。

(2) 假设 $\sigma_1 > \sigma_0$，给定正整数 N，已知 μ、$\mu_0 \in (0,1)$、ν、α、β、κ，如果存在正定矩阵 $X \in \mathbb{R}^{n \times n}$ 和 $X_l = \begin{bmatrix} X_{l,1} & \kappa X_{l,1} \\ * & X_{l,2} \end{bmatrix}$，$l \in \overline{0, N}$，常矩阵 $X_{cl} \in \mathbb{R}^{n \times n}$，$l \in \overline{1, N}$，$\bar{K}_l \in \mathbb{R}^{m \times n}$，$l \in \overline{0, N}$，$\varepsilon_0 > 0$，$\varepsilon_{li} > 0$，$l \in \overline{1, N}$，$i = 0, 1$，

满足

$$
\begin{bmatrix}
\Omega_s & 0 & \overline{I}_1^{\mathrm{T}}B & \Phi_{N0}^{(3)} & \varepsilon_0\overline{I}_1^{\mathrm{T}}E \\
* & \tilde{\Phi}_2 & 0 & 0 & \varepsilon_0 E \\
* & * & \tilde{\Phi}_3 & 0 & 0 \\
* & * & * & -\varepsilon_0 I & 0 \\
* & * & * & * & -\varepsilon_0 I
\end{bmatrix} < 0 \tag{5.45}
$$

$$
\begin{bmatrix}
-\mu_0\mu^N X_N & X_N\tilde{C}^{\mathrm{T}} \\
* & -X_0
\end{bmatrix} \leqslant 0 \tag{5.46}
$$

其中

$$
\Omega_s = \frac{\ln\mu_0}{\sigma_1-\sigma_0}X_N + 2(\overline{I}_1^{\mathrm{T}}AX_{N.1}\overline{I}_3) + 2(\overline{I}_1^{\mathrm{T}}B\tilde{K}_0\overline{I}_3)
$$

此外，$K_l = \overline{K}_l X_{cl}^{-1}$、$l\in\overline{1,N}$、$K_0 = \overline{K}_0 X_{N,1}^{-1}$，则脉冲系统(5.23)是指数稳定的。

证明　当 $\sigma_1 > \sigma_0$ 时，令 $P_l = X_l^{-1}$，$l\in\overline{0,N}$，应用矩阵不等式 $-X^{-1}\leqslant -2\alpha I + \alpha^2 X$ 和 $-X_l X_{l-1}^{-1}X_l \leqslant -2\nu X_l + \nu^2 X_{l-1}$，由式(5.43)可得

$$
\begin{bmatrix}
\overline{\Xi}_{li} + 2\overline{I}_1^{\mathrm{T}}BK_l X_{cl}\overline{I}_3 & [(X_{l-i,1}-X_{cl})\overline{I}_3]^{\mathrm{T}} + \overline{I}_1^{\mathrm{T}}BK_l(\beta X_{cl}) \\
* & -\beta(X_{cl}+X_{cl}^{\mathrm{T}})
\end{bmatrix} < 0, \quad l\in\overline{1,N} \tag{5.47}
$$

其中

$$
\overline{\Xi}_{li} = X_{l-i}\left[\frac{N}{\sigma_0}(\ln\mu P_{l-i} + P_l - P_{l-1}) + \frac{1}{\varepsilon_{li}}\overline{I}_1^{\mathrm{T}}J^{\mathrm{T}}J\overline{I}_1 + \Theta_{li}^{\mathrm{T}}(X^{-1}-\varepsilon_{li}EE^{\mathrm{T}})^{-1}\Theta_{li}\right]X_{l-i}
$$

$$
+ \varepsilon_{li}\overline{I}_1^{\mathrm{T}}EE^{\mathrm{T}}\overline{I}_1 + 2\overline{I}_1^{\mathrm{T}}AX_{l-i,1}\overline{I}_3 + \overline{I}_1^{\mathrm{T}}B(B^{\mathrm{T}}XB)^{-1}B^{\mathrm{T}}\overline{I}_1
$$

其中，$\Theta_{li} = (1/\sigma_0)(I-F)\overline{I}_2 - \varepsilon_{li}E^{\mathrm{T}}E\overline{I}_1 P_{l-i}$。

由 $\overline{I}_1 X_{l-i} = X_{l-i,1}\overline{I}_3$ 和引理 5.2 应用于式(5.47)，可知

$$
\overline{\Xi}_{li} + 2\overline{I}_1^{\mathrm{T}}BK_l\overline{I}_1 X_{l-i} < 0 \tag{5.48}
$$

式(5.48)同时左乘和右乘 P_{l-i}，并利用 Schur 补引理可以转换成式(5.33)。同

样，可以将式(5.45)转换成式(5.35)。又因为式(5.46)等价于式(5.36)，因此由定理 5.4 可知，滑动模态(5.30)是指数稳定的，即系统(5.23)是指数稳定的。

当 $\sigma_1 = \sigma_0$ 时，与 $\sigma_1 > \sigma_0$ 的情况类似，此处省略证明过程。 ■

注 5.5 为了克服参数不确定性和脉冲干扰的影响，定理 5.5 可能需要设计较大的增益函数。虽然这种较大的增益函数能够使控制器加快系统到达滑模面的速度，但是也会带来严重的抖振问题。因此，设计一个强度适中的增益函数尤为重要。假设适合的增益函数范数为 $\gamma > 0$，可以通过如下算法设计适合的积分滑模控制器，即

$$\begin{cases} \begin{bmatrix} -X_{cl} & \bar{K}_l^{\mathrm{T}} \\ * & -\eta_l I \gamma^2 \end{bmatrix} \leqslant 0, \quad X_{cl} \geqslant \eta_l I, \ l \in \overline{1,N} \\ \begin{bmatrix} -X_{N,1} & \bar{K}_0^{\mathrm{T}} \\ * & -\eta_0 \gamma^2 I \end{bmatrix} \leqslant 0, \quad X_{N,1} \geqslant \eta_0 I \\ \text{LMI,} \quad 式(5.43), 式(5.45), 式(5.46) \end{cases} \tag{5.49}$$

其中，X_{cl} 为正定矩阵。

若式(5.49)有可行解矩阵，则反馈增益满足

$$|K_l| \leqslant \gamma, \quad l \in \overline{0,N}$$

注 5.6 特别地，当系统没有脉冲时，即 $F = I$，系统(5.23)在如下滑模控制作用下是可以实现稳定的，其中滑模函数为

$$S(t) = Cx(t) + \int_0^t H(\tau, x(\tau)) \mathrm{d}\tau$$

控制器为

$$u(t) = Kx(t) - \tilde{\rho}(t)\mathrm{sign}(S(t)) \tag{5.50}$$

其中，$H(s,x) = (A + BK)x$ ；$\tilde{\rho}(t) = \rho_0 + |(CB)^{-1}CE| \|Hx(t)\| + f_0(t,x)$，$C = B^{\mathrm{T}}X$ 。

对给定标量 $\gamma > 0$，若存在正定矩阵 $\bar{P}$，$X \in \mathbb{R}^{n \times n}$，常矩阵 $\bar{K} \in \mathbb{R}^{m \times n}$，正标量 α、ε、η，满足

$$\begin{bmatrix} 2(A\bar{P}+B\bar{K}) & 0 & B & \bar{P}J^{\mathrm{T}} & \varepsilon_0 E \\ * & \tilde{\Phi}_2 & 0 & 0 & \varepsilon E \\ * & * & \tilde{\Phi}_3 & 0 & 0 \\ * & * & * & -\varepsilon I & 0 \\ * & * & * & * & -\varepsilon I \end{bmatrix} < 0 \tag{5.51}$$

$$\begin{bmatrix} -\bar{P} & \bar{K}^{\mathrm{T}} \\ * & -\eta\gamma^2 I \end{bmatrix} \leqslant 0, \quad \bar{P} \geqslant \eta I \tag{5.52}$$

则控制增益设计为 $K = \bar{K}\bar{P}^{-1}$ 且有 $|K| \leqslant \gamma$。

5.3.3 数值仿真

例5.3 考虑系统(5.23)具有如下参数，即

$$A = \begin{bmatrix} -1 & 1 & 0 \\ 0 & 0 & 1 \\ 0 & 0 & 0 \end{bmatrix}, \quad B = \begin{bmatrix} 0 \\ 0 \\ 1 \end{bmatrix}$$

假设不确定参数矩阵 $\Delta A(t)$ 和函数 $f(t,x)$ 满足假设 5.1 和假设 5.2，其中 $E = \theta I_3$、$J = I$、$f_0(t,x) = 0.6|x| + 0.5$、$\theta > 0$ 为标量。脉冲时间序列 $\{t_k\}$ 满足 $0.2 \leqslant T_k \leqslant 0.25, k \in \mathbb{Z}_+$。为方便计算，假设反馈增益的上界为 $\gamma = 50$。针对脉冲权重矩阵 F，考虑下述四种情况。

情况 1，$F = I$。取 $\alpha = 2.94$，可以由式(5.52)得到 $\theta_{\max} = 0.91$，则相应的控制增益为

$$K = \begin{bmatrix} -4.5732 & -36.9218 & -8.8380 \end{bmatrix} \tag{5.53}$$

$$X = \begin{bmatrix} 0.2022 & -0.0562 & 0.0063 \\ -0.0562 & 0.0377 & -0.0078 \\ 0.0063 & -0.0078 & 0.6067 \end{bmatrix} \tag{5.54}$$

情况 2，$F = F_0 = \mathrm{diag}\{1, 0.8, 1\}$。显然，脉冲只对系统变量 $x_2(t)$ 有作用，并且有利于状态稳定。通过解式(5.49)，可以得到不同 N 下的 $\theta_{\max}$ 值 (表 5.1)。不难看出，这种情况下得到的 $\theta_{\max}$ 大于情况 1 中的值。这表明，所提的控制策略可以引入镇定性脉冲提高积分滑模控制的鲁棒性。

情况 3，$F = F_1 = \mathrm{diag}\{1, 1, 1.6\}$。此时，脉冲只对系统变量 $x_3(t)$ 有作用，

并且不利于状态稳定。取 $N=5$ ，通过解式(5.49)，可以得到 $\theta_{\max}=0.73$ 。
显然，这种情况下的 $\theta_{\max}$ 要比情况 1、2 两种情况都小，这说明破坏性脉冲会降低系统的性能。此外，当 $N\in\overline{1,5}$ 时，对应的 $\theta_{\max}$ 见表 5.1。若取 $N=5$ 、$\kappa=0.46$ 、$\nu=1.02$ 、$\alpha=2.41$ 、$\beta=0.02$ 、$\mu=1.04$ 、$\mu_0=0.99$ ，则可以解得相应的反馈增益和 X ，即

$$K_1=[-3.6292 \quad -26.6510 \quad -10.7761]$$
$$K_2=[-3.4436 \quad -25.3503 \quad -11.3292]$$
$$K_3=[-3.0956 \quad -23.8421 \quad -12.1964]$$
$$K_4=[-2.7076 \quad -22.7023 \quad -13.5758]$$
$$K_5=[-1.4416 \quad -17.7758 \quad -11.5927]$$
$$K_0=[-3.5720 \quad -20.0511 \quad -11.3144]$$
$$X=\begin{bmatrix} 0.0637 & -0.0015 & 0.0288 \\ -0.0015 & 0.0460 & 0.0924 \\ 0.0288 & 0.0924 & 0.3771 \end{bmatrix}$$

方便起见，取 $N=5$ 、$\rho_0=0.6$ ，以及

$$\begin{cases} x(0)=[3 \quad 1.5 \quad -2]^{\mathrm{T}}, \quad f(t,x)=0.6\sin(|x|)+0.5\cos t \\ \theta=0.73, \quad F(t)=\mathrm{diag}\{\sin t,\cos t,\sin(0.5t)\} \end{cases} \tag{5.55}$$

则系统状态 $x(t)$ 、滑模函数 $S(t)$ 和控制器 $u(t)$ 如图 5.5(a)、图 5.6(a) 和图 5.7(a) 所示。考虑传统的积分滑模控制器(5.50)，其中 $\rho_0=0.6$ ，矩阵 K 和 X 如式(5.53) 和式(5.54)给出。同样取式(5.55)的数据，则系统状态 $x(t)$ 、滑模函数 $S(t)$ 和控制器 $u(t)$ 分别如图 5.5(b)、图 5.6(b) 和图 5.7(b)所示。可以看到，传统积分滑模控制虽然也能使系统状态稳定，但是会出现明显的超调和严重的抖振问题。

情况 4，$F=F_1=\mathrm{diag}\{1,0.8,1.6\}$ 。此时，脉冲对状态 $x_2(t)$ 是镇定性的，而对状态 $x_3(t)$ 是破坏性的。因此，我们得到比情况 3 更大，而比情况 2 更小的 $\theta_{\max}$ (表 5.1)。这一比较表明，本节提出的方法是正确和有效的。

表 5.1　N 取不同数值时 θ 的最大值

F	$N=1$	$N=2$	$N=3$	$N=4$	$N=5$
F_0	0.92	0.94	0.94	0.94	0.94

续表

F	$N=1$	$N=2$	$N=3$	$N=4$	$N=5$
F_1	0.34	0.61	0.67	0.71	0.73
F_2	0.62	0.80	0.84	0.86	0.87

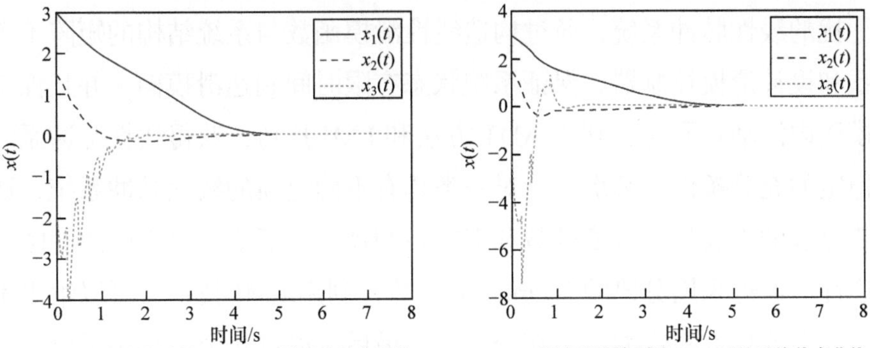

(a) 积分滑模控制器(5.27)下的系统状态曲线　　　　(b) 积分滑模控制器(5.50)下的系统状态曲线

图 5.5　不同积分滑模控制器下的系统状态曲线

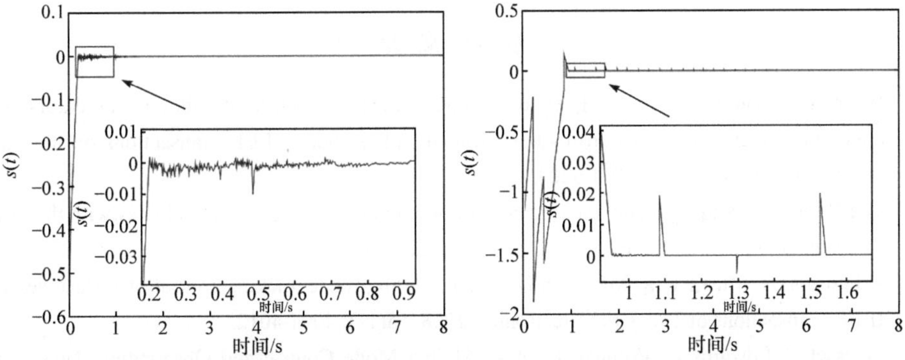

(a) 积分滑模控制器(5.27)下的控制信号　　　　(b) 积分滑模控制器(5.50)下的控制信号

图 5.6　不同积分滑模控制器下的滑模面

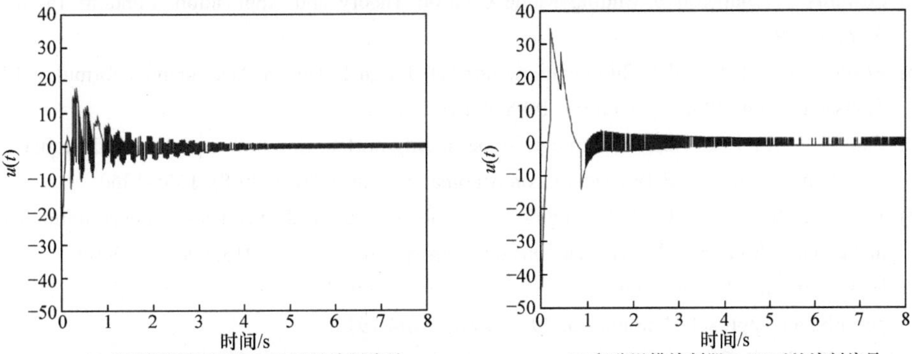

(a) 积分滑模控制器(5.27)下的控制信号　　　　(b) 积分滑模控制器(5.50)下的控制信号

图 5.7　不同积分滑模控制器下的控制信号

5.4 小　　结

本章讨论线性脉冲系统的两种滑模控制方法。首先，针对一类具有匹配干扰的线性脉冲系统，通过构造线性滑模函数与系统结构的矩阵不等式关系和设计滑模控制器，保证系统状态有限时间到达滑模面，并且保持在滑模面内滑动。同时，利用 ADT 方法和 LMI 技巧，获得线性脉冲系统指数稳定的充分条件。其次，针对一类具有不确定项的线性脉冲系统，通过构造分段的连续积分滑模函数和滑模控制器，保证积分滑模面的有限时间可达性。通过采用分段的 Lyapunov 函数，利用 LMI 技巧，可以给出不确定脉冲系统指数稳定的若干充分条件。最后，通过几个仿真例子验证所得结论的有效性和实用性。

参 考 文 献

[1] Wang Y Y, Gu L Y, Xu Y H, et al. Practical tracking control of robot manipulators with continuous fractional-order nonsingular terminal sliding mode. IEEE Transactions on Industrial Electronics, 2016, 63(10): 6194-6204.

[2] Yan Y, Yu S H. Sliding mode tracking control of autonomous underwater vehicles with the effect of quantization. Ocean Engineering, 2018, 151: 322-358.

[3] Ashrafiuon H, Muske K R, McNinch L C, et al. Sliding-mode tracking control of surface vessels. IEEE Transactions on Industrial Electronics, 2008, 55(11): 4004-4012.

[4] Shtessel Y, Edwards C, Fridman L, et al. Sliding Mode Control and Observation. New York: Birkhauser, 2013.

[5] Edwards C, Spurgeon S. Sliding Mode Control: Theory and Application. London: Taylor & Francis, 1998.

[6] Ackermann J, Utkin V I. Sliding mode control design based on Ackermann's formula. IEEE Transactions on Automatic Control, 1998, 43(2): 234-237.

[7] Cao W J, Xu J X. Nonlinear integral-type sliding surface for both matched and unmatched uncertain systems. IEEE Transactions on Automatic Control, 2004, 49(8): 1355-1360.

[8] Yang J, Li S H, Yu X H. Sliding-mode control for systems with mismatched uncertainties via a disturbance observer. IEEE Transactions on Industrial Electronics, 2013, 60(1): 160-169.

[9] Han X, Fridman E, Spurgeon S K. Sliding mode control in the presence of input delay: A singular perturbation approach. Automatica, 2012, 48(8): 1904-1912.

[10] Liu M, Shi P. Sensor fault estimation and tolerant control for Itô stochastic systems with a descriptor sliding mode approach. Automatica, 2018, 49(5): 1242-1250.

[11] Zhao Y S, Li X D, Duan P Y. Observer-based sliding mode control for synchronization of delayed chaotic neural networks with unknown disturbance. Neural Networks, 2019, 117: 268-273.

[12] Song J, Wang Z D, Niu Y G. On H_∞ sliding mode control under stochastic communication protocol. IEEE Transactions on Automatic Control, 2019, 64(5): 2174-2181.

[13] Jiang B P, Gao C C, Kao Y G, et al. Sliding mode control of Markovian jump systems with incomplete information on time-varying delays and transition rates. Applied Mathematics and Computation, 2016, 290: 66-79.

[14] Brogliato B, Polyakov A, Efimov D. The implicit discretization of the supertwisting sliding-mode control algorithm. IEEE Transactions on Automatic Control, 2020, 65(8): 3707-3713.

[15] Argha A, Li L, Su S W, et al. On LMI-based sliding mode control for uncertain discrete-time systems. Journal of the Franklin Institute, 2016, 353(15): 3857-3875.

[16] Venkataraman S, Gulati S. Terminal sliding modes: A new approach to nonlinear control synthesis// The 5th International Conference on Advanced Robotics, Robots in Unstructured Environments, 1991, 1:443-448.

[17] Feng Y, Yu X H, Man Z H. Nonsingular terminal sliding mode control of rigid manipulators. Automatica, 2002, 38(12): 2159-2167.

[18] Yu S H, Yu X H, Man Z H. Robust global terminal sliding mode control of SISO nonlinear uncertain systems// Proceedings of the 39th IEEE Conference on Decision and Control, 2000: 2198-2203.

[19] Xiong J, Gu H. Research on a sliding mode variable structure control FOC of PMSM for electric vehicles// 2018 IEEE 9th International Conference on Software Engineering and Service Science, 2018: 1088-1091.

[20] Liu J K, Wang X H. Advanced Sliding Mode Control for Mechanical System. Berlin: Springer, 2011.

[21] Li X D, Zhao Y S. Sliding mode control for linear impulsive systems with matched disturbances. IEEE Transactions on Automatic Control, 2022, 67(11): 6203-6210.

[22] Chen W H, Deng X Q, Zheng W X. Sliding-mode control for linear uncertain systems with impulse effects via switching gains. IEEE Transactions on Automatic Control, 2022, 67(4): 2044-2051.

[23] Xia Y Q, Fu M Y, Yang H J, et al. Robust sliding-mode control for uncertain time-delay systems based on delta operator. IEEE Transactions on Industrial Electronics, 2009, 56(9): 3646-3655.

第6章 脉冲复杂动态网络的有限时间同步与控制器设计

本章基于第 4 章关于脉冲系统的有限时间稳定 II 的结果，研究脉冲环境下复杂动态网络的有限时间同步问题。6.1 节介绍复杂动态网络及同步性能的研究现状。特别地，当网络受到脉冲效应及延迟影响时，对如何实现同步做出了现状分析。6.2 节根据脉冲效应在网络同步中的作用，即镇定性脉冲和破坏性脉冲，分别考虑脉冲延迟复杂动态网络的有限时间同步及控制器设计。6.3 节从考虑驱动-响应系统的同步问题出发，设计两类基于不同 Lyapunov 函数的同步控制器，实现复杂动态网络的有限时间滞后同步，其中考虑网络受到破坏性脉冲的影响。6.4 节对本章工作进行总结。

6.1 引　　言

近二十多年来，复杂动态网络的研究引起人们的广泛关注。复杂动态网络由大量相互关联的动态节点组成，这些节点通过拓扑结构相互关联。复杂动态网络具有"小世界"或"无标度"的特征。在实际中，许多过程都可以建模为一个复杂动态网络，它可以表现出许多有趣的现象，如时空混沌、螺旋波、同步等[1~3]。特别地，在集体动力学行为中，复杂动力学网络的同步受到越来越广泛的关注和研究[4~6]。这不但有助于了解复杂动态网络的演化，而且有助于了解网络系统的一般应急特征，如互联网、人与机器人交互网络、人类协作网络等[7,8]。目前已经研究完全同步、广义同步、预期同步、滞后同步和相位同步[9,10]等多种类型的同步问题。

众所周知，同步能力是动态系统同步的一个重要性能指标。然而，值得注意的是，大多现有的同步结果只有在时间趋于无穷大时才能得到保证[11]。事实上，无限时间在工程应用中是很难现实的。另外，由于人和机器的寿命有限，人们希望尽可能在有限的时间内实现同步。特别是，在工程技术和经济管理领域，如果能在一定时间内实现同步化的目标，将大大提高经济效益。基于此，有限时间同步因其更快的收敛速度而被广泛研究。这种性能的提高不但可以确保网络同步的最快收敛时间，而且对干扰和不确定性具有更好的鲁棒性。因此，基于有限时间稳定理论的网络同步在物理和工程领域得到广泛的研究[12~16]。

在实际复杂的动态网络中，由于切换速度的限制，信息存储和传输过程中往往存在延迟。然而，延迟的存在对网络的控制性能非常不利，这不仅会导致明显的超调和较长的调节时间，还会导致网络的振荡、不稳定、性能下降。因此，研究延迟对复杂动态网络有限时间同步的影响具有重要意义[17,18]。在信号传输过程中，另一个不可避免的现象是信号可能在离散时间内瞬时变化。换言之，网络可能具有脉冲效应[5,19,20]，可能阻止同步(破坏性脉冲)或促进同步(镇定性脉冲)，或既不阻止也不促进同步(非活动脉冲)。事实上，为了满足有限时间同步，考虑脉冲存在时的误差系统的有限时间稳定是非常重要的。然而，对于脉冲效应下复杂动态网络的有限时间同步问题的研究相对较少。脉冲的存在造成状态的不连续性，这意味着经典的有限时间稳定结果在这种情况下不再适用，如何保证有限时间稳定和估计脉冲意义下的停息时间是这类问题的关键。第 4 章提出非线性脉冲系统的一个新的有限时间稳定定理，这也推动了本章对脉冲效应下复杂动态网络同步的研究工作。

6.2　脉冲延迟复杂动态网络的有限时间同步

本节研究具有脉冲效应的延迟复杂动态网络的有限时间同步问题，其中充分考虑两种类型的脉冲，即镇定性脉冲和破坏性脉冲。下面首先给出系统描述。

6.2.1 系统描述

考虑一类由 N 个节点组成的延迟复杂动态网络。其每个节点动力学方程为

$$\dot{x}_i(t) = f(x_i(t)) + c\sum_{j=1}^{N} a_{ij}\Gamma x_j(t) + c\sum_{j=1}^{N} b_{ij}\Gamma x_j(t-\tau) + u_i(t), \quad i = 1, 2, \cdots, N$$

(6.1)

其中，$u_i(t) = (u_{i1}(t), \cdots, u_{in}(t))^{\mathrm{T}} \in \mathbb{R}^n$ 为外部输入；$x_i(t) = (x_{i1}(t), \cdots, x_{in}(t))^{\mathrm{T}} \in \mathbb{R}^n$ 为第 i 个节点的状态变量；$f(x_i(t)) = (f_1(x_i(t)), \cdots, f_n(x_i(t)))^{\mathrm{T}} \in \mathbb{R}^n$ 为非线性函数；$c > 0$ 为表示动态网络耦合强度的常数；$\tau \geqslant 0$ 为延迟；$A = (a_{ij}) \in \mathbb{R}^{N \times N}$ 和 $B = (b_{ij}) \in \mathbb{R}^{N \times N}$ 为非延迟状态和延迟状态的外部耦合矩阵；$\Gamma = (\gamma_j) \in \mathbb{R}^{n \times n}$ 为内部耦合矩阵的正定对角矩阵。

若存在第 i 和第 j 节点间的连接 $(j \neq i)$，则 $a_{ij} > 0$，$b_{ij} > 0$；否则，$a_{ij} = 0$，$b_{ij} = 0 (j \neq i)$，$a_{ii} = -\sum_{j=1, j \neq i}^{N} a_{ij}$，且 $b_{ii} = -\sum_{j=1, j \neq i}^{N} b_{ij}$。

本节的目标是实现复杂动态网络式(6.1)同步到一个孤立节点，即

$$\dot{s}(t) = f(s(t)) \tag{6.2}$$

为此，对每一个节点给出如下外部输入，即

$$u_i(t) = u_i^{(1)}(t) + u_i^{(2)}(t) + u_i^{(3)}(t) \tag{6.3}$$

其中，$u_i^{(1)}(t)$ 和 $u_i^{(2)}(t)$ 分别设计以达到同步误差在 Lyapunov 意义下的稳定和在有限时间意义下收敛到 0；$u_i^{(3)}(t)$ 为脉冲控制(或脉冲干扰)，其形式为

$$u_i^{(3)}(t) = \sum_{k=1}^{\infty} Ce_i(t_k)\delta(t-t_k), \quad k \in \mathbb{Z}_+, \quad i = 1, 2, \cdots, N$$

其中，$e_i(t) = x_i(t) - s(t)$ 为同步误差；$\delta(\cdot)$ 为 Dirac 函数；$C \in \mathbb{R}^{n \times n}$ 为脉冲增益矩阵。

令 $\{t_k\} := \{t_k : k \in \mathbb{Z}_+\}$ 表示在 $\mathbb{R}_+$ 上严格递增的脉冲时间序列，用集合 $\mathcal{F}$ 表示。令 $\mathcal{F}_M$ 为 $\mathcal{F}$ 的一个子集，表示满足 $0 < t_1 < \cdots < t_M < \infty$ 的脉冲时间

序列，简写为 $\{t_k\}^M$，其中 M 表示脉冲点的个数。

在脉冲效应下，脉冲复杂动态网络(6.1)可以写成如下形式，即

$$
\begin{cases}
\dot{x}_i(t) = f(x_i(t)) + c\sum_{j=1}^{N} a_{ij}\Gamma x_j(t) + c\sum_{j=1}^{N} b_{ij}\Gamma x_j(t-\tau) + u_i^{(1)}(t) + u_i^{(2)}(t), & t \neq t_k \\
\Delta x_i(t_k) = x_i(t_k^+) - x_i(t_k^-) = Ce_i(t_k^-), & k \in \mathbb{Z}_+
\end{cases}
$$

$$(6.4)$$

进一步，可以得到误差系统，即

$$
\begin{cases}
\dot{e}_i(t) = g(e_i(t))F(e_i(t)) + c\sum_{j=1}^{N} a_{ij}\Gamma e_j(t) + c\sum_{j=1}^{N} b_{ij}\Gamma e_j(t-\tau) \\
\qquad + u_i^{(1)}(t) + u_i^{(2)}(t), & t \neq t_k \\
e_i(t_k) = h(e_i(t_k^-))(I+C)e_i(t_k^-), & k \in \mathbb{Z}_+
\end{cases}
$$

$$(6.5)$$

其中，$F(e_i(t)) = f(x_i(t)) - f(s(t))$；初始条件 $e_i(s) = \phi_i(s)$，$s \in [-\tau, 0]$，并记误差 $e(t,\phi) = \left(e_1(t,\phi_1), e_2(t,\phi_2), \cdots, e_N(t,\phi_N)\right)^{\mathrm{T}}$。

复杂动态网络的控制原理图如图 6.1 所示。

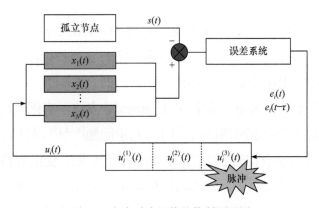

图 6.1　复杂动态网络的控制原理图

定义 6.1　复杂动态网络(6.1)和节点(6.2)称为在脉冲时间序列 $\{t_k\} \in \mathcal{F}$ 下是有限时间同步的，若误差系统(6.5)是有限时间稳定的，即

(1) 误差系统(6.5)是 Lyapunov 稳定的。

(2) 误差系统(6.5)在 $\{t_k\} \in \mathcal{F}$ 下是有限时间收敛的，即存在一个包含原

点的开集 $U \subseteq C_\tau$ 和一个停息时间函数 $T(\phi, \{t_k\}) : U \times S \rightarrow \mathbb{R}+$，使每一个从 $\phi \in U$ 出发的点 $e(t, \phi)$，$t \in [0, T(\phi, \{t_k\}))$ 有定义且唯一，并且对 $t \geq T(\phi, \{t_k\})$ 有 $e(t, \phi) = 0$。另外，若 $U = C_\tau$，则称复杂动态网络(6.1)和节点(6.2)是全局有限时间同步的。

定义 6.2　给定常数 μ 和任意向量 $x = (x_1, x_2, \cdots, x_n)^{\mathrm{T}} \in \mathbb{R}^n$，定义如下辅助函数，即

$$S(x) = (\mathrm{sign}(x_1), \cdots, \mathrm{sign}(x_n))^{\mathrm{T}}$$
$$D(x) = \mathrm{diag}\{|x_1|^\mu, \cdots, |x_n|^\mu\}$$

假设 6.1　假设存在对角矩阵 $P = \mathrm{diag}\{p_1, p_2, \cdots, p_n\} > 0$，$\Theta = \mathrm{diag}\{\theta_1, \theta_2, \cdots, \theta_n\}$，使 $f(\cdot)$ 满足

$$(\mu_1 - \mu_2)^{\mathrm{T}} P[f(\mu_1) - f(\mu_2) - \Theta(\mu_1 - \mu_2)] \leq -\zeta(\mu_1 - \mu_2)^{\mathrm{T}}(\mu_1 - \mu_2)$$

其中，$\zeta > 0$；$\mu_1, \mu_2 \in \mathbb{R}^n$。

假设 6.2　假设存在正常数 l_i，$i = 1, 2, \cdots, n$，使 $f_i(\cdot)$ 满足

$$|f_i(\mu_1) - f_i(\mu_2)| \leq l_i |\mu_1 - \mu_2|$$

其中，$\mu_1, \mu_2 \in \mathbb{R}$；$f_i(0) = 0$。

注 6.1　假设 6.2 中的非线性动态函数 $f(\cdot)$ 满足 Lipschitz 条件，该条件可以保证复杂动态网络解的唯一性。事实上，文献[21]表明，在一定条件下，假设 6.1 可以由假设 6.2 导出。

在过去几年里，大量学者利用 Lyapunov 方法、有限时间稳定定理等控制方法研究复杂动态网络的有限时间同步问题[4,14,15]。然而，在信号传输过程中不可避免地会出现信号在离散时间突然发生变化的情况——脉冲瞬动，此时现有连续框架下的理论结果就不再适用，一般的有限时间稳定定理也无法应用。本节将改进上述已有结果，并利用脉冲控制理论，考虑具有脉冲效应的延迟复杂动态网络的有限时间同步问题。下面分别关注镇定性脉冲和破坏性脉冲下的同步控制。

6.2.2　镇定性脉冲

为了实现脉冲有限时间同步，需要设计如下记忆控制器，即

$$u_i^{(1)}(t) = \begin{bmatrix} \tilde{u}_1^{(1)\mathrm{T}}(t) \\ \tilde{u}_2^{(1)\mathrm{T}}(t) \\ \vdots \\ \tilde{u}_n^{(1)\mathrm{T}}(t) \end{bmatrix} E_i \tag{6.6}$$

$$u_i^{(2)}(t) = -\frac{\delta}{2}\lambda_{\max}^{\frac{\mu+1}{2}}(P)P^{-1}D(e_i(t))S(e_i(t))$$

其中，$\tilde{u}_j^{(1)}(t) = (u_{1j}, u_{2j}, \cdots, u_{Nj})^{\mathrm{T}} \in \mathbb{R}^N$ 且

$$\tilde{u}_j^{(1)}(t) = -\frac{c\varepsilon\bar{\gamma}\lambda_{\max}(BB^{\mathrm{T}})}{2}S(\tilde{e}_j(t)) - \frac{c\bar{\gamma}}{2\varepsilon}S(\tilde{e}_j(t))\tilde{e}_j(t-\tau)^{\mathrm{T}}\tilde{e}_j(t-\tau)$$

$$E_i = (0 \;\; \cdots \;\; 0 \;\; 1 \;\; 0 \;\; \cdots \;\; 0)^{\mathrm{T}} \in \mathbb{R}^N$$

其中，E_i 的第 i 个元素为 1，其他元素为 0；$\tilde{e}_j(t) = (e_{1j}, e_{2j}, \cdots, e_{Nj})^{\mathrm{T}} \in \mathbb{R}^N$ 为包含所有 $e_i(t)$ 的第 j 个元素的列向量，$i = 1, 2, \cdots, N$，$j = 1, 2, \cdots, n$。

定理 6.1　复杂动态网络(6.1)和节点(6.2)在控制器(6.6)和脉冲时间序列 $\{t_k\} \in \mathcal{F}$ 下是有限时间同步的，若假设 6.1 成立且存在常数 $\zeta > 0$、$\beta \in (0,1)$、$\delta > 0$、$\gamma \in (\beta, 1)$、$\mu \in (-1, 1)$，n 阶对角矩阵 $P = \mathrm{diag}\{p_1, p_2, \cdots, p_n\} > 0$，$\Theta = \mathrm{diag}\{\theta_1, \theta_2, \cdots, \theta_n\}$，使

$$-\zeta I + p_j\theta_j I + cp_j\gamma_j A < 0 \tag{6.7}$$

$$(I + C)^{\mathrm{T}}P(I + C) \leqslant \beta^{\frac{2}{1-\mu}}P, \quad k \in Z_+ \tag{6.8}$$

其中，$\bar{\gamma} := \max\{\gamma_j\}$，$j = 1, 2, \cdots, n$。

特别地，令 $\mathcal{F}_M$ 表示满足下式的脉冲时间序列 $\{t_k\}^M$ 的集合，即

$$t_M \leqslant \gamma^{M-1}\frac{(\gamma - \beta)}{1 - \beta}\frac{2\lambda_{\max}^{\frac{1-\mu}{2}}(P)|\phi|^{1-\mu}}{\delta(1-\mu)}$$

则依赖脉冲时间序列 $\{t_k\}^M \in \mathcal{F}_M$ 和初始状态 $\phi \in U$ 的停息时间的界可以估计为

$$T(\phi, \{t_k\}^M) \leqslant \gamma^M\frac{2\lambda_{\max}^{\frac{1-\mu}{2}}(P)|\phi|^{1-\mu}}{\delta(1-\mu)} \tag{6.9}$$

证明　考虑如下 Lyapunov 函数，即

$$V(t) = \sum_{i=1}^{N} e_i^{\mathrm{T}}(t) P e_i(t) \tag{6.10}$$

且

$$\lambda_{\min}(P) \sum_{i=1}^{N} |e_i(t)|^2 \leqslant V(t) \leqslant \lambda_{\max}(P) \sum_{i=1}^{N} |e_i(t)|^2$$

当 $t \in [t_{k-1}, t_k)$，$k \in Z_+$ 时，对式(6.10)沿着系统(6.5)求导可得

$$D^+ V(t) = 2 \sum_{i=1}^{N} e_i^{\mathrm{T}}(t) P \dot{e}_i(t)$$

$$= 2 \sum_{i=1}^{N} e_i^{\mathrm{T}}(t) P \left(F(e_i(t)) + c \sum_{j=1}^{N} a_{ij} \Gamma e_j(t) + c \sum_{j=1}^{N} b_{ij} \Gamma e_j(t-\tau) + u_i^{(1)}(t) + u_i^{(2)}(t) \right)$$

$$\tag{6.11}$$

由假设 6.1 易得

$$D^+ V(t) \leqslant -2\zeta \sum_{i=1}^{N} e_i^{\mathrm{T}}(t) e_i(t) + 2 \sum_{i=1}^{N} e_i^{\mathrm{T}}(t) P \Theta e_i(t) + 2c \sum_{i=1}^{N} \sum_{j=1}^{N} a_{ij} e_i^{\mathrm{T}}(t) P \Gamma e_j(t)$$

$$+ 2c \sum_{i=1}^{N} \sum_{j=1}^{N} b_{ij} e_i^{\mathrm{T}}(t) P \Gamma e_j(t-\tau) + 2 \sum_{i=1}^{N} e_i^{\mathrm{T}}(t) P u_i^{(1)}(t) + 2 \sum_{i=1}^{N} e_i^{\mathrm{T}}(t) P u_i^{(2)}(t)$$

$$\tag{6.12}$$

注意到

$$e_i^{\mathrm{T}}(t) e_i(t) \leqslant \left(e_i^{\mathrm{T}}(t) S(e_i(t)) \right)^2, \quad t \geqslant 0$$

由引理 2.3 可知，当 $|\tilde{e}_j(t)| \neq 0$ 时，有

$$2c \sum_{i=1}^{N} \sum_{j=1}^{N} b_{ij} e_i^{\mathrm{T}}(t) P \Gamma e_j(t-\tau)$$

$$= 2c \sum_{j=1}^{n} p_j \tilde{e}_j^{\mathrm{T}}(t) \gamma_j B \tilde{e}_j(t-\tau)$$

$$\leqslant c \sum_{j=1}^{n} p_j \gamma_j \left(\varepsilon \frac{\tilde{e}_j^{\mathrm{T}}(t) B B^{\mathrm{T}} \tilde{e}_j(t)}{\tilde{e}_j^{\mathrm{T}}(t) S(\tilde{e}_j(t))} + \varepsilon^{-1} \tilde{e}_j^{\mathrm{T}}(t) S(\tilde{e}_j(t)) \times \tilde{e}_j(t-\tau)^{\mathrm{T}} \tilde{e}_j(t-\tau) \right)$$

$$\leqslant c \sum_{j=1}^{n} p_j \gamma_j (\varepsilon \lambda_{\max}(B B^{\mathrm{T}}) \tilde{e}_j^{\mathrm{T}}(t) S(\tilde{e}_j(t)) + \varepsilon^{-1} \tilde{e}_j^{\mathrm{T}}(t) \times S(\tilde{e}_j(t)) \tilde{e}_j(t-\tau)^{\mathrm{T}} \tilde{e}_j(t-\tau))$$

$$\tag{6.13}$$

当 $|\tilde{e}_j(t)|=0$ 时，有

$$2c\sum_{i=1}^{N}\sum_{j=1}^{N}b_{ij}e_i^{\mathrm{T}}(t)P\Gamma e_j(t-\tau)$$

$$=2c\sum_{j=1}^{n}p_j\tilde{e}_j^{\mathrm{T}}(t)\gamma_j B\tilde{e}_j(t-\tau)$$

$$=c\sum_{j=1}^{n}p_j\gamma_j(\varepsilon\lambda_{\max}(BB^{\mathrm{T}})\tilde{e}_j^{\mathrm{T}}(t)S(\tilde{e}_j(t))+\varepsilon^{-1}\tilde{e}_j^{\mathrm{T}}(t)S(\tilde{e}_j(t))\tilde{e}_j(t-\tau)^{\mathrm{T}}\tilde{e}_j(t-\tau))$$

$$=0$$

因此，式(6.13)对任意 $t\in[t_{k-1},t_k)$ 都成立。

由式(6.11)～式(6.13)可得

$$D^+V(t)\leqslant 2\sum_{j=1}^{n}\tilde{e}_j^{\mathrm{T}}(t)(-\zeta I+p_j\theta_j I+cp_j\gamma_j A)\tilde{e}_j(t)+c\sum_{j=1}^{n}p_j\gamma_j\Big[\varepsilon\lambda_{\max}(BB^{\mathrm{T}})\tilde{e}_j^{\mathrm{T}}(t)S(\tilde{e}_j(t))$$

$$+\varepsilon^{-1}\tilde{e}_j^{\mathrm{T}}(t)S(\tilde{e}_j(t))\tilde{e}_j(t-\tau)^{\mathrm{T}}\tilde{e}_j(t-\tau)\Big]+2\sum_{j=1}^{n}p_j\tilde{e}_j^{\mathrm{T}}(t)\tilde{u}_j^{(1)}(t)+2\sum_{i=1}^{N}e_i^{\mathrm{T}}(t)Pu_i^{(2)}(t)$$

$$\leqslant 2\sum_{i=1}^{N}e_i^{\mathrm{T}}(t)Pu_i^{(2)}(t)$$

$$\leqslant -\delta(V(t))^{\frac{\mu+1}{2}}$$

当 $t=t_k$ 时，有

$$V(t_k)=\sum_{i=1}^{N}e_i^{\mathrm{T}}(t_k^-)(I+C)^{\mathrm{T}}P(I+C)e_i(t_k^-)\leqslant \sum_{i=1}^{N}e_i^{\mathrm{T}}(t_k^-)\beta^{\frac{2}{1-\mu}}Pe_i(t_k^-)=\beta^{\frac{2}{1-\mu}}V(t_k^-)$$

基于定理 4.1，可以得到复杂动态网络(6.1)和节点(6.2)在控制器(6.6)和脉冲时间序列 $\{t_k\}\in\mathcal{F}$ 下是有限时间同步的。进一步地，停息时间满足式(6.9)。　■

接下来，我们构造另一种 Lyapunov 函数来得到镇定性脉冲下复杂动态网络的有限时间同步，其中考虑特殊情况 $C=\mathrm{diag}\{\rho_1,\rho_2,\cdots,\rho_n\}$，$-1<\rho_j<0$，$j=1,2,\cdots,n$。

定理 6.2　若假设 6.2 成立且存在常数 $\delta>0$，$\beta\in(0,1)$，$\gamma\in(\beta,1)$，$\mu\in(-1,1)$，κ_1、κ_2、$\kappa_3>0$，n 阶对角矩阵 $P=\mathrm{diag}\{p_1,p_2,\cdots,p_n\}>0$，使

$$\max_{1\leqslant j\leqslant n}(1+\rho_j)\leqslant \beta^{\frac{2}{1-\mu}},\quad j=1,2,\cdots,n \tag{6.14}$$

则复杂动态网络(6.1)和节点(6.2)在脉冲集合 $\mathcal{F}$ 及如下控制器下是有限时间同步的，即

$$u_i^{(1)}(t) = \begin{bmatrix} \tilde{u}_1^{(1)\mathrm{T}}(t) \\ \tilde{u}_2^{(1)\mathrm{T}}(t) \\ \vdots \\ \tilde{u}_n^{(1)\mathrm{T}}(t) \end{bmatrix} \cdot E_i \tag{6.15}$$

$$u_i^{(2)}(t) = -\frac{\delta}{2} P^{-1} S(e_i(t)) \left[2 S^{\mathrm{T}}(e_i(t)) P e_i(t) \right]^{\frac{1+\mu}{2}}$$

其中

$$E_i = (0 \quad \cdots \quad 0 \quad 1 \quad 0 \quad \cdots \quad 0)^{\mathrm{T}} \in \mathbb{R}^N$$

$$\tilde{u}_j^{(1)}(t) = -\frac{\kappa_1}{2} p_j l_j^2 S(\tilde{e}_j(t)) \tilde{e}_j^{\mathrm{T}}(t) S(\tilde{e}_j(t)) - \frac{1}{2\kappa_1 p_j} \tilde{e}_j(t) - \frac{c}{2} \overline{\gamma} A^{\mathrm{T}} A S(\tilde{e}_j(t)) \cdot \kappa_2 \tilde{e}_j^{\mathrm{T}}(t) S(\tilde{e}_j(t))$$

$$- \frac{c}{2\kappa_2} \overline{\gamma} \tilde{e}_j(t) - \frac{c}{2} \kappa_3 \overline{\gamma} B^{\mathrm{T}} B S(\tilde{e}_j(t)) - \frac{c}{2\kappa_3} \overline{\gamma} \tilde{e}_j^{\mathrm{T}}(t-\tau) \tilde{e}_j(t-\tau) S(\tilde{e}_j(t))$$

特别地，令 $\mathcal{F}_M$ 表示满足下式的脉冲时间序列 $\{t_k\}^M$ 的集合，即

$$t_M \leqslant \gamma^{M-1} \frac{(\gamma - \beta)}{1 - \beta} \frac{2^{\frac{3-\mu}{2}} \lambda_{\max}^{\frac{1-\mu}{2}} P |\phi|^{\frac{1-\mu}{2}}}{\delta(1-\mu)}$$

则依赖脉冲时间序列 $\{t_k\}^M \in \mathcal{F}_M$ 和初始状态 $\phi \in U$ 的停息时间的界可以估计为

$$T(\phi, \{t_k\}^M) \leqslant \gamma^M \frac{2^{\frac{3-\mu}{2}} \lambda_{\max}^{\frac{1-\mu}{2}} P |\phi|^{\frac{1-\mu}{2}}}{\delta(1-\mu)} \tag{6.16}$$

证明　考虑如下形式的 Lyapunov 函数，即

$$V(t) = 2 \sum_{i=1}^N e_i^{\mathrm{T}}(t) P S(e_i(t)) \tag{6.17}$$

当 $t \in [t_{k-1}, t_k)$，$k \in \mathbb{Z}_+$ 时，对式(6.17)沿着系统(6.5)求导可得

$$D^+ V(t) = 2 \sum_{i=1}^N e_i^{\mathrm{T}}(t) P \dot{S}(e_i(t)) + 2 \sum_{i=1}^N \dot{e}_i^{\mathrm{T}}(t) P S(e_i(t))$$

$$= 2 \sum_{i=1}^N S^{\mathrm{T}}(e_i(t)) P \dot{e}_i(t)$$

$$
= 2\sum_{i=1}^{N} S^{\mathrm{T}}(e_i(t)) P\left[F(e_i(t)) + c\sum_{j=1}^{N} a_{ij}\Gamma e_j(t) + c\sum_{j=1}^{N} b_{ij}\Gamma e_j(t-\tau) + u_i(t) \right]
$$

$$
\leqslant 2\sum_{i=1}^{N} S^{\mathrm{T}}(e_i(t)) PL e_i(t) + 2c\sum_{i=1}^{N}\sum_{j=1}^{N} a_{ij} S^{\mathrm{T}}(e_i(t)) P\Gamma e_j(t)
$$

$$
+ 2c\sum_{i=1}^{N}\sum_{j=1}^{N} b_{ij} S^{\mathrm{T}}(e_i(t)) P\Gamma e_j(t-\tau) + 2\sum_{i=1}^{N} S^{\mathrm{T}}(e_i(t)) P u_i^{(1)}(t)
$$

$$
+ 2\sum_{i=1}^{N} S^{\mathrm{T}}(e_i(t)) P u_i^{(2)}(t)
$$

$$
\tag{6.18}
$$

注意

$$
S^{\mathrm{T}}(e_i(t)) S(e_i(t)) = \begin{cases} \Delta \in [1,n] \subset \mathbb{Z}_+, & |e_i(t)| \neq 0 \\ 0, & |e_i(t)| = 0 \end{cases}
$$

则由引理 2.3 可得

$$
2c\sum_{i=1}^{N}\sum_{j=1}^{N} b_{ij} S^{\mathrm{T}}(e_i(t)) P\Gamma e_j(t-\tau)
$$

$$
= 2c\sum_{j=1}^{n} p_j \gamma_j S^{\mathrm{T}}(\tilde{e}_j(t)) B \tilde{e}_j(t-\tau)
$$

$$
\leqslant c\sum_{j=1}^{n} p_j \gamma_j [\kappa_3 S^{\mathrm{T}}(\tilde{e}_j(t)) B^{\mathrm{T}} B S(\tilde{e}_j(t)) + \kappa_3^{-1} \tilde{e}_j^{\mathrm{T}}(t-\tau)\tilde{e}_j(t-\tau) S^{\mathrm{T}}(\tilde{e}_j(t)) S(\tilde{e}_j(t))]
$$

$$
\tag{6.19}
$$

注意

$$
e_i^{\mathrm{T}}(t) e_i(t) \leqslant \left(e_i^{\mathrm{T}}(t) S(e_i(t)) \right)^2, \quad e_i(t) \in \mathbb{R}^n
$$

由引理 2.3，当 $|\tilde{e}_j(t)| \neq 0$ 时，可得

$$
2\sum_{i=1}^{N} S^{\mathrm{T}}(e_i(t)) PL e_i(t)
$$

$$
\leqslant \sum_{i=1}^{N}\left(S^{\mathrm{T}}(e_i(t)) P^2 L^2 S(e_i(t)) \cdot \kappa_1 e_i^{\mathrm{T}}(t) S(e_i(t)) + e_i^{\mathrm{T}}(t) e_i(t) \cdot \kappa_1^{-1} \frac{1}{e_i^{\mathrm{T}}(t) S(e_i(t))} \right)
$$

$$
\leqslant \sum_{i=1}^{N}\left(S^{\mathrm{T}}(e_i(t)) P^2 L^2 S(e_i(t)) \cdot \kappa_1 e_i^{\mathrm{T}}(t) S(e_i(t)) + \frac{1}{\kappa_1} e_i^{\mathrm{T}}(t) S(e_i(t)) \right)
$$

$$
\tag{6.20}
$$

$$2c\sum_{i=1}^{N}\sum_{j=1}^{N}a_{ij}S^{\mathrm{T}}(e_i(t))P\Gamma e_j(t)$$

$$=2c\sum_{j=1}^{n}p_j S^{\mathrm{T}}(\tilde{e}_j(t))\gamma_j A\tilde{e}_j(t)$$

$$\leqslant c\sum_{j=1}^{n}p_j\gamma_j\left(S^{\mathrm{T}}(\tilde{e}_j(t))A^{\mathrm{T}}AS(\tilde{e}_j(t))\cdot\kappa_2\tilde{e}_j^{\mathrm{T}}(t)S(\tilde{e}_j(t))+\tilde{e}_j^{\mathrm{T}}(t)\tilde{e}_j(t)\cdot\kappa_2^{-1}\frac{1}{\tilde{e}_j^{\mathrm{T}}(t)S(\tilde{e}_j(t))}\right)$$

$$\leqslant c\sum_{j=1}^{n}p_j\gamma_j\left(S^{\mathrm{T}}(\tilde{e}_j(t))A^{\mathrm{T}}AS(\tilde{e}_j(t))\cdot\kappa_2\tilde{e}_j^{\mathrm{T}}(t)S(\tilde{e}_j(t))+\frac{1}{\kappa_2}\tilde{e}_j^{\mathrm{T}}(t)S(\tilde{e}_j(t))\right)$$

$$(6.21)$$

当$|\tilde{e}_j(t)|=0$时，有

$$2\sum_{i=1}^{N}S^{\mathrm{T}}(e_i(t))PLe_i(t)$$

$$=\sum_{i=1}^{N}\left(S^{\mathrm{T}}(e_i(t))P^2L^2S(e_i(t))\cdot\kappa_1 e_i^{\mathrm{T}}(t)S(e_i(t))+\frac{1}{\kappa_1}e_i^{\mathrm{T}}(t)S(e_i(t))\right)\quad(6.22)$$

$$=0$$

$$2c\sum_{i=1}^{N}\sum_{j=1}^{N}a_{ij}S^{\mathrm{T}}(e_i(t))P\Gamma e_j(t)$$

$$=c\sum_{j=1}^{n}p_j\gamma_j\left(S^{\mathrm{T}}(\tilde{e}_j(t))A^{\mathrm{T}}AS(\tilde{e}_j(t))\cdot\kappa_2\tilde{e}_j^{\mathrm{T}}(t)S(\tilde{e}_j(t))+\frac{1}{\kappa_2}\tilde{e}_j^{\mathrm{T}}(t)S(\tilde{e}_j(t))\right)$$

$$=0$$

$$(6.23)$$

则对任意$t\in[t_{k-1},t_k)$，将式(6.19)~式(6.23)代入式(6.18)得

$$D^+V(t)\leqslant\sum_{i=1}^{N}\left(S^{\mathrm{T}}(e_i(t))P^2L^2S(e_i(t))\cdot\kappa_1 e_i^{\mathrm{T}}(t)S(e_i(t))+\frac{1}{\kappa_1}e_i^{\mathrm{T}}(t)S(e_i(t))\right)$$

$$+c\sum_{j=1}^{n}p_j\gamma_j\left(S^{\mathrm{T}}(\tilde{e}_j(t))A^{\mathrm{T}}AS(\tilde{e}_j(t))\cdot\kappa_2\tilde{e}_j^{\mathrm{T}}(t)S(\tilde{e}_j(t))+\frac{1}{\kappa_2}\tilde{e}_j^{\mathrm{T}}(t)S(\tilde{e}_j(t))\right)$$

$$+c\sum_{j=1}^{n}p_j\gamma_j\left(\kappa_3 S^{\mathrm{T}}(\tilde{e}_j(t))B^{\mathrm{T}}BS(\tilde{e}_j(t))+\frac{1}{\kappa_3}\tilde{e}_j^{\mathrm{T}}(t-\tau)\tilde{e}_j(t-\tau)S^{\mathrm{T}}(\tilde{e}_j(t))S(\tilde{e}_j(t))\right)$$

$$+2\sum_{j=1}^{n}p_j S^{\mathrm{T}}(\tilde{e}_j(t))\tilde{u}_j^{(1)}(t)+2\sum_{i=1}^{N}S^{\mathrm{T}}(e_i(t))Pu_i^{(2)}(t)$$

$$\leqslant 2\sum_{i=1}^{N} S^{\mathrm{T}}(e_i(t))Pu_i^{(2)}(t)$$

$$\leqslant -\delta\left(2\sum_{i=1}^{N} e_i^{\mathrm{T}}(t)PS(e_i(t))\right)^{\frac{1+\mu}{2}}$$

$$= -\delta \cdot V^{\frac{1+\mu}{2}}$$

当 $t = t_k$，$k \in \mathbb{Z}_+$ 时，可得

$$V(t_k) = 2\sum_{i=1}^{N} e_i^{\mathrm{T}}(t_k^-)(I+C)^{\mathrm{T}}PS\big((I+C)e_i(t_k^-)\big)$$

$$\leqslant 2\lambda_{\max_{1\leqslant j\leqslant n}}(1+\rho_j)\sum_{i=1}^{N} e_i^{\mathrm{T}}(t_k^-)PS\big(e_i(t_k^-)\big)$$

$$\leqslant 2\beta^{\frac{2}{1-\mu}}\sum_{i=1}^{N} e_i^{\mathrm{T}}(t_k^-)PS\big(e_i(t_k^-)\big)$$

$$= \beta^{\frac{2}{1-\mu}}V(t_k^-)$$

基于定理 4.1，可以得到复杂动态网络(6.1)和节点(6.2)对集合 $\mathcal{F}$ 中任意脉冲时间序列及控制器(6.15)下是有限时间同步的，停息时间满足式(6.16)。 ■

注 6.2　在以往的研究中，考虑有限时间稳定问题时，符号函数起着重要的作用[22]。我们在定理 6.1 的证明中引入 $\tilde{e}_j^{\mathrm{T}}(T)S(\tilde{e}_j(T))$，在设计控制器时为平衡延迟项和非延迟项之间的关联提供一种有效的方法。此外，从定理 6.1 可以看出，由于 γ^M 的存在，估计的停息时间 $T(\phi, \{t_k\}^M)$ 上界比没有脉冲情况下的上界要小，并且与脉冲数有关。也就是说，随着镇定性脉冲信号的增加，同步时间可以适当缩短，如式(6.9)所示。

注 6.3　近年来，复杂动态网络的有限时间同步已经得到广泛的研究。然而，当同步误差不为零时，有限时间控制器往往需要特殊的分数状态反馈结构，如 $e_i/|e_i|^2$。该类型的控制器有明显缺点，尽管 $e_i = 0$ 时，$u_i = 0$，但是很难确定 u_i 在误差轨迹接近于零时是否有界，这样该类控制器就很难用于有限时间问题。为了克服控制器的无界性问题，本节设计易于实现形式的有限时间控制器。此外，我们的结果可以应用于脉冲信号存在的情况。

6.2.3　破坏性脉冲

本节从脉冲干扰的角度给出复杂动态网络有限时间同步的其他结果，其中脉冲相比上一节起到相反的效果，即破坏性脉冲。

定理 6.3　复杂动态网络(6.1)和节点(6.2)在控制器(6.6)下是有限时间同步的，若假设 6.1 成立且存在常数 $\zeta > 0$、$\delta > 0$、$\beta \in [1, \infty)$、$\mu \in (-1, 1)$、$\sigma > 0$，n 阶对角矩阵 $P = \text{diag}\{p_1, p_2, \cdots, p_n\} > 0$，$\Theta = \text{diag}\{\theta_1, \theta_2, \cdots, \theta_n\}$ 使

$$-\zeta I + p_j \theta_j I + c p_j \gamma_j A < 0, \quad j = 1, 2, \cdots, n$$

$$(I + C)^{\mathrm{T}} P (I + C) \leqslant \beta^{\frac{2}{1-\mu}} P, \quad k \in \mathbb{Z}_+$$

其中，$\bar{\gamma} := \max\{\gamma_j\}$；$\{t_k\}$ 满足

$$\min\left\{ j \in \mathbb{Z}_+ : \frac{t_j}{\beta^{j-1}} \geqslant \frac{2\lambda_{\max}^{\frac{1-\mu}{2}}(P)\sigma^{1-\mu}}{\delta(1-\mu)} \right\} := N_0 < +\infty$$

另外，停息时间的界可以估计为

$$T(\phi, \{t_k\}) \leqslant \beta^{N_0-1} \frac{2\lambda_{\max}^{\frac{1-\mu}{2}}(P)\sigma^{1-\mu}}{\delta(1-\mu)}, \quad \phi \in U_\sigma, \{t_k\} \in \mathcal{F}$$

接下来，考虑特殊情况 $C = \text{diag}\{\rho_1, \rho_2, \cdots, \rho_n\}$，$\rho_j > 0, j = 1, 2, \cdots, n$，给出基于另一个 Lyapunov 函数的脉冲干扰下的同步结果。

定理 6.4　复杂动态网络(6.1)和节点(6.2)在控制器(6.15)下是有限时间同步的，若假设 6.2 成立且存在常数 $\delta > 0$，$\beta \in [1, \infty)$，$\mu \in (-1, 1)$，$\sigma > 0$，κ_1、κ_2、$\kappa_3 > 0$，n 阶对角矩阵 $P = \text{diag}\{p_1, p_2, \cdots, p_n\} > 0$，使

$$\max_{1 \leqslant j \leqslant n}\{1 + \rho_j\} \leqslant \beta^{\frac{2}{1-\mu}}, \quad j = 1, 2, \cdots, n$$

其中，脉冲时间序列 $\{t_k\}$ 满足

$$\min\left\{ j \in \mathbb{Z}_+ : \frac{t_j}{\beta^{j-1}} \geqslant \frac{2^{\frac{3-\mu}{2}} \lambda_{\max}^{\frac{1-\mu}{2}}(P)\sigma^{\frac{1-\mu}{2}}}{\delta(1-\mu)} \right\} := N_0 < +\infty$$

另外，停息时间的界可以估计为

$$T(\phi, \{t_k\}) \leqslant \beta^{N_0-1} \frac{2^{\frac{3-\mu}{2}} \lambda_{\max}^{\frac{1-\mu}{2}}(P) \sigma^{\frac{1-\mu}{2}}}{\delta(1-\mu)}, \quad \phi \in U_\sigma, \{t_k\} \in \mathcal{F}$$

注 6.4　我们将脉冲控制理论和有限时间稳定理论应用于复杂动态网络，建立脉冲有限时间同步的充分条件，设计镇定性脉冲同步和破坏性脉冲同步两种记忆控制器。结果表明，复杂动态网络的同步时间不但与初始状态有关，而且与脉冲有关。与复杂动态网络不受脉冲影响的情况相比，当网络有镇定性脉冲时，可以得到较小的同步时间范围。当网络受破坏性脉冲影响时，可以得到更大的同步时间范围。

6.2.4　数值仿真

本节基于镇定性脉冲和破坏性脉冲效应，给出两个例子说明有限时间同步结果的有效性。

例 6.1　考虑网络节点，以 Lorenz 系统[5]为例，即

$$\dot{s}(t) = \begin{bmatrix} \dot{s}_1 \\ \dot{s}_2 \\ \dot{s}_3 \end{bmatrix} = \begin{bmatrix} -a & a & 0 \\ c & -1 & 0 \\ 0 & 0 & -b \end{bmatrix} \begin{bmatrix} s_1 \\ s_2 \\ s_3 \end{bmatrix} + \begin{bmatrix} 0 \\ -s_1 s_3 \\ s_1 s_2 \end{bmatrix} = f(s(t)) \quad (6.24)$$

其中，$a = 10$；$c = 28$；$b = 8/3$；初值为 $s(0) = [0.5, -1, 1]^\mathrm{T}$。

从图 6.2 可以看出，单个 Lorenz 系统为混沌吸引子。取 $\Theta = \mathrm{diag}\{3, 3, 3\}$，$P = \mathrm{diag}\{5, 4, 2\}$，使假设 6.1 满足。

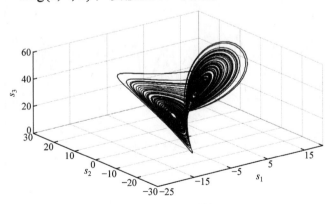

图 6.2　Lorenz 系统

考虑具有 4 个相同节点的复杂动态网络，第 i 个节点的动力学方程为

$$\dot{x}_i(t) = f(x_i(t)) + c\sum_{j=1}^{4} a_{ij} \Gamma x_j(t) + c\sum_{j=1}^{4} b_{ij} \Gamma x_j(t-\tau) , \quad i=1,2,3,4 \qquad (6.25)$$

其中，$\tau = 1$；$c = 0.5$。

$$A = \begin{bmatrix} -1 & 0 & 0 & 1 \\ 1 & -2 & 0 & 1 \\ 0 & 1 & -1 & 0 \\ 1 & 0 & 1 & -2 \end{bmatrix}, \quad B = \begin{bmatrix} -2 & 1 & 0 & 1 \\ 0 & -1 & 1 & 0 \\ 1 & 0 & -2 & 1 \\ 0 & 1 & 0 & -1 \end{bmatrix}, \quad \Gamma = \begin{bmatrix} 0.5 & 0 & 0 \\ 0 & 0.4 & 0 \\ 0 & 0 & 0.3 \end{bmatrix}$$

为了便于仿真，节点状态的初值为 $x_1(0) = [2, 0, 1]^T$、$x_2(0) = [-0.5, -1.5, 1.5]^T$、$x_3(0) = [1, -2, 0.5]^T$、$x_4(0) = [-1, -1, 1.5]^T$。图 6.3 显示了节点(6.24)和网络(6.25)在没有控制的情况下的状态轨迹。当考虑镇定性脉冲时，即

$$u_i^{(3)}(t) = \sum_{k=1}^{\infty} Ce_i(t_k)\delta(t-t_k), \quad k \in \mathbb{Z}_+$$

则复杂动态网络(6.25)可以写为

$$\begin{cases} \dot{x}_i(t) = f(x_i(t)) + c\sum_{j=1}^{4} a_{ij} \Gamma x_j(t) + c\sum_{j=1}^{4} b_{ij} \Gamma x_j(t-\tau), \quad t \neq t_k \\ \Delta x_i(t_k) = x_i(t_k^+) - x_i(t_k^-) = Ce_i(t_k^-), \quad k \in \mathbb{Z}_+ \end{cases} \qquad (6.26)$$

其中，$C = \begin{bmatrix} -0.4 & 0.1 & -0.3 \\ 0 & -0.6 & 0 \\ -0.2 & 0 & -0.5 \end{bmatrix}$。

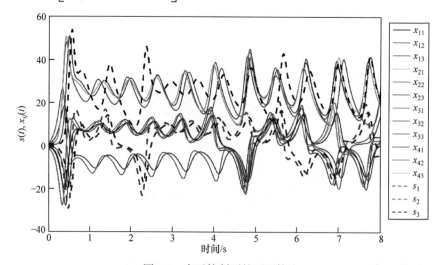

图 6.3　在无控制下的开环轨迹

数值仿真中选择 $\delta = 0.9$ 、 $\beta = 0.7$ 、 $\mu = 0.2$ 、 $\gamma = 0.8$ 、 $\zeta = 15.6$ 。由定理 6.1 可得，复杂动态网络在控制器(6.6)和脉冲时间序列 $\{t_k\} \in \mathcal{F}$ 下是有限时间同步的。图 6.4 展示了节点(6.24)和网络(6.25)只在控制器(6.6)且没有施加脉冲控制下的同步误差。图 6.5 展示了节点(6.24)和网络(6.25)在控制器(6.6)及脉冲集合 $\mathcal{F}_3 = \{0.1, 0.15, 0.3\}$ 下的同步误差，说明在脉冲控制下可以提高网络的同步能力。特别地，若脉冲集合 $\mathcal{F}$ 由 $\mathcal{F}_M$ 给出，脉冲时间序列 $\{t_k\}^M$ 满足 $t_M \leqslant 1.41 \cdot 0.8^{M-2} |\phi|^{0.8}$ ， $M \in \mathbb{Z}_+$ ，则复杂动态网络的同步停息时间的上界可以估计为 $T(\phi, \{t_k\}^M) \leqslant 4.23 \cdot 0.8^{M-1} |\phi|^{0.8}$ 。图 6.6 展示了

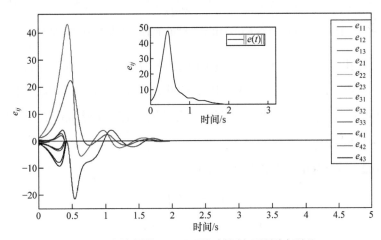

图 6.4　在控制器(6.6)且无脉冲控制下的同步误差

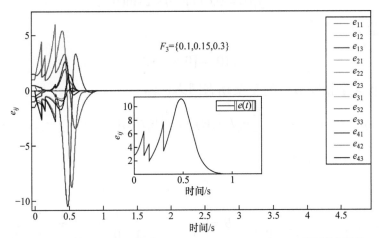

图 6.5　在控制器(6.6)及脉冲 $M = 3$ 、 $\mathcal{F}_3 = \{0.1, 0.15, 0.3\}$ 下的同步误差

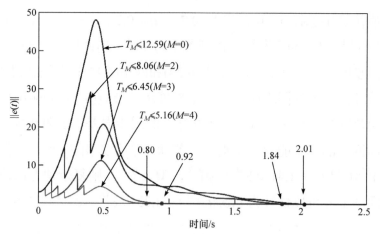

图 6.6   在控制器(6.6)及镇定性脉冲下的同步误差和停息时间

节点(6.24)和网络(6.25)的同步误差及在 $M = 0$ (没有脉冲)，$M = 2$、$\mathcal{F}_2 = \{0.2, 0.4\}$，$M = 3$、$\mathcal{F}_3 = \{0.1, 0.15, 0.3\}$，$M = 4$、$\mathcal{F}_4 = \{0.05, 0.1, 0.2, 0.35\}$ 的停息时间。这说明，脉冲控制频率的增加加速了网络同步，缩短了网络同步的停息时间。

例 6.2   考虑如下孤立节点，即

$$\dot{s}(t) = f(s(t)) \tag{6.27}$$

$$f(x_i) = [f_1(x_{i1}), f_2(x_{i2})]^{\mathrm{T}}$$

$$f_i(\cdot) = 0.6 \tanh(\cdot) + 2 \sin(\cdot)$$

初值为

$$s(0) = [0.5, -1]^{\mathrm{T}}$$

以及具有 4 个相同节点的复杂动态网络，即

$$\dot{x}_i(t) = f(x_i(t)) + c \sum_{j=1}^{4} a_{ij} \Gamma x_j(t) + c \sum_{j=1}^{4} b_{ij} \Gamma x_j(t - \tau), \quad i = 1, 2, 3, 4 \tag{6.28}$$

其中，$\tau = 1$；$c = 0.5$。

$$A = \begin{bmatrix} -1 & 0 & 0 & 1 \\ 0 & -1 & 0 & 1 \\ 1 & 1 & -2 & 0 \\ 0 & 0 & 1 & -1 \end{bmatrix}, \quad B = \begin{bmatrix} -1 & 1 & 0 & 0 \\ 1 & -3 & 1 & 1 \\ 1 & 0 & -1 & 0 \\ 0 & 1 & 1 & -2 \end{bmatrix}, \quad \Gamma = \begin{bmatrix} 0.5 & 0 \\ 0 & 0.4 \end{bmatrix}$$

初值 $x_1(0) = [2, 1]^T$，　$x_2(0) = [-1.5, -1.5]^T$，　$x_3(0) = [1.5, -2]^T$，　$x_4(0) = [-1, -1]^T$。

图 6.7 展示了节点(6.27)和网络在无控制下的开环轨迹。

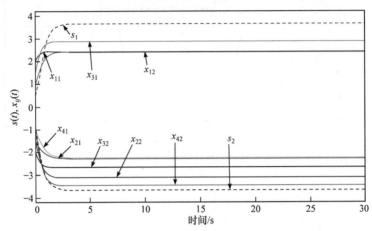

图 6.7　节点(6.27)和网络在无控制下的开环轨迹

考虑网络受到破坏性脉冲作用，即

$$u_i^{(3)}(t) = \sum_{k=1}^{\infty} Ce_i(t_k)\delta(t - t_k), \quad k \in \mathbb{Z}_+$$

其中

$$C = \begin{bmatrix} 0.5 & 0 \\ 0 & 0.3 \end{bmatrix}$$

则复杂动态网络(6.28)可以写成如式(6.26)形式的脉冲微分方程。

图 6.8 和图 6.9 分别展示了式(6.28)在没有脉冲及破坏性脉冲为 $t_{3n} = n$、$t_{3n-1} = n - 0.6$、$t_{3n-2} = n - 0.95$ 下的状态轨迹。仿真取 $\delta = 0.9$、$\beta = 1.3$、$\mu = 0.4$、$k_1 = 0.5$、$k_2 = 1$、$k_3 = 0.7$。基于定理 6.4，由 LMI 工具包可得

$$P = \begin{bmatrix} 1.4478 & 0 \\ 0 & 1.4478 \end{bmatrix}$$

因此，在破坏性脉冲下，误差网络通过控制器(6.15)可以实现有限时间同步，且复杂动态网络的停息时间上界可以估计为 $T(\phi, \{t_k\}) \leqslant 3.84 \cdot 1.3^{N_0 - 1} \approx 10.97$。图 6.10 展示了在破坏性脉冲下节点(6.27)和网络(6.28)的同步误差轨迹与停息时间，说明在破坏性脉冲环境下，网络的同步时间被延长。

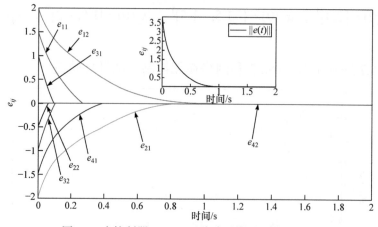

图 6.8　在控制器(6.15)且无脉冲干扰下的同步误差

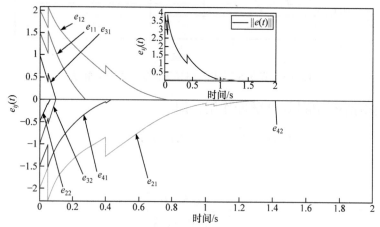

图 6.9　在控制器(6.15)及破坏性脉冲下的误差轨迹

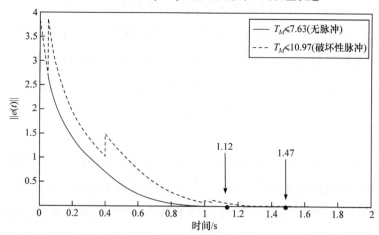

图 6.10　在控制器(6.15)及破坏性脉冲下的同步误差和停息时间

6.3　不确定性脉冲复杂动态网络的有限时间滞后同步

滞后同步在电子网络的实现中很常见，这要求一个节点的当前状态与另一个节点的过去状态同步，即这两个节点之间的同步存在时间偏移。例如，在电话通信网络中，接收机在时间 t^* 接收到的语音由发送方在时间 $t^* - \rho$ 发送，其中 ρ 是时间偏移。也就是说，在许多实际模型中无法实现信息实时传输，即无法有效地实现完全同步。在这种情况下，考虑滞后同步是很自然的。此外，从并行图像处理和安全通信的实际工程应用来看，这是一种合理的同步策略。因此，滞后同步研究已应用于许多实际系统，如激光器、神经网络和电子电路等[23~27]。

本节研究具有脉冲干扰的不确定性复杂动态网络的有限时间滞后同步问题。通过设计两种不同的控制器，基于 LMI 建立网络有限时间滞后同步的一些判据条件，通过构造不同的 Lyapunov 函数估计同步时间的上界。有趣的是，估计的同步时间不仅取决于初始值，还取决于脉冲时间序列。这意味着，不同的脉冲信号会导致不同的同步时间。最后，通过一个数值算例说明滞后同步准则的可行性和有效性。

6.3.1　系统描述

考虑由 N 个节点耦合组成的复杂动态网络，每个节点为一个 n 维系统，即

$$\dot{x}_i(t) = \bar{A}x_i(t) + \bar{B}f(x_i(t)) + c\sum_{j=1}^{N} h_{ij}\Gamma x_j(t), \quad i = 1, 2, \cdots, N \tag{6.29}$$

其中，$x_i(t) = (x_{i1}(t), x_{i2}(t), \cdots, x_{in}(t))^{\mathrm{T}} \in \mathbb{R}^n$ 为第 i 个网络的状态向量；$\bar{A} = A + \Delta A$，$\bar{B} = B + \Delta B$，A、$B \in \mathbb{R}^{n \times n}$ 为实矩阵，ΔA、$\Delta B \in \mathbb{R}^{n \times n}$ 为参数不确定性；$c > 0$ 为耦合强度；$f(x_i(t)) = (f_1(x_{i1}(t)), f_2(x_{i2}(t)), \cdots, f_n(x_{in}(t)))^{\mathrm{T}} \in \mathbb{R}^n$ 为非线性函数，且满足假设 6.2；$\Gamma = (\gamma_j) \in \mathbb{R}^{n \times n}$ 为内部耦合矩阵的正定对角矩阵；外部耦合矩阵 $H = (h_{ij})_{N \times N}$ 定义为，对元素 h_{ij}，若存在节点 j 到节点

i 的连接，则 $h_{ij} > 0$，否则 $h_{ij} = 0$，且对角元素 $h_{ii} = -\sum_{i=1, j \neq i}^{N} h_{ij}$。令 $x_i(0) = x_{i0}$ 表示网络(6.29)的初值。

为了研究滞后同步，在不失一般性的前提下，我们将系统(6.29)称为驱动系统。另外，假设输入信号在传输过程中，在某个离散时间状态可能会突然跳跃，即产生脉冲现象。因此，我们考虑以下脉冲复杂动态网络作为响应系统，即

$$\begin{cases} \dot{y}_i(t) = \bar{A}y_i(t) + \bar{B}f(y_i(t)) + c\sum_{j=1}^{N} h_{ij}\Gamma y_j(t) + u_i(t), & t \in [t_{k-1}, t_k) \\ \Delta y_i(t_k) = D(y_i(t_k^-) - x_i(t_k^- - \sigma)), & k \in \mathbb{Z}_+, i = 1, 2, \cdots, N \end{cases} \quad (6.30)$$

其中，$y_i(t) = (y_{i1}(t), y_{i2}(t), \cdots, y_{in}(t))^\mathrm{T} \in \mathbb{R}^n$；$\Delta y_i(t_k) = y_i(t_k) - y_i(t_k^-)$；$u_i(t)$ 为控制输入；D 为脉冲矩阵；常数 $\sigma > 0$；$\{t_k\} := \{t_k, k \in \mathbb{Z}_+\}$ 为 $\mathbb{R}_+$ 上严格递增的脉冲时间序列的集合，用集合 S 表示。

系统(6.30)的初值为 $y_i(\sigma) = y_{i\sigma}$，其余参数与系统(6.29)中相同。

定义滞后同步误差 $e_i(t) = y_i(t) - x_i(t - \sigma)$，可得驱动-响应系统(6.29)和(6.30)的误差系统，即

$$\begin{cases} \dot{e}_i(t) = \bar{A}e_i(t) + \bar{B}g(e_i(t)) + c\sum_{j=1}^{N} h_{ij}\Gamma e_j(t) + u_i(t), & t \geqslant \sigma, t \neq t_k \\ \Delta e_i(t_k) = De_i(t_k^-), & k \in \mathbb{Z}_+ \end{cases} \quad (6.31)$$

其中，$g(e_i(t)) = f(y_i(t)) - f(x_i(t - \sigma))$；$\Delta e_i(t_k) = e_i(t_k) - e_i(t_k^-)$。

为了方便，令 $e(t) = (e_1^\mathrm{T}(t), e_2^\mathrm{T}(t), \cdots, e_N^\mathrm{T}(t))^\mathrm{T}$、$G(e(t)) = (g^\mathrm{T}(e_1), g^\mathrm{T}(e_2), \cdots, g^\mathrm{T}(e_N))^\mathrm{T}$，则误差系统(6.31)可以转化为

$$\begin{cases} \dot{e}(t) = [I_N \otimes \bar{A} + c(H \otimes \Gamma)]e(t) + (I_N \otimes \bar{B})G(e(t)) + U, & t \geqslant \sigma, t \neq t_k \\ e(t_k) = [I_N \otimes (I + D)]e(t_k^-), & k \in \mathbb{Z}_+ \end{cases}$$

$$(6.32)$$

其中，$U = (u_1^\mathrm{T}, u_2^\mathrm{T}, \cdots, u_N^\mathrm{T})^\mathrm{T}$。

初值 $e(\sigma) = e_\sigma = (e_{1\sigma}^\mathrm{T}, e_{2\sigma}^\mathrm{T}, \cdots, e_{N\sigma}^\mathrm{T})^\mathrm{T}$，$e_{i\sigma} = y_{i\sigma} - x_{i0}$。

定义 6.3　给定脉冲时间序列 $\{t_k\} \in \mathcal{F}$ 和常数 $\sigma > 0$。驱动-响应系统称

为是有限时间滞后同步的，如果存在常数 $T > 0$ ，使

$$\lim_{t \to T+\sigma} |e_i(t)| = \lim_{t \to T+\sigma} |y_i(t) - x_i(t-\sigma)| = 0$$

且当 $t \geqslant T + \sigma$ 时有 $\lim_{t \to T+\sigma} |e_i(t)| \equiv 0$ ， T 称为同步时间，依赖初值 $e_{i\sigma}$ 和脉冲集合 $\mathcal{F}$ 。

注 6.5　从滞后同步误差系统的描述可以看出，在时刻 0 到 σ ，响应系统没有收到驱动系统的信息。因此，在定义 6.3 中，我们描述了有限时间滞后同步的特征，也就是说，由于传输延迟 σ 的存在，驱动-响应系统的同步时间发生了延迟，实际同步时间为 $T + \sigma$ ，其中 T 表示从 σ 时刻开始的同步时间。它不仅取决于初始值 $e_{i\sigma}$ ，也取决于脉冲集合 $\mathcal{F}$ 。特别地，若考虑 $\sigma = 0$ 的一种特殊情况，则可以在同步时间为 T 的情况下实现系统 (6.30)的完全同步。

假设 6.3　假设存在常数 $\varepsilon_1, \varepsilon_2 > 0$ ，使不确定项 ΔA 、 $\Delta B \in \mathbb{R}^{n \times n}$ 满足如下条件，即

$$\Delta A^{\mathrm{T}} \Delta A \leqslant \varepsilon_1 I, \quad \Delta B^{\mathrm{T}} \Delta B \leqslant \varepsilon_2 I$$

6.3.2　滞后同步准则

本节考虑破坏性脉冲的影响下控制器的设计，实现驱动-响应系统 (6.29)和(6.30)的有限时间滞后同步。

定理 6.5　若假设 6.3 成立，且存在常数 $\alpha > 0$ 、 $\rho > 0$ 、 $\beta \in [1, \infty)$ 、 $\mu \in (-1, 1)$ ， n 阶矩阵 $P > 0$ 、 $Q > 0$ ， n 阶对角矩阵 $S > 0$ 、 $R > 0$ ，及 n 阶实矩阵 W ，使

$$\begin{bmatrix} \Pi & I_N \otimes P & I_N \otimes (PB) & I_N \otimes P \\ * & -I_N \otimes Q & 0 & 0 \\ * & * & -I_N \otimes R & 0 \\ * & * & * & -I_N \otimes S \end{bmatrix} < 0 \tag{6.33}$$

$$(I+D)^{\mathrm{T}} P (I+D) \leqslant \beta^{\frac{2}{1-\mu}} P \tag{6.34}$$

其中， $\Pi = I_N \otimes (A^{\mathrm{T}}P + PA + LRL - W - W^{\mathrm{T}}) + 2cH \otimes (P\Gamma)$ ， $L = \mathrm{diag}\{l_1, l_2,$

$\cdots, l_n\}$。

则驱动-响应系统(6.29)和(6.30)在脉冲集合 $\mathcal{F}$ 及以下控制器下是有限时间滞后同步的，即

$$U = -(I_N \otimes P^{-1})[(I_N \otimes W)e(t) + 0.5(\lambda_{\max}(Q)\varepsilon_1 I + \lambda_{\max}(S)\varepsilon_2 LL)e(t)$$
$$+ 0.5\alpha\lambda_{\max}^{(1+\mu)/2}(P)D(e(t))S(e(t))]$$

$$(6.35)$$

其中，脉冲时间序列 $\{t_k\} \in \mathcal{F}$ 满足

$$\min\left\{ j \in \mathbb{Z}_+ : \frac{t_j}{\beta^{j-1}} \geqslant \frac{2\lambda_{\max}^{\frac{1-\mu}{2}}(P)\rho^{1-\mu}}{\alpha(1-\mu)} \right\} := N_0 < +\infty \qquad (6.36)$$

另外，同步时间的上界可以估计为

$$T(e_\sigma, \{t_k\}) \leqslant \beta^{N_0-1} \frac{2\lambda_{\max}^{\frac{1-\mu}{2}}(P)\rho^{1-\mu}}{\alpha(1-\mu)}, \quad e_\sigma \in U_\rho, \{t_k\} \in \mathcal{F} \qquad (6.37)$$

证明　考虑如下 Lyapunov 函数，即

$$V(t) = e^{\mathrm{T}}(t)(I_N \otimes P)e(t) \qquad (6.38)$$

当 $t \in [t_{k-1}, t_k)$，$t \geqslant \sigma$，$k \in Z_+$ 时，对函数(6.38)沿着(6.32)的轨迹求导可得

$$D^+V(t) = 2e^{\mathrm{T}}(t)(I_N \otimes P)[I_N \otimes (A + \Delta A)e(t) + I_N \otimes (B + \Delta B)G(e(t))$$
$$+ c(H \otimes \Gamma)e(t) + U]$$
$$= e^{\mathrm{T}}(t)[I_N \otimes (A^{\mathrm{T}}P + PA)]e(t) + 2e^{\mathrm{T}}(t)[(I_N \otimes P)(I_N \otimes \Delta A)]e(t)$$
$$+ 2e^{\mathrm{T}}(t)(I_N \otimes P)[I_N \otimes (B + \Delta B)]G(e(t)) + 2e^{\mathrm{T}}(t)[cH \otimes (P\Gamma)]e(t)$$
$$+ 2e^{\mathrm{T}}(t)(I_N \otimes P)U$$

$$(6.39)$$

由假设 6.3，可得

$$2e^{\mathrm{T}}(t)[(I_N \otimes P)(I_N \otimes \Delta A)]e(t)$$
$$\leqslant e^{\mathrm{T}}(t)[I_N \otimes (PQ^{-1}P)]e(t) + e^{\mathrm{T}}(t)[I_N \otimes (\Delta A^{\mathrm{T}}Q\Delta A)]e(t) \qquad (6.40)$$
$$\leqslant e^{\mathrm{T}}(t)[I_N \otimes (PQ^{-1}P + \lambda_{\max}(Q)\varepsilon_1 I)]e(t)$$

和

$$2e^{\mathrm{T}}(t)(I_N \otimes P)[I_N \otimes (B + \Delta B)]G(e(t))$$
$$= 2e^{\mathrm{T}}(t)[I_N \otimes (PB)]G(e(t)) + 2e^{\mathrm{T}}(t)[I_N \otimes (P\Delta B)]G(e(t))$$
$$\leqslant e^{\mathrm{T}}(t)[I_N \otimes (PBR^{-1}B^{\mathrm{T}}P)]e(t) + G^{\mathrm{T}}(e(t))(I_N \otimes R)G(e(t))$$
$$+ e^{\mathrm{T}}(t)[I_N \otimes (PS^{-1}P)]e(t) + G^{\mathrm{T}}(e(t))[I_N \otimes (\Delta B^{\mathrm{T}}S\Delta B)]G(e(t))$$
$$\leqslant e^{\mathrm{T}}(t)[I_N \otimes (PBR^{-1}B^{\mathrm{T}}P + PS^{-1}P)]e(t) + e^{\mathrm{T}}(t)[I_N \otimes (LRL)]e(t)$$
$$+ e^{\mathrm{T}}(t)[I_N \otimes (\lambda_{\max}(S)\varepsilon_2 LL)]e(t)$$
$$= e^{\mathrm{T}}(t)[I_N \otimes (PBR^{-1}B^{\mathrm{T}}P + PS^{-1}P + LRL + \lambda_{\max}(S)\varepsilon_2 LL)]e(t)$$

$$(6.41)$$

将式(6.40)～式(6.41)代入式(6.39)，由条件(6.33)得

$$D^+V(t) \leqslant e^{\mathrm{T}}(t)[I_N \otimes (A^{\mathrm{T}}P + PA + PQ^{-1}P + \lambda_{\max}(Q)\varepsilon_1 I + PBR^{-1}B^{\mathrm{T}}P + PS^{-1}P + LRL$$
$$+ \lambda_{\max}(S)\varepsilon_2 LL) + 2cH \otimes (P\Gamma)]e(t) + 2e^{\mathrm{T}}(t)(I_N \otimes P)U$$
$$\leqslant -\alpha\lambda_{\max}^{\frac{1+\mu}{2}}(P)e^{\mathrm{T}}(t)D(e(t))S(e(t))$$
$$\leqslant -\alpha V^{\frac{1+\mu}{2}}(t)$$

另外，当 $t = t_k$，$k \in \mathbb{Z}_+$ 时，易得

$$V(t_k) = e^{\mathrm{T}}(t_k)(I_N \otimes P)e(t_k)$$
$$= e^{\mathrm{T}}(t_k^-)\{I_N \otimes [(I+D)^{\mathrm{T}}P(I+D)]\}e(t_k^-)$$
$$\leqslant \beta^{\frac{2}{1-\mu}}e^{\mathrm{T}}(t_k^-)(I_N \otimes P)e(t_k^-)$$
$$\leqslant \beta^{\frac{2}{1-\mu}}V(t_k^-)$$

$$(6.42)$$

由定理 4.2，驱动-响应系统(6.29)和(6.30)在式(6.36)给出的脉冲集合 $\mathcal{F}$ 及控制器(6.35)下是有限时间滞后同步的。进一步，同步时间(6.37)也可以相应得到。　■

注 6.6　在定理 6.5 中，给出驱动-响应系统(6.29)和(6.30)同步控制的充分条件。值得注意的是，必须保证同时成立，即求解某些决策矩阵 P、Q、W、S、R，以保证式(6.33)和(6.34)对某些给定的参数同时可行。在实施过

程中，可以从式(6.42)的推导看出，对于给定的 μ，需要找到最小的常数 β，以确保 $(I+D)^{\mathrm{T}}P(I+D)$ 与 $\beta^{2/(1-\mu)}P$ 尽可能接近。因此，当求解式(6.33)和式(6.34)时，使用 LMI 工具箱找出最小的 β，使不等式成立。

下面基于另一种新的 Lyapunov 函数，给出驱动-响应系统(6.29)和(6.30)的另一有限时间滞后同步结果，其中考虑脉冲矩阵 $D=\mathrm{diag}\{d_1,d_2,\cdots,d_n\}>0$ 的特殊情况。

定理 6.6　若假设 6.3 成立，且存在常数 $\alpha>0$、$\rho>0$、$\beta\in[1,\infty)$，$\mu\in(-1,1)$，k_1、k_2、$k_3>0$，n 阶对角矩阵 $P>0$，n 阶实矩阵 W，使

(1) $I_N\otimes\left(A^{\mathrm{T}}P+PA+\dfrac{\varepsilon_1}{k_1}I+\dfrac{1}{k_2}L+\dfrac{\varepsilon_2}{k_3}L-W-W^{\mathrm{T}}\right)+2cH\otimes(P\Gamma)\leqslant 0$。

(2) $\lambda_{\max}(I+D)\leqslant\beta^{\frac{2}{1-\mu}}I$。

其中，$L=\mathrm{diag}\{l_1,l_2,\cdots,l_n\}$。

则驱动-响应系统(6.29)和(6.30)在脉冲集合 $\mathcal{F}$ 及如下控制器下实现有限时间滞后同步，即

$$U=U_1+U_2 \tag{6.43}$$

其中

$$U_1=-0.5\{[I_N\otimes(P^{-1}W)]e(t)+[I_N\otimes(P^{-1}W^{\mathrm{T}})]e(t)+(I_N\otimes P)S(e(t))\cdot k_1e^{\mathrm{T}}(t)S(e(t))$$
$$+[I_N\otimes(BB^{\mathrm{T}}P)]S(e(t))\cdot k_2e^{\mathrm{T}}(t)(I_N\otimes L)S(e(t))$$
$$+(I_N\otimes P)S(e(t))\cdot k_3e^{\mathrm{T}}(t)(I_N\otimes L)S(e(t))\}$$

$$U_2=-0.5\alpha(I_N\otimes P^{-1})S(e(t))\left[2e^{\mathrm{T}}(t)(I_N\otimes P)S(e(t))\right]^{\frac{1+\mu}{2}}$$

脉冲时间序列 $\{t_k\}\in\mathcal{F}$ 满足

$$\min\left\{j\in\mathbb{Z}_+:\frac{t_j}{\beta^{j-1}}\geqslant\frac{2^{\frac{3-\mu}{2}}\lambda_{\max}^{\frac{1-\mu}{2}}P\rho^{\frac{1-\mu}{2}}}{\alpha(1-\mu)}\right\}:=N_0<+\infty \tag{6.44}$$

另外，同步时间的界可以估计为

$$T(e_\sigma,\{t_k\})\leqslant\beta^{N_0-1}\frac{2^{\frac{3-\mu}{2}}\lambda_{\max}^{\frac{1-\mu}{2}}P\rho^{\frac{1-\mu}{2}}}{\alpha(1-\mu)},\quad e_\sigma\in U_\rho,\{t_k\}\in\mathcal{F} \tag{6.45}$$

证明　考虑如下 Lyapunov 函数，即

$$V(t) = 2e^{\mathrm{T}}(t)(I_N \otimes P)S(e(t)) \tag{6.46}$$

当 $t \in [t_{k-1}, t_k)$，$t \geqslant \sigma$，$k \in Z_+$ 时，对函数(6.46)沿着系统(6.32)的轨迹求导可得

$$
\begin{aligned}
&D^+V(t) \\
&= 2e^{\mathrm{T}}(t)(I_N \otimes P)\dot{S}(e(t)) + 2\dot{e}^{\mathrm{T}}(t)(I_N \otimes P)S(e(t)) \\
&= 2S^{\mathrm{T}}(e(t))(I_N \otimes P)\dot{e}(t) \\
&= S^{\mathrm{T}}(e(t))[I_N \otimes (A^{\mathrm{T}}P + PA) + 2cH \otimes (P\Gamma)]e(t) + 2S^{\mathrm{T}}(e(t))(I_N \otimes P)U \\
&\quad + 2S^{\mathrm{T}}(e(t))\big[(I_N \otimes P)(I_N \otimes \Delta A)\big]e(t) \\
&\quad + 2S^{\mathrm{T}}(e(t))\big[I_N \otimes (PB + P\Delta B)\big]G(e(t))
\end{aligned}
$$

$$\tag{6.47}$$

注意到 $e^{\mathrm{T}}(t)[I_N \otimes (LL)]e(t) \leqslant [e^{\mathrm{T}}(t)(I_N \otimes L)S(e(t))]^2$，由假设 6.3 可知，当 $|e(t)| \neq 0$ 时，有

$$
\begin{aligned}
&2S^{\mathrm{T}}(e(t))[(I_N \otimes P)(I_N \otimes \Delta A)]e(t) \\
&\leqslant S^{\mathrm{T}}(e(t))[I_N \otimes (PP)]S(e(t)) \cdot k_1 e^{\mathrm{T}}(t)S(e(t)) \\
&\quad + e^{\mathrm{T}}(t)[I_N \otimes (\Delta A^{\mathrm{T}} \Delta A)]e(t) \cdot k_1^{-1} \frac{1}{e^{T}(t)S(e(t))} \\
&\leqslant S^{\mathrm{T}}(e(t))[I_N \otimes (PP)]S(e(t)) \cdot k_1 e^{\mathrm{T}}(t)S(e(t)) + \frac{\varepsilon_1}{k_1} e^{\mathrm{T}}(t)S(e(t))
\end{aligned}
\tag{6.48}
$$

和

$$
\begin{aligned}
&2S^{\mathrm{T}}(e(t))[I_N \otimes (PB + P\Delta B)]G(e(t)) \\
&\leqslant S^{\mathrm{T}}(e(t))[I_N \otimes (PBB^{\mathrm{T}}P)]S(e(t)) \cdot k_2 e^{\mathrm{T}}(t)(I_N \otimes L)S(e(t)) \\
&\quad + G^{\mathrm{T}}(e(t))G(e(t)) \cdot k_2^{-1} \frac{1}{e^{T}(t)(I_N \otimes L)S(e(t))} \\
&\quad + S^{\mathrm{T}}(e(t))[I_N \otimes (PP)]S(e(t)) \cdot k_3 e^{\mathrm{T}}(t)(I_N \otimes L)S(e(t)) \\
&\quad + G^{\mathrm{T}}(e(t))[I_N \otimes (\Delta B^{\mathrm{T}} \Delta B)]G(e(t)) \cdot k_3^{-1} \frac{1}{e^{T}(t)(I_N \otimes L)S(e(t))}
\end{aligned}
$$

$$\leqslant S^{\mathrm{T}}(e(t))[I_N \otimes (PBB^{\mathrm{T}}P)]S(e(t)) \cdot k_2 e^{\mathrm{T}}(t)(I_N \otimes L)S(e(t))$$

$$+ k_2^{-1} e^{\mathrm{T}}(t)(I_N \otimes L)S(e(t)) + \frac{\varepsilon_2}{k_3} e^{\mathrm{T}}(t)(I_N \otimes L)S(e(t)) \qquad (6.49)$$

$$+ S^{\mathrm{T}}(e(t))[I_N \otimes (PP)]S(e(t)) \cdot k_3 e^{\mathrm{T}}(t)(I_N \otimes L)S(e(t))$$

当 $|e(t)| = 0$ 时，有

$$2S^{\mathrm{T}}(e(t))[(I_N \otimes P)(I_N \otimes \Delta A)]e(t)$$

$$= S^{\mathrm{T}}(e(t))[I_N \otimes (PP)]S(e(t)) \cdot k_1 e^{\mathrm{T}}(t)S(e(t)) + \frac{\varepsilon_1}{k_1} e^{\mathrm{T}}(t)S(e(t))$$

$$= 0$$

$$2S^{\mathrm{T}}(e(t))[I_N \otimes (PB + P\Delta B)]G(e(t))$$

$$= S^{\mathrm{T}}(e(t))[I_N \otimes (PBB^{\mathrm{T}}P)]S(e(t)) \cdot k_2 e^{\mathrm{T}}(t)(I_N \otimes L)S(e(t))$$

$$+ k_2^{-1} e^{\mathrm{T}}(t)(I_N \otimes L)S(e(t)) + \frac{\varepsilon_2}{k_3} e^{\mathrm{T}}(t)(I_N \otimes L)S(e(t))$$

$$+ S^{\mathrm{T}}(e(t))[I_N \otimes (PP)]S(e(t)) \cdot k_3 e^{\mathrm{T}}(t)(I_N \otimes L)S(e(t))$$

$$= 0$$

因此，式(6.48)和式(6.49)对任意 $e(t) \in \mathbb{R}^{Nn}$ 均成立。进一步，由 $S(\cdot)$ 的定义有

$$S^{\mathrm{T}}(e(t))S(e(t)) = \begin{cases} 0, & |e(t)| = 0 \\ M \in \{1, 2, \cdots, N_n\}, & |e(t)| \neq 0 \end{cases}$$

结合式(6.47)～式(6.49)，在区间 $t \in [t_{k-1}, t_k)$，$t \geqslant \sigma$，有

$$D^+ V(t)$$

$$\leqslant S^{\mathrm{T}}(e(t))[I_N \otimes (A^{\mathrm{T}}P + PA) + 2cH \otimes (P\Gamma)]e(t)$$

$$+ S^{\mathrm{T}}(e(t))[I_N \otimes (PP)]S(e(t)) \cdot k_1 e^{\mathrm{T}}(t)S(e(t))$$

$$+ S^{\mathrm{T}}(e(t))[I_N \otimes (PBB^{\mathrm{T}}P)]S(e(t)) \cdot k_2 e^{\mathrm{T}}(t)(I_N \otimes L)S(e(t))$$

$$+ S^{\mathrm{T}}(e(t))[I_N \otimes (PP)]S(e(t)) \cdot k_3 e^{\mathrm{T}}(t)(I_N \otimes L)S(e(t))$$

$$+ \frac{\varepsilon_1}{k_1} e^{\mathrm{T}}(t)S(e(t)) + \left(\frac{1}{k_2} + \frac{\varepsilon_2}{k_3}\right) e^{\mathrm{T}}(t)(I_N \otimes L)S(e(t)) + 2S^{\mathrm{T}}(e(t))(I_N \otimes P)U$$

$$\leqslant 2S^{\mathrm{T}}(e(t))(I_N \otimes P)U_2$$

$$\leqslant -\alpha V^{\frac{1+\mu}{2}}(t)$$

$$(6.50)$$

另外，当 $t = t_k$，$k \in \mathbb{Z}_+$ 时，易得

$$
\begin{aligned}
V(t_k) &= 2e^{\mathrm{T}}(t_k)(I_N \otimes P)S(e(t_k)) \\
&= 2e^{\mathrm{T}}(t_k^-)[I_N \otimes (I+D)]^{\mathrm{T}}(I_N \otimes P)S((I_N \otimes (I+D))e(t_k^-)) \\
&\leqslant 2\lambda_{\max}(I+D)e^{\mathrm{T}}(t_k^-)(I_N \otimes P)S(e(t_k^-)) \\
&\leqslant \beta^{\frac{2}{1-\mu}}V(t_k^-)
\end{aligned}
\tag{6.51}
$$

由定理 4.2，驱动-响应系统(6.30)在脉冲集合 $\mathcal{F}$ 及控制器(6.43)下是有限时间滞后同步的。进一步，同步时间(6.45)也可以相应得到。 ■

注 6.7 在定理 6.5 和定理 6.6 中，通过构造不同的 Lyapunov 函数，可以得到包含脉冲干扰的复杂动态网络的有限时间滞后同步准则。结果表明，不同的脉冲信号会导致不同的同步时间。当系统受到扰动强度较大或脉冲时间序列较频繁的脉冲干扰时，其收敛速度会减慢，进而导致同步时间延迟；反之，当系统扰动强度较小或脉冲时间序列频率较低时，收敛速度会加快，同步时间会缩短。

6.3.3 数值仿真

本节给出一个例子，说明在给定的控制设计下，具有脉冲干扰的驱动-响应系统的有限时间滞后同步性。

例 6.3 考虑如下不确定复杂动态网络作为驱动系统，即

$$
\dot{x}_i(t) = (A + \Delta A)x_i(t) + (B + \Delta B)f(x_i(t)) + c\sum_{j=1}^{N} h_{ij}\Gamma x_j(t), \quad i = 1,2,3,4
\tag{6.52}
$$

其中，$A = \begin{bmatrix} -1 & 2 & 0 \\ 1 & -1 & 1 \\ 0 & -7 & 1 \end{bmatrix}$；$B = \begin{bmatrix} 2 & 0 & 0 \\ 0.2 & -0.1 & 1 \\ 7 & 0 & 0.1 \end{bmatrix}$；$H = \begin{bmatrix} -2 & 0 & 1 & 1 \\ 1 & -1 & 0 & 0 \\ 0 & 1 & -1 & 0 \\ 0 & 1 & 1 & -2 \end{bmatrix}$；

$\Delta A = \begin{bmatrix} -0.1 & 0.2 & 0.1 \\ 0.1 & -0.1 & 0.1 \\ 0.1 & 0.1 & -0.1 \end{bmatrix}$；$\Delta B = \begin{bmatrix} 0.1 & 0.1 & 0.2 \\ 0.1 & 0.2 & -0.1 \\ 0.1 & -0.1 & -0.2 \end{bmatrix}$；$\Gamma = \mathrm{diag}\{0.3, 0.4, 0.5\}$；

$c = 0.2$；$f(v) = (f_1(v), f_2(v), f_3(v))^T$；$f_j(v) = 0.5(|v+1| - |v-1|)$，$j = 1,2,3$。

考虑初值 $x_{10} = (1,2,-1)^T$、$x_{20} = (3,-1,2)^T$、$x_{30} = (5,-3,-1)^T$、$x_{40} = (-1,2,1)^T$，则驱动系统的状态轨迹如图 6.11 所示。

考虑如下含有脉冲干扰的响应系统，即

$$\begin{cases} \dot{y}_i(t) = (A + \Delta A)y_i(t) + (B + \Delta B)f(y_i(t)) + c\sum_{j=1}^{N} h_{ij}\Gamma y_j(t) + u_i(t), & t \in [t_{k-1}, t_k) \\ \Delta y_i(t_k) = D(y_i(t_k^-) - x_i(t_k^- - \sigma)), & k \in \mathbb{Z}_+ \end{cases}$$

(6.53)

其中

$$D = \begin{bmatrix} 0.8 & 0 & 0 \\ 0 & 0.9 & 0 \\ 0 & 0 & 0.6 \end{bmatrix}$$

对于 t_k，脉冲时间序列 $t_{4k} = 3k$、$t_{4k-1} = 3k-1$、$t_{4k-2} = 3k-1.98$、$t_{4k-3} = 3k-1.99$。

在仿真中，考虑 $\sigma = 1$ 时的滞后同步。选择 $\alpha = 2$、$\beta = 1.3$、$\mu = 0.2$、$k_1 = k_2 = k_3 = 1$、$L = I$、$\varepsilon_1 = 0.1$、$\varepsilon_2 = 0.1$。初值为 $y_{1\sigma} = [1,3,-2]^T$、$y_{2\sigma} = [2,1,1]^T$、$y_{3\sigma} = [3,-1,1]^T$、$y_{4\sigma} = [-3,1,1]^T$。由定理 6.6，利用 LMI 工具箱可得

$$P = \begin{bmatrix} 0.0388 & 0 & 0 \\ 0 & 0.0388 & 0 \\ 0 & 0 & 0.0388 \end{bmatrix}, \quad W = \begin{bmatrix} 0.5254 & 0.0405 & 0 \\ 0.0525 & 0.5244 & -0.0981 \\ 0 & -0.0879 & 0.5855 \end{bmatrix}$$

则驱动-响应系统(6.52)和(6.53)在控制器(式(6.44))下实现有限时间滞后同步。同步时间的界估计为 $T(\zeta_\sigma, \{t_k\}) \leqslant 1.8797$。在相同条件下，当考虑系统无脉冲时，可以估计同步时间 $T(\zeta_\sigma, \{t_k\}) \leqslant 0.8556$。结果表明，由于响应系统存在脉冲干扰，同步时间被延后。脉冲干扰下复杂动态网络的滞后同步误差和 $\sigma = 1$ 时的同步时间如图 6.12 所示。相应地，驱动-响应系统(6.52)和(6.53)的各状态向量 x_i 和 y_i，$i = 1,2,3,4$，在无控制器和有控制器下的状态轨迹如图 6.13 所示。

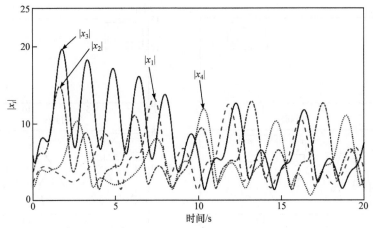

图 6.11　驱动系统(6.52)的状态轨迹

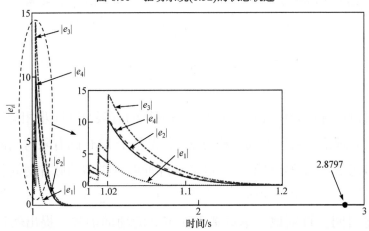

图 6.12　误差 $e_i = y_i(t) - x_i(t - \sigma)$ 在 $\sigma = 1$ 及控制器(6.44)下的轨迹

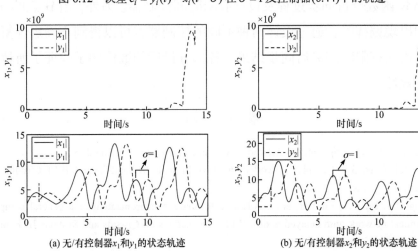

(a) 无/有控制器 x_1 和 y_1 的状态轨迹　　　　　(b) 无/有控制器 x_2 和 y_2 的状态轨迹

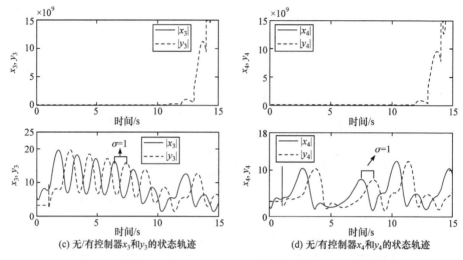

(c) 无/有控制器x_3和y_3的状态轨迹　　　　　(d) 无/有控制器x_4和y_4的状态轨迹

图 6.13　　$\sigma=1$时且无/有控制器(6.44)下各状态向量的状态轨迹

6.4　小　　结

　　本章讨论脉冲效应环境下复杂动态网络的有限时间同步相关问题。借助脉冲控制理论及有限时间分析方法,获得基于 LMI 的有限时间同步的充分条件。充分考虑镇定性脉冲和破坏性脉冲两种类型的脉冲对同步时间的影响。结果表明,镇定性脉冲可以缩短同步的停息时间,而破坏性脉冲会延迟停息时间。特别地,本章基于新定义的辅助函数,提出两种不同的 Lyapunov 函数分析同步过程及设计有限时间控制器。另外,当节点间的同步时间出现偏移时,通过设计两种不同的控制器,可以得到不确定性复杂动态网络的有限时间滞后同步结果。各部分最后的数值例子验证了所得结论的有效性。

参 考 文 献

[1] Strogatz S H. Exploring complex networks. Nature, 2001, 410(6825): 268-276.

[2] Wang X F, Chen G R. Complex networks: Small-world, scale-free and beyond. IEEE Circuits and Systems Magazine, 2003, 3(1): 6-20.

[3] Zhang Q J, Lu J A, Lu J H, et al. Adaptive feedback synchronization of a general complex dynamical network with delayed nodes. IEEE Transactions on Circuits and Systems II: Express Briefs, 2008, 55(2): 183-187.

[4] Lee S H, Park M J, Kwon O M, et al. Advanced sampled-data synchronization control for complex dynamical networks with coupling time-varying delays. Information Sciences, 2017, 420: 454-465.

[5] Yang X S, Cao J D. Finite-time stochastic synchronization of complex networks. Applied Mathematical Modelling, 2010, 34(11): 3631-3641.

[6] Yu W W, DeLellis P, Chen G R, et al. Distributed adaptive control of synchronization in complex networks. IEEE Transactions on Automatic Control, 2012, 57(8): 2153-2158.

[7] Wang J Y, Feng J W, Xu C, et al. The synchronization of instantaneously coupled harmonic oscillators using sampled data with measurement noise. Automatica, 2016, 66: 155-162.

[8] Lakshmanan S, Prakash M, Lim C P, et al. Synchronization of an inertial neural network with time-varying delays and its application to secure communication. IEEE Transactions on Neural Networks and Learning Systems, 2018, 29(1): 195-207.

[9] Boccaletti S, Kurths J, Osipov G, et al. The synchronization of chaotic systems. Physics Reports, 2002, 366(1-2): 1-101.

[10] Wang X, She K, Zhong S M, et al. Lag synchronization analysis of general complex networks with multiple time-varying delays via pinning control strategy. Neural Computing and Applications, 2019, 31(1): 43-53.

[11] Liang J L, Wang Z D, Liu X H. Exponential synchronization of stochastic delayed discrete-time complex networks. Nonlinear Dynamics, 2008, 53(1): 153-165.

[12] Liu X Y, Ho D W C, Song Q, et al. Finite/Fixed-time pinning synchronization of complex networks with stochastic disturbances. IEEE Transactions on Cybernetics, 2019, 49(6): 2398-2403.

[13] Wang J L, Qin Z, Wu H N, et al. Finite-time synchronization and H_∞ synchronization of multiweighted complex networks with adaptive state couplings. IEEE Transactions on Cybernetics, 2020, 50(2): 600-612.

[14] Yang X S, Ho D W C, Lu J Q, et al. Finite-time cluster synchronization of T-S fuzzy complex networks with discontinuous subsystems and random coupling delays. IEEE Transactions on Fuzzy Systems, 2015, 23(6): 2302-2316.

[15] He W L, Xu C R, Han Q L, et al. Finite-time L_2 leader-follower consensus of networked Euler-Lagrange systems with external disturbances. IEEE Transactions on Systems, Man, and Cybernetics: Systems, 2018, 48(11): 1920-1928.

[16] Yang X, Cao J. Finite-time stochastic synchronization of complex networks. Applied Mathematical Modelling, 2010, 34(11): 3631-3641.

[17] Mei J, Jiang M H, Xu W M, et al. Finite-time synchronization control of complex dynamical networks with time delay. Communications in Nonlinear Science and Numerical Simulation, 2013, 18(9): 2462-2478.

[18] Li J R, Jiang H J, Hu C, et al. Analysis and discontinuous control for finite-time synchronization of delayed complex dynamical networks. Chaos, Solitons & Fractals, 2018, 114: 291-305.

[19] Yang X S, Lam J, Ho D W C, et al. Fixed-time synchronization of complex networks with impulsive effects via non-chattering control. IEEE Transactions on Automatic Control, 2017,

　　　　62(11): 5511-5521.

[20] Zhang W B, Tang Y, Wu X T, et al. Synchronization of nonlinear dynamical networks with heterogeneous impulses. IEEE Transactions on Circuits and Systems I: Regular Papers, 2014, 61(4): 1220-1228.

[21] DeLellis P, Di Bernardo M, Russo G. On QUAD, Lipschitz, and contracting vector fields for consensus and synchronization of networks. IEEE Transactions on Circuits and Systems I: Regular Papers, 2011, 58(3): 576-583.

[22] Zhang X Y, Li X D, Cao J D, et al. Design of memory controllers for finite-time stabilization of delayed neural networks with uncertainty. Journal of the Franklin Institute, 2018, 355(13): 5394-5413.

[23] Li C D, Liao X F, Wong K W. Chaotic lag synchronization of coupled time-delayed systems and its applications in secure communication. Physica D: Nonlinear Phenomena, 2004, 194(3-4): 187-202.

[24] Zhou J, Chen T P, Xiang L. Chaotic lag synchronization of coupled delayed neural networks and its applications in secure communication. Circuits, Systems and Signal Processing, 2005, 24(5): 599-613.

[25] Yu W W, Cao J D. Adaptive synchronization and lag synchronization of uncertain dynamical system with time delay based on parameter identification. Physica A: Statistical Mechanics and its Applications, 2007, 375(2): 467-482.

[26] Huang J J, Li C D, Huang T W, et al. Finite-time lag synchronization of delayed neural networks. Neurocomputing, 2014, 139: 145-149.

[27] Dong Y, Chen J W, Xian J G. Event-triggered control for finite-time lag synchronisation of time-delayed complex networks. IET Control Theory & Applications, 2018, 12(14): 1916-1923.